JN261510

著●マイクル・ハンブリー＋ユルク・アレアン
Michael Hambrey　Jürg Alean

訳●安仁屋政武
Masamu Aniya

ビジュアル大百科
氷河

Glaciers : second edition

原書房

誰の腹から霰(あられ)は出てくるのか。
天から降る霜は誰が産むのか。
水は凍って石のようになり
深淵の面(おもて)は固く閉ざされてしまう。

　　──ヨブ記　38章　29-30節（新共同訳）

左側の世界最高峰エヴェレスト山（8848m）はクンブ・アイスファールを涵養し，それはヌプツェ（7861m）の下を右方に流れるクンブ氷河となる。このルートはエヴェレスト山へ南側からの主要なアプローチで，このカラール・パタール（5545m）の撮影点からよく見える。

日本の読者の皆さまへ

　ヨーロッパの二人の雪氷学者によって書かれたこの本の日本語訳が出版されることは，日本の人々の雪と氷に対する興味を反映している。現在，日本に氷河はないが，過去200万年の第四紀の氷河時代には，日本アルプスや北海道・日高山脈などの高地は氷河で覆われていたことがある。その結果，鋭い岩稜，圏谷，深い谷などが形成され，モレインやその他の氷河堆積物地形も見られる。

　日本では多くの雪氷学者が活躍し，氷河物理・氷河化学など理論的な知識の発展に貢献してきた。これに加えて，南極，ヒマラヤ，パタゴニア，グリーンランド，北極，アラスカなど世界の幅広い地域でフィールドワークを行なってきている。このような背景から，私たちはこの好評を博している本が日本語に訳されることによって，氷河の驚くような現象，特にその美しさや地球温暖化の中での傷つきやすさなどに関する深い洞察を日本の読者に伝えられたら嬉しい。

マイクル・ハンブリー
ユルク・アレアン

フランス，シャモニー近くのモンタンヴェールから見たメール・ド・グラス氷河。19世紀の科学者たちが最初に研究した氷河の一つで，現在は観光客や登山者たちに人気の場所である。

目次

謝辞 …… viii
まえがき …… x

1 **地球—氷の惑星** …… 1

2 **氷河の種類** …… 9
　　地形条件による氷河の分類 …… 9
　　温暖氷河と寒冷氷河 …… 16

3 **氷河の生成，成長，消滅** …… 21
　　雪片から氷河氷へ …… 21
　　利益と損失 …… 22
　　質量収支変化への氷河末端の応答 …… 28
　　質量収支の計測 …… 32

4 **変動する氷河** …… 35
　　ヨーロッパ・アルプスの変動 …… 37
　　タイドウォーター氷河 …… 41
　　アラスカのタイドウォーター氷河の変動 …… 43
　　熱帯の氷河の後退 …… 47
　　人為による氷河の後退 …… 48

5 **流動する氷河** …… 53
　　氷河はどのようにして流れるのだろうか …… 53
　　氷河氷の構造 …… 55
　　サージする氷河 …… 64

6 **自然のベルトコンベヤー** …… 77
　　表面デブリ …… 77
　　デブリ・カバー氷河 …… 83
　　氷河底で運搬されるデブリ …… 84
　　氷河内のデブリ …… 86

7　氷と水 …… 89

融解に関係している要素 …… 89
雪湿原 …… 91
氷河水路網 …… 92
氷河湖 …… 96
アイスランドのヨクルフロウプ …… 98
氷河融解水の人間への関わり …… 101

8　南極──氷の大陸 …… 103

南極概観 …… 103
南極の氷河のタイプ …… 105
南極氷床の厚さはどれくらいだろう …… 108
氷床のダイナミクス …… 110
氷河底の地形 …… 110
氷山工場 …… 112
氷河底湖 …… 115
南極氷床は拡大しているのだろうか？　縮小しているのだろうか？ …… 118
未来の予測 …… 119

9　氷河と火山 …… 123

氷河に覆われた火山の生成物 …… 124
「火の環」に関係している氷河 …… 125
大西洋中央海嶺の氷河 …… 130
南極の火山 …… 132
氷河に覆われた火山の環境復元への利用 …… 133

10　地形景観の形成 …… 135

氷河侵食地形 …… 135
氷河堆積地形 …… 147

11　氷河と野生生物 …… 157

南極 …… 157
北極 …… 161
高山地域 …… 170

12　氷河の恩恵 …… 177

灌漑とエネルギー供給 …… 178
観光 …… 179
氷河氷の商品価値 …… 181
氷河堆積物の産物 …… 182

　　　　水資源 …… 182
　　　　氷河と氷河景観の風景価値 …… 183
　　　　「教育資源」としての氷河 …… 184

13　氷河災害の危険性 …… 189

　　　　氷ナダレ …… 190
　　　　氷河からの突発洪水 …… 197

14　氷河上での生活と調査旅行 …… 211

　　　　昔の極点旅行 …… 211
　　　　氷河旅行の危険性 …… 215
　　　　高度順化 …… 218
　　　　氷上での輸送方法 …… 220
　　　　氷河上のキャンプ …… 227

15　地球の氷期の記録 …… 235

　　　　氷期の概念の発展 …… 235
　　　　氷期の証拠の認定 …… 237
　　　　地球の古代氷期の記録 …… 239
　　　　新生代の氷期の歴史（3500万年前から現在まで）…… 244
　　　　氷期のパターンと原因 …… 251

16　あとがき——氷河の未来の展望 …… 259

　　　　地球の気候に何が起きているのだろうか？ …… 259
　　　　氷河の海面上昇へのインパクト …… 261
　　　　氷河からの水資源が枯渇することのインパクト …… 266
　　　　氷河災害の危険性の増大 …… 268
　　　　氷河消滅の観光産業へのインパクト …… 269
　　　　氷床は戻ってくるのだろうか …… 269
　　　　終わりのノート …… 270

本書に登場する氷河の一覧図 …… 271
用語解説 …… 280
主要文献 …… 293
訳者あとがき …… 295
地名索引 …… 297
事項索引 …… 302

※　文中のゴチック体および太字部分は，280ページ以下の「用語解説」で解説をした語句である。
※　本書で取り上げた氷河を一覧できる図を271ページ以下に付した。

謝辞

マイクル・ハンブリー

　まず最初に両親に感謝したい。彼らはおそらく意図ではなかっただろうが，イングランドの湖水地方や北ウェールズのような地域に私を連れて行くことで，私の氷河地形に対する興味を培った。マンチェスター大学のウィルフレッド・ティークストーンさんには大変お世話になった。彼は私の氷河に対する興味を喚起し，1970〜73年のノルウェイの氷河での博士論文の研究を指導してくれた。当時チューリッヒのスイス連邦工科大学に所属していたジェフリー・ミルンズさんは1974〜77年に一緒にアルプスの氷河で仕事をする機会を作ってくれた。今は亡き同じ大学のフリッツ・ミューラーさんは，カナダ北極圏のアクセル・ハイバーク島の氷河で仕事をする機会を作ってくれた。今は亡きケンブリッジ大学のブライアン・ハーランドさんは1977〜83年の北極圏高緯度地域にあるスヴァールバルへの数回にわたる地質学探検隊に参加させてくれた。同じ大学のマーティン・シャープさんは1986年にアラスカの氷河で仕事をする機会を作ってくれた。ウェリントン・ヴィクトリア大学のピーター・バッレトさんは1986年と1999年に科学的にとてもエキサイティングな南極の掘削プロジェクトに招いてくれた。ニールズ・ヘンリクセンさんは当時のグリーンランド地質調査所と共同の東グリーンランド現地調査の便宜を図ってくれた。ドイツのブレマーハーヘンにあるアルフレッド・ヴェーゲナー極地・海洋研究所のディーター・フュッテラーさん，ヴェルナー・エアーマンさん，ゲアハート・クーンさん，ヴィクター・スメタチェックさん等は南極へ行く連邦船「ポーラーシュテルン」で南極の共同研究を行なう機会を作ってくれた（1991年）。オーストラリア，アーミデイルにあるニューイングランド大学のバレー・マッケルビイさんは南極でも僻地のプリンス・チャールズ山脈で彼と一緒に仕事をする機会を作ってくれた。これにより東南極氷床の縁の大部分を飛ぶことができた（1994年）。ピーター・ウェブ，デイビッド・ハーウッドさんは南緯85度の南極横断山脈の中央部で一緒に仕事をする機会を作ってくれた（1995年）。ウェールズ大学アベリストゥイス校のニール・グラサーさんはチリ・パタゴニアで一緒に仕事をする機会を作ってくれた（2000年）。オタゴ大学（ニュージーランド）のション・フィッツシモンズさんは南極のドライ・ヴァレーでの氷河研究に招待してくれた（2001年）。英国南極調査所のジョン・スメリーさんは南極半島北側での共同研究に参加する機会を作ってくれた。その際，王立海軍砕氷船「エンジュアランス」の士官と乗組員が我々をサポートしてくれた（2002年）。北ウェールズにある会社レイノルズ地球科学のジョン・レイノルズさんとショウン・リチャードソンさん，ウァラースのINRENAのマルコ・サパータさんと彼の同僚たちは危険なペルーの氷河を見せてくれた（2002年）。

　刺激的な議論，大学の同僚との交友，輸送担当者関係者に感謝することは嬉しいことです。また，上記のリストに加えて，グリーンランド（1984年，1985年），スヴァールバル（1992〜2001年），ペルー（2002年），ネパール（2003年）やアルプス（さまざまな機会）での現地調査プログラムに参加したり計画したりした大学院生たち，特にマシュー・ベネットさん，マイクル・チャントリイさん，ニコラス・コックスさん，ケヴィン・クロフォードさん，ジェイムス・エティアンさん，イアン・フェアチャイルドさん，ベッキー・グッゼルさん，デイビッド・グレアムさん，ブリン・ハバードさん，デイビッド・ハダートさん，ウェンディ・ロウソンさん，ジェフリー・マンビーさん，ニコラス・ミッジリイさん，アンドゥリュー・モンクリーフさん，タビ・マーレイさん，ジョン・ピールさん，ダンカン・クウィンシイさん，ポール・スミスさんらに感謝することは嬉しいことです。これらに加えて，著

者が参加させてもらった他の氷河地域への野外調査を率いた他の多くの地質学者や雪氷学者に感謝したい。この本の写真の多くはチャーターしたヘリコプターや軽飛行機のパイロットや大小の調査船の乗組員の巧みな技術がなければ撮れなかった。

上記の地域での研究活動は，英国自然環境学術会議，スイス連邦工科大学中央研究基金，ニュージーランド南極調査プログラム（現在はニュージーランド南極），アルフレッド・ヴェーゲナー研究所，オーストラリア南極遠征隊，アメリカ南極プログラム・全米科学財団，レヴァーウルム・トラスト，ウェールズ大学（アベリストゥイス校），王立学会・南極横断協会，等によって財政的に援助された。仕事はマンチェスター大学地理学科，スイス連邦工科大学，ケンブリッジ大学地球科学科，ケンブリッジ大学スコット極地研究所，ケンブリッジ大学セント・エドマンド・カレッジ，アルフレッド・ヴェーゲナー研究所，ウェリントン・ヴィクトリア大学の好意によって計り知れないくらい助けられた。

最後に，アベリストゥイス校の氷河センターの同僚たちに，特に私をセンターに招聘してくれ，過去20年にわたって一緒に多くの氷河の論文を書いたジュリアン・ダウズウェルさん（現在はスコット極地研究所の所長）に感謝したい。また，ニール・グラサーさんブリン・ハバードさんは草稿を全て読みコメントしてくれた。

ユルク・アレアン

まず最初に，アマチュア天文家としてどのように正確に忍耐強く観察するかを教えてくれた今は亡きオイゲン・シュテックさんに感謝し，追悼したい。後に雪氷学者としても非常に役に立った技能である。ペーター・ヴェバーさんは私に山岳の景色と氷河景観に対する興味を植え付け魅惑のとりこにさせた。ポール・フェルバーさんは私が最初に地球科学を勉強しようとして頑張っている時に助けてくれた。彼とは熱帯氷河や山岳氷河での共同調査で楽しい思い出を作った。

今は亡きフリッツ・ミューラーさんは北極高緯度にある素晴らしい島，アクセル・ハイバーグ島を訪れ，そこで生活する機会を私に与えてくれた。当時スイス連邦工科大学にいたウィルフレッド・ヘーベルリさんは私の博士研究の指導者としてそして友人としてガイダンスしてくれた。その他大勢の同僚，友人たちに学問的あるいは現地でのサポートに感謝したい。チューリッヒ大学のアンドレアス・ケーブさんは氷河の危険性モニタリングと衛星画像に関して価値のある最新の情報を提供してくれた。最近は，アルプスの氷河や永久凍土地域での教育活動の中で，エルンスト・ヘーネさん，ヴァルター・ハウエンシュタインさん，フェリックス・ケラーさん，ハンス・ケラーさん，マックス・マイシュさん，ダニエル・フォンダー・ミュールさんたちとで共同作業と刺激に富んだ討論を楽しんだ。

一番大切なのは，一緒に世界を巡っている時，そして私がこの本を書いている時の妻の理解，忍耐，そしてサポートである。

他の資料から画像やダイアグラムを改変して多数利用させてもらったことに感謝する。それぞれの図に出典を明記してある。図の作成はウェールズ大学アベリストゥイス校地理・地球科学科のイアン・ガリーさんとアンソニー・スミスさん，タイピングはキャロル・パリーさんが行なった。ヴェルナー・ハートマンさんとライモンド・レイヒェルトさん（スイス連邦工科大学教育学部）は画像処理やコンピューターを扱う際に必ず遭遇するさまざまな問題について解決してくれた。

最後に私たちは，この本を執筆している時のアドバイスやガイダンスに対して，ケンブリッジ大学出版局の地球科学部門の編集者サリー・トーマスさんと彼女のチームに感謝したい。

まえがき

　氷河は自然の最も美しくて魅了させる要素の一つである。氷河は山岳地域からゆっくりと低地へクリープし，滑動して極域の広大な地域を覆う。何百万年もの間，氷河は岩を削り礫を運び，源から遠く離れた場所に堆積して景観を作り出してきた。この過程で氷河は地球上で最も素晴らしい景観のいくつかを作り出してきた。氷河はタービンを回し，沙漠を灌漑する融水を供給し，肥沃な土壌のもととなる物質を供給し，経済的に重要な価値がある砂や礫をたくさん残す。これらの恩恵とは反対に，氷河はナダレや氷河湖決壊洪水により人間の財産を破壊したり，命を奪うこともある。

　雪氷学者として，私たちは無限にあるさまざまな氷河現象を少しでも理解するように努めてきた。私たちは時には何か月もの間，氷河上あるいはその近辺で生活し，氷河のさまざまな姿を見てきた。氷河は，静かで太陽が照っているような時にはしばしば優しい姿を呈し，こんな時は町中を歩くよりも氷河上を歩く方が安全であった。別な時，例えば目も開けられないようなブリザード（吹雪）が踏み跡を消し，新雪がクレヴァス（氷の割れ目）を巧妙に隠した時などは，安全な家にいたらと思ったものだ。しかし，いつも氷河に戻ってくる。それは，私たちが氷河がどのように動くかを一層よく理解し，雪氷学の学問に貢献するのに加えて，氷河の美しさを堪能するのに熱心だからである。

　私たちは幸運にも，北極から高山帯にしか氷河が存在しない温帯・熱帯地域，そして南極氷床の奥深くまで，世界のさまざまな地域の氷河を訪れることができた。このようなわけで，この本により，皆さんに氷河の素晴らしさを知ってもらい，少なくとも想像の世界において，読者を人里から遠く離れた土地や人間が居住している地域の近くへの巡検に連れ出したいと思う。

　この本は，1992年にケンブリッジ大学出版局から最初に出された「Glaciers」を改訂・増補した第2版である。内容は過去10年間の雪氷学分野の目覚ましい発展を取り入れたために全面的に書き改めた。同時に，南極，氷河上での生活と移動，地球の歴史を通じての氷期の記録，そして氷河の未来の展望をより細かく見る等，いくつかの新しい章も加えた。

　最初に，私たちは氷河を世界的な視点から概観して，氷河に共通ないくつかの特徴を手短に挙げ，氷河を研究することの大切さについて言及する（1章）。氷河には，幅数百メートルの小さな氷体から南極大陸やグリーンランド島をほとんど覆い隠している大きな氷床まで，いろいろな形や大きさがある。2章でいろいろなタイプを紹介する。氷河の生成過程，氷河の涵養と維持は3章で述べる。氷河は静止していない。氷河は気温や降雪量の増減に応答して大きく変動する（4章）。5章で述べるように，氷河は粘性の高いポーリッジ（からす麦の粥）のように流動し，基盤の上を滑動する。ここではさらに，異常な流動現象に関連している目を見張るようなイベントに加えて，流動によって生じるさまざまな氷河構造について記述する。氷河は通常，多量の岩屑（デブリ）を運搬する。時には，氷河はデブリに完全に覆われて裸氷氷河のように美しくないこともある（6章）。多くの氷河は，氷河と同じようにいろいろな景

観や地形を作り出す融氷水と非常に密接に関係している（7章）。

氷河と関連する過程をみた後，8章で世界の氷の91%を占める地域，南極に目を向ける。この新しい章は，私たちの生活に間接的に影響を与えている南極点を中心に広がっている広大な氷の大陸にふさわしいと思う。全く違った視点からみた，激しくしばしば災害をもたらす氷河と火山の相互作用が9章の内容である。氷河と火山が交わると景観を突然変えてしまうとすれば，もっと重要な変化はもっとゆっくりとした時間で起きている。これらの変化は氷河侵食・堆積によるもので，その産物は氷河が消滅して初めて見えるものであるが，これらによって氷河景観が独特の特徴と魅力を持ったものとなる（10章）。

次に，氷河の生物圏へのインパクトを考える。11章では，一部の動植物が厳しい気候条件にどのように適応しているかを考える。そして水やエネルギーの供給，観光，氷河堆積物の価値といった人間への恩恵を考える（12章）。氷河が原因となった主な災害を記述し，氷ナダレや洪水といった，今までに発生した主な災禍についても記述する（13章）。14章では，科学者がこのような地域で研究活動をどのように行なうかを説明するために，氷河上での生活や調査旅行について扱う。研究活動は政府に支援された大規模な研究プログラムから自前の独立した旅行者によるものまで，また，移動手段も大きな輸送機から徒歩までいろいろとある。

現在の氷の広がりを15章で地質時代の観点からみる。ここでは，過去の氷期の証拠をどのように識別するかを記述し，古氷河の記録を明らかにして気候変化に対する氷河の応答を理解するのに貢献したいくつかの国際プロジェクトの例を紹介する。

最終（16）章では，'人為による気候温暖化によって世界各地で氷河が劇的に縮小しているが，これは南極の氷床の安定性によってバランスが保たれている'，という証拠を要約して，氷河の未来の展望についての短いレビューを行なう。人類文明は大気に温室効果ガスをまき散らすという潜在的に危険な「実験」を行なっている。予測される氷河の融解やそれによる海面上昇に鑑みて，ガス放出を減少させる緊急対策が必要である，と私たちは主張する。

読者の参考となるように専門用語を太字で印刷し，巻末の用語解説集に載せた。

この本のほぼ全ての写真はこの版のために新しく起こされた。前版と同じように，ほとんどの写真は私たちが撮ったもので，氷河の挙動の多様な面を示すために選定された。これらの写真に加えて，目を見張るような衛星画像，特にインターネット上でNASA（アメリカ航空宇宙局）により公開されている画像，および私たちの友人や同僚が撮影した写真が幾枚か含まれている。多くの線画，地図，表などが特定のトピックスを説明するために使われている。

要約すると，私たちの目標は，氷河が作り出したあるいは今も作り出している景観のみならず，ありとあらゆる様態における氷河を記述し説明することである。もし私たちが氷河の美しさと重要性を読者に伝えることができたならば，目的は達せられたことになる。

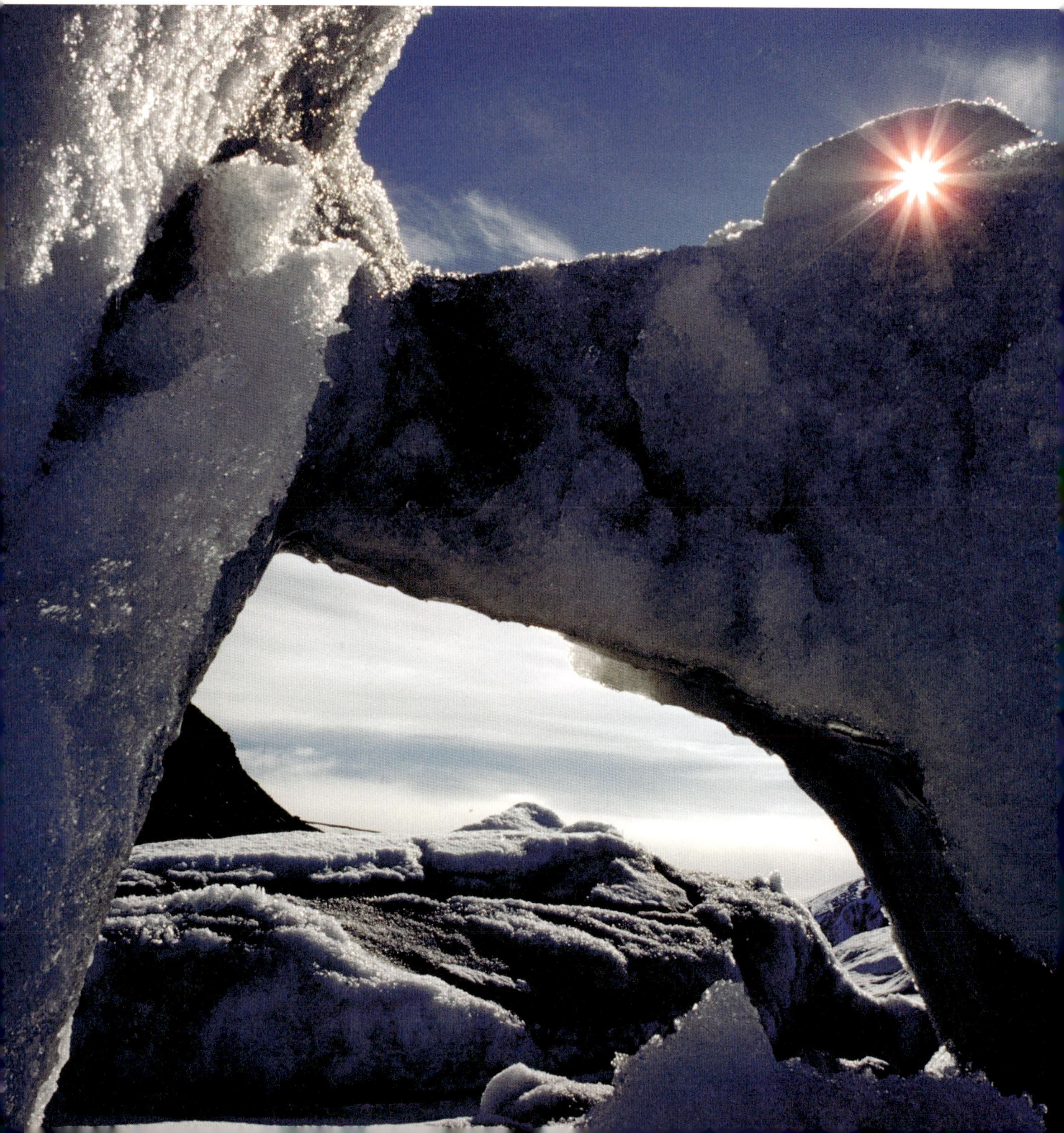

1 地球——氷の惑星

前ページ：カナダ北極圏諸島，アクセル・ハイバーグ島のファントム湖に浮かぶ氷山。

　宇宙から見ると，私たちが住んでいる地球は青，緑，茶色，白に見える。白い部分は雲だけではなく，雪氷圏（Cryosphere），すなわち氷河や氷床，海氷に覆われている地表も含んでいる。この本では，今日の氷河や氷床，さらに遠い過去に存在した氷河の証拠に焦点を当てる。氷河氷と人類文明との関係に注目し，地球上に存在している氷が将来どのように変化するか，について探る。この本が氷河の美しさや有用性だけではなく氷河地形や堆積物の特質も読者に伝え，この素晴らしい自然資源と環境の脆弱さを理解する手助けになれば幸いである。

　現在，陸地の約10％が氷河に覆われている。地質学的には，私たちは3500万年前に南極で始まった氷期の中で生活している。けれども，この地質時代の後半では，北半球の大部分が氷に覆われた氷期と現在のように氷が少なくなった間氷期の間に，多くの変化があった。氷が地表の30％を覆った最新の大々的な氷期はわずか1万年前に終わっており，もし地球が今までのサイクルにしたがうならば，数千年先に氷期が戻ることが予測される。けれども，温室効果はすでに地球の気温上昇に明らかであるが，化石燃料の燃焼による地球気候システムの撹乱が温室効果を増大させ，残存して

図1.1　今日の氷河と氷床の分布。氷河域は両極にいくほど誇張されていることに注意。

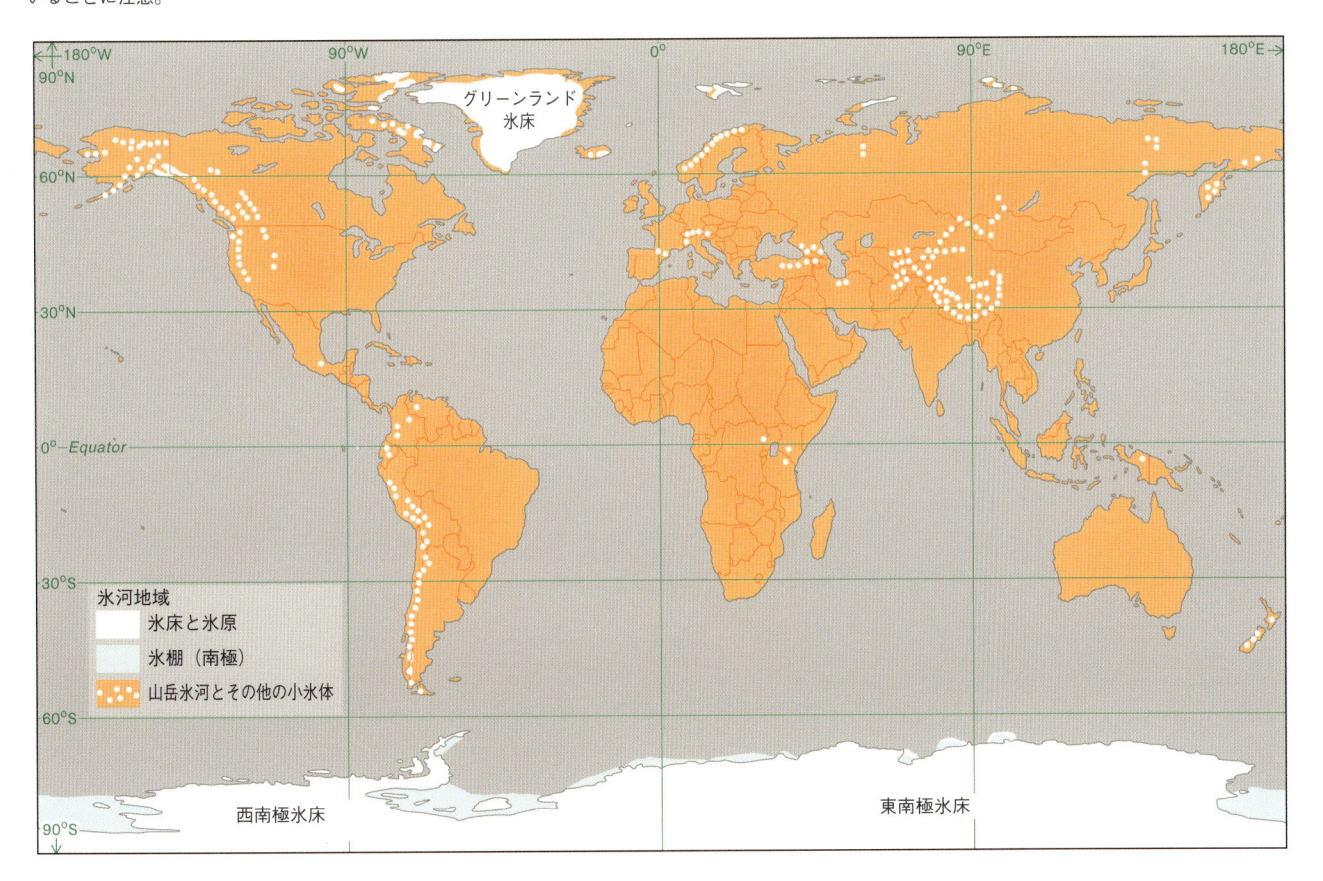

世界の氷河分布（世界氷河モニタリング・サービス，1989。世界氷河インベントリー。IAHS (ICSI)–UNEP–UNESCO）

地域	面積（km^2）
アフリカ	10
南極	13,593,310
アジアと東部ヨーロッパ	185,211
オーストラレイシア（ニュージーランド）	860
ヨーロッパ（西部）	53,967
グリーンランド	1,726,400
北アメリカ（グリーンランドを除く）	276,100
南アメリカ	25,908
世界合計	15,861,766

いる氷河域を大きく減少させるほど厳しいかどうかは，大きな問題である。おのおのの氷体は気候変化に対して独自に応答するので，この疑問を解くことは大きなチャレンジである。もし氷河の融解が進んで減少すれば，世界の標高の低い地域は洪水に見舞われる。

　過去200万年の間，巨大な氷床が形成されてヨーロッパやアメリカを何回も覆った。これらの氷河が発達した時期は**氷期**（Ice age）として知られている。例えば，スカンディナヴィア高原を数回覆った大きな氷床は西に発達して北海を越え，英国に発達した小さな氷床とくっついた。最大に拡大した時，氷床は英国のほとんどを覆い，ブリストルやロンドンまでも覆っていた。氷床はスカンディナヴィアから北ドイ

スイス，ベルナー・オーバーラントに位置するオーバーアール氷河でのある日の午後。後ろはオーバーアールホルン（3638m）。

氷河に侵食された景観。北ウェールズ、スノードン山地（1085m）がカペル・キューリッグの近くにある湖スリナイェ・ミンバーに写っている。この山で最後に氷河があったのは1万2000年前である。

ツやポーランドも覆った。同時期にアルプスでは山に降った雪に涵養された大きな氷河が深い谷を削り，周りの低地に広がった。北アメリカでは北極圏と西部の山地から流れ出た氷がカナダ全体をほとんど覆い，南は中西部のプレイリーにまで延び，現在のシカゴやニューヨークがある地域は完全に氷の下になっていた。

他の地域，特にアンデス，中央アジア，ニュージーランドなどでも同じように氷域の拡大と縮小が起きた。これとは対照的に，現在でも存在する南極とグリーンランドの氷床はそのままの姿を保っているように見える。しかし，グリーンランド氷床に関しては13万年前の最後の間氷期に完全に消滅したかどうかの議論がある。南極氷床とグリーンランド氷床の変動が比較的小さいのは，氷河は大陸棚の縁辺のような海面下深いところに到達すると不安定になり割れて氷山に分解するからである。

はるかに長いタイムスケールでみると，地球の46億年の歴史の中では数回の氷河時代があった。大陸規模の氷河は，異なった大陸では別の時期に発達したこともある。今日暑い沙漠であるサハラやオーストラリア中部，またブラジルの熱帯地域にさえ，何億年も前のことではあるが，かつて氷河が存在していたことを示す痕跡がある。その時は世界の気候も移動している大陸の相対的な位置も今日とは全く異なっていた。おそらく地球が経験した最も激しい氷期は6〜7億年前のものであり，ある科学者は，その時の地球はスノーボール・アース（全球凍結）と呼ばれるくらい，世界中がほとんど氷に覆われていたと考えている。

氷河氷の潜在的な水資源としての重要性を過小評価してはならない。その99％は人間活動から遠く離れた南極とグリーンランドの氷床にあるとはいえ，地下水を除けば，氷河氷は世界の淡水の80％を占める。例えば中央ヨーロッパ，スカンディナヴ

ノルウェイ北極圏諸島のスヴァールバルは60％が氷河に覆われている。これは春の写真で，クレヴァスの多いナンセン氷河がまだ凍っている海に速い速度で流れ込んでいる。

ヒドン・クレヴァス　雪に覆われて隠れている（口が開いているのが見えない）クレヴァスのこと。

スノー・ブリッジ　クレヴァスを覆っている雪の部分。

ィア，アンデス，ヒマラヤなどのいくつかの国々では，山岳氷河は何世紀もの間——いつも恩恵をもたらしたとは限らないが——人々の生活に影響を与えてきた。これらの国々では氷河は長期にわたる暑く乾燥した時に水を供給することのできる重要な水資源であり，かなりの量の氷河融解水が水力発電に利用されている。将来，南極の氷山はアフリカやオーストラリア中東部の乾燥した地域の水資源となるかもしれない。

だが，氷河は犠牲を強いることもある。気がつかないであるいは不注意な人は氷河のヒドン・クレヴァス*のスノー・ブリッジ*を踏み抜いて落ちるかもしれないし，氷ナダレの犠牲となるかもしれない。氷河自体から遠く離れた場所でも，巨大な氷ナダレや氷河の底や前面から予期せずに吹き出してきた洪水によって多くの犠牲者が出たこともあるし，前進した氷河によって貴重な牧場，道路，さらには集落までも失っこともある。

氷河侵食と堆積は人間活動に同じように重要な影響を与える。氷河に侵食された山や谷の斜面は急で落石が起きやすくなる一方，最も魅力的な自然景観にもなる。低地での氷河堆積物は豊かな農地を提供し，貴重な鉱物をある場所に集中させるのに加えて，建設産業に使われる砂や礫を豊かに供給する。

西暦1750年頃から1850年頃にかけてのいわゆる小氷期以来，数回の短い拡大期があったが，山岳氷河は全般的に縮小し続けてきた。多くの場合，長期的な後退は一般的に気温上昇に結びつけられてきた。工業化が始まる前に気候は温暖化し始めていたが，化石燃料を燃やす人間のインパクトは，世界の多くの地域で例のない温暖化を引き起こしている。地球温暖化のペースが進むにつれて，山岳氷河の氷量の半分ぐらいが西暦2100年までになくなるだろうと予測されている。

グリーンランドと南極の大きな氷床も気候変化に敏感であるが，どのように反応す

熱帯ペルーのコルディレラ・ブランカには氷河が今でも広く分布しているが，急速に後退している。この写真のネヴァド・ピラーミデ（5885m）では，急斜面の雪の襞や尾根のキノコ状の氷からナダレが発生して下の氷河を涵養している。

海水準（かいすいじゅん）海水面の高さ。

るかは良く分かっていない。温暖化が氷床の縁の後退を引き起こすのは確かである。一方，同時に氷床の内部では積雪量が増える可能性もあり，これは成長につながる。山岳氷河の融解が地球規模の海面上昇に寄与しているのは疑いないが，氷床の増大はこれとのバランスをとっているかもしれない。しかしながら，温暖化と氷床融解の関係はまだよく分かっていなく，地球規模の温暖化が海水準*に与える脅威を真剣に捉える必要がある。

わずか数百メートルの長さしかない小さな氷河から，最大は南極やグリーンランドの大きな氷床まで，氷河の形と大きさはさまざまである。当然のことながら，雪氷学者の注目を集めてきた氷河は，北アメリカやヨーロッパの人が住んでいる地域に近い山岳氷河である。氷河に関する一番古い記述は11世紀のアイスランドの文献であるが，氷河が流れるということは500年後に始めて記録された。氷河に関する最初の科学的な調査は18世紀後半に行なわれ，それ以後雪氷学は地質学，地理学，物理学，化学，数学，気象学などを勉強した数多くの研究者によって取り組まれている。このように，雪氷学は本当の意味で学際的学問である。今日では，氷河の研究は，遠く離れた北極圏の島々，南極，グリーンランドで，そしてもちろんアルプス，ロッキー山脈，ニュージーランド，アンデス，熱帯アフリカのように容易に行ける場所で行なわれている。これらの研究の結果，氷河に関する知識は過去半世紀の間にかなり蓄積された。私たちはこの蓄積された知識で氷河の変化，特に地球温暖化による氷河の縮小が世界中で人間にどのような影響を与えるかについて，説明しなければならない。

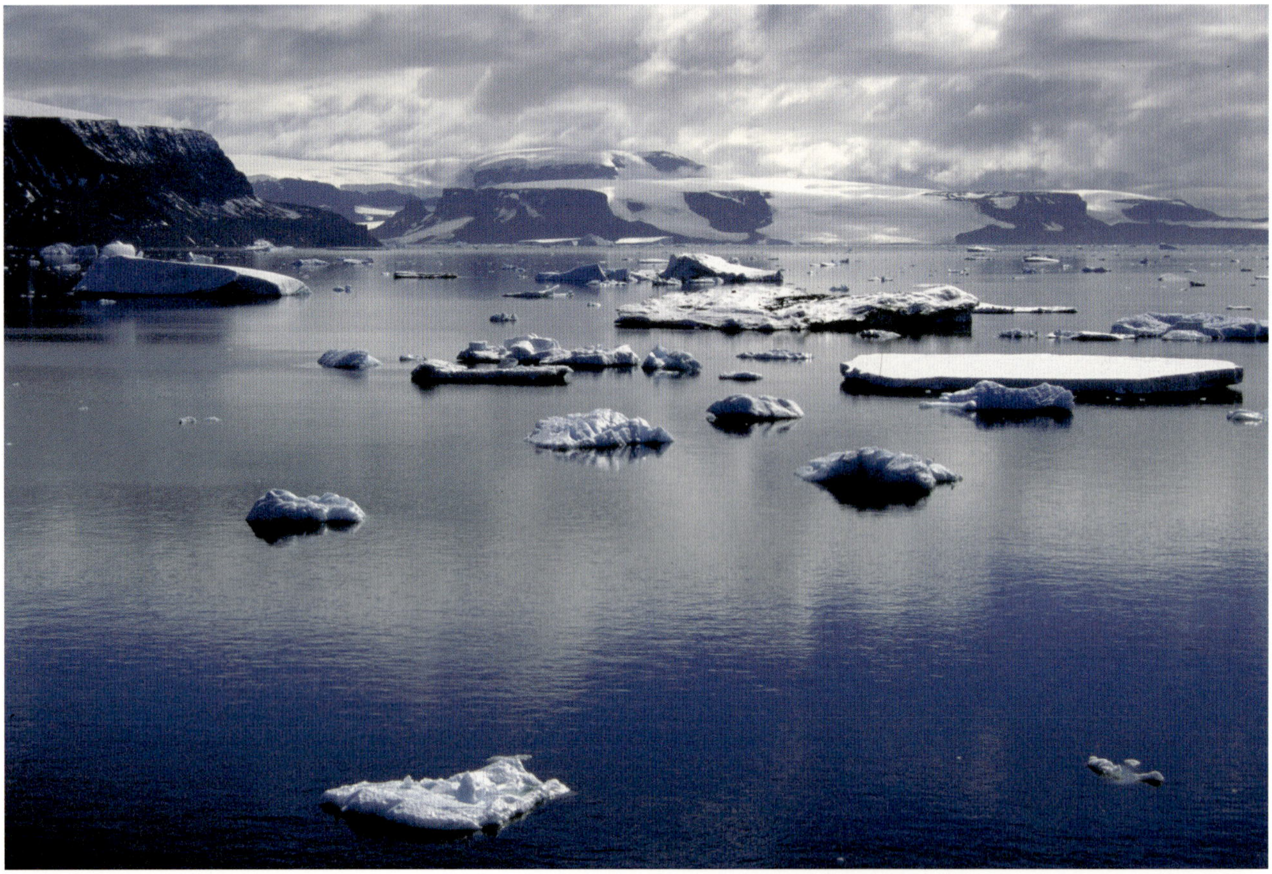

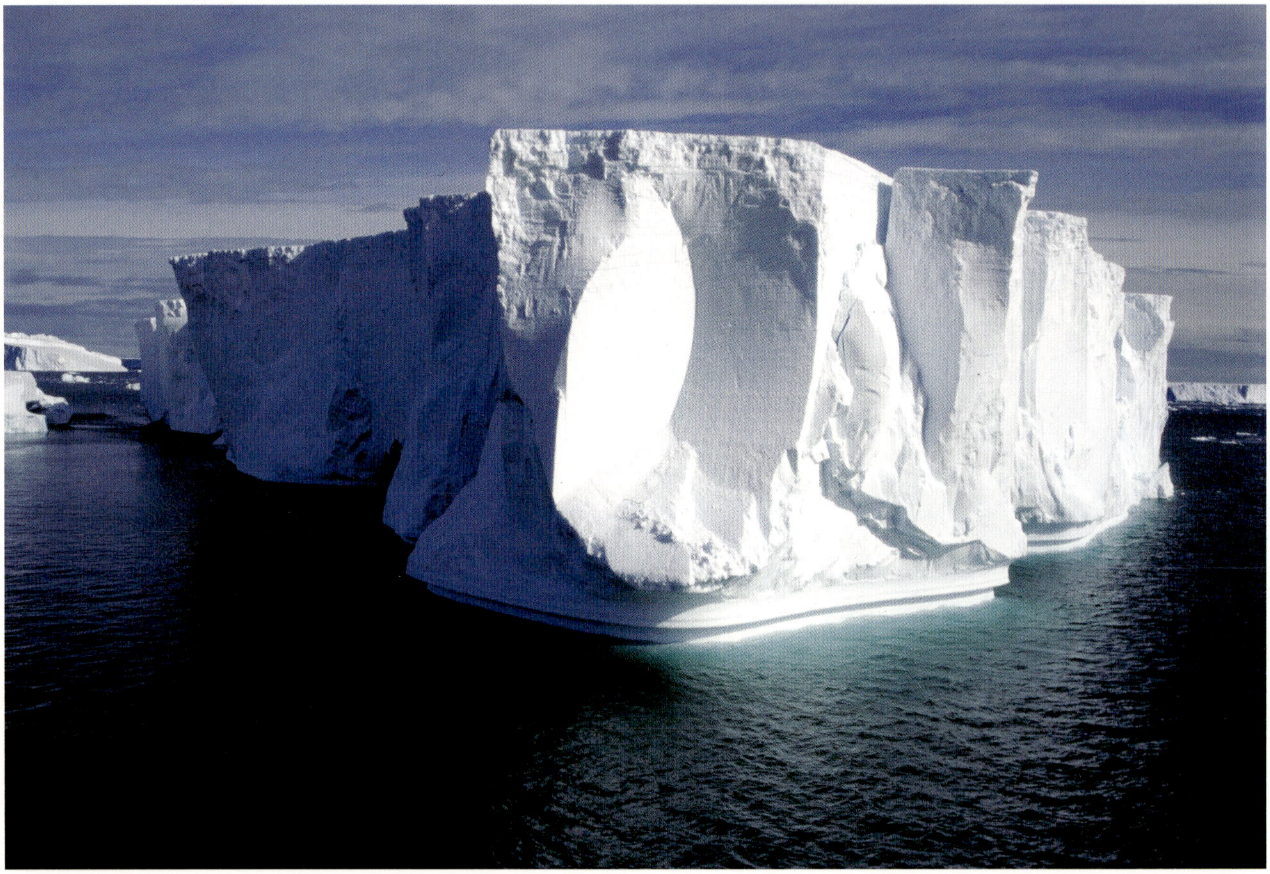

6ページ上：南極半島の先端沖，ジェイムズ・ロス島とスノー・ヒル島の間にあるアドミラルティ入江。ラーセン氷棚から生産された氷山の大部分がここを流れるので，航行が危険である。

6ページ下：ウェッデル海北西部に見られるテーブル状氷山。海流によって海域の南限から南極半島の東岸沿いに流されて南氷洋に流れ出てくる。

ヌプツェ（7861m）は，エヴェレスト山から延びるウェスターン・クムと呼ばれる半円型の圏谷を形成するリッジの南西端にある。この眺めは，ナダレによって涵養されているクンブ氷河の西側ラテラル・モレインから見た頂上である。

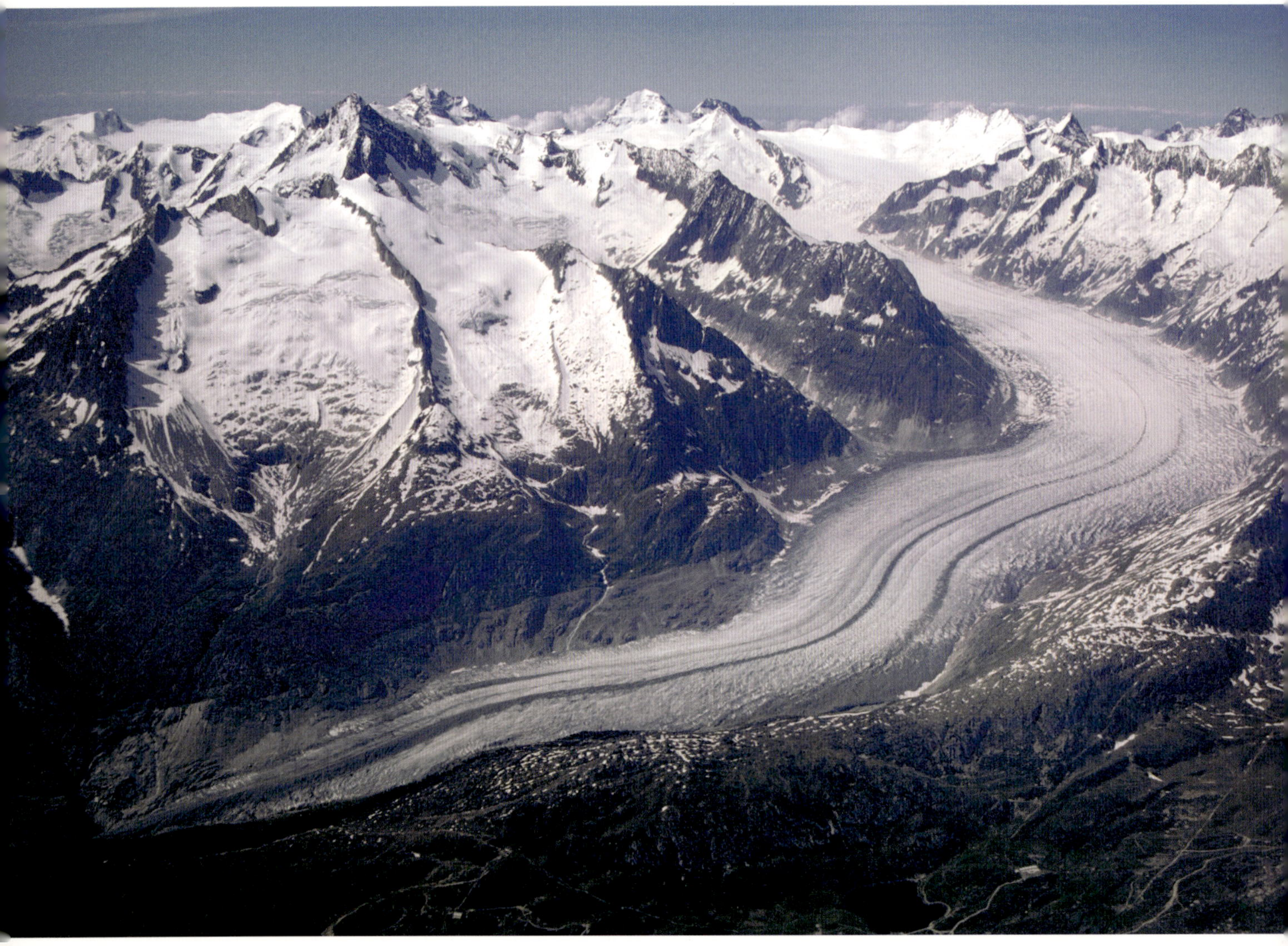

2 氷河の種類

8ページ：空から見たヨーロッパ・アルプス最大の氷河，グロッサー・アレッチ氷河。標高4000m級の山々から距離23kmを流れ下り，スイス鉄道システムの重要な水力発電施設に融氷水を供給している。

　氷河は通常その形状および周りとその下の地形との関係によって分類されるが，あるものは氷体の温度分布に基づいて記述される。けれども，このような分類は厳密ではなく，いろいろなタイプの中間が無限にあることを認識しておく必要がある。

地形条件による氷河の分類

氷床と氷帽

　最大の氷河は南極とグリーンランドの**氷床**（ice sheet）である。オーストラリアの2倍もある大陸を覆う南極氷床は世界の淡水の91％を占める。この氷床は場所によっては厚さが4000mを超え，いくつかの山脈を完全に覆っている。西南極の大部分では，氷は現在の海面より数百メートル下の岩盤の上に載っている。であるから，もし西南極の氷床が全て融けると，ここはたくさんの島がある海となるだろう。これとは対照的に，東南極の氷床は大部分が海面より高い地面に発達しており，氷は中心部からたくさんの谷――一部は海面下であるが――を通って放射状に流れ出している。氷床から突き出ている南極横断山脈と南極半島の山岳背稜を別にすると，岩石の露頭は少なく，点在しているに過ぎない。氷河に囲まれて孤立した岩峰のことをイヌイット*の言葉を使って**ヌナタック**（nunatak）と言う。地球上の淡水の8％を占めるグリーンランド氷床は，南極と比べるとはるかに小さいが，それでもメキシコと同じあるいはブリテン島の10倍の面積を覆う。インランディス（Inlandis = inland ice）として知られている内陸氷は，山脈によって縁取られている大きな盆地を3000m以上の厚さでもって埋めている。氷はいたるところでこの縁から溢れて侵食し海へ流れ出して，氷山を生産している。

　氷帽（ひょうぼう）（ice cap）は形から言えば氷床に似ているが，面積は小さい。氷帽は面積5万km²以下のものを指すが，面積がわずか数平方キロメートルのものも多い。氷床と同じように，氷帽は底面の地形を完全に埋めるので，滑らかな表面の下には不規則

イヌイット　エスキモーのこと。

図2.1　東南極氷床と西南極氷床の断面図。基盤地形と氷厚の変化を浮いている氷棚と共に示している。(D. J. Drewry, 1983, Glaciological and Geophysical Folio, Scott Polar Research Institute より引用)

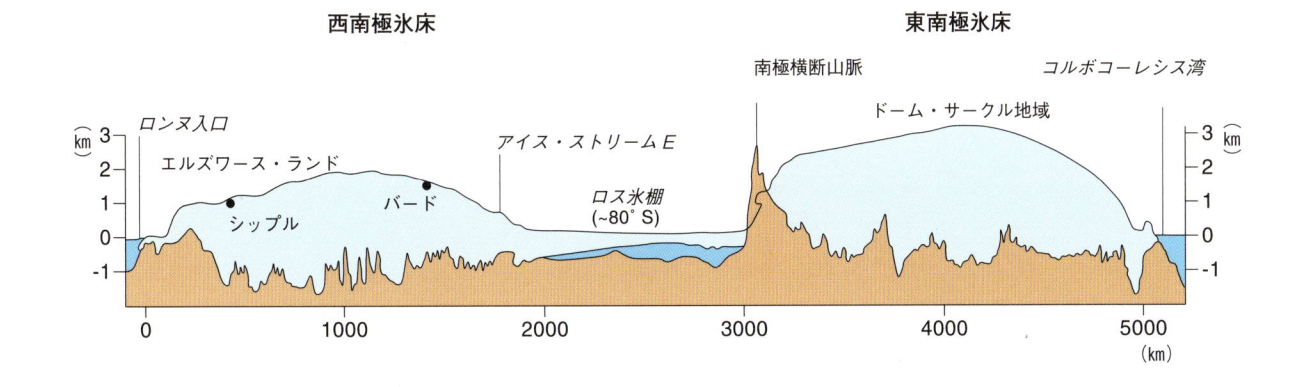

極地氷床からの流出は一般的には溢流氷河による。この写真で左から右下へ支流と共に流れているアッパー・シャックルトン氷河は，南極プラトーから流出し最終的には海面レベルに達してロス氷棚の一部となる。

この小さな氷帽は南極半島地域，ジェイムズ・ロス島の北東側にある白いドーム型のもので，暗灰色の火山岩を覆っている。

な基盤が覆い隠されている。氷帽は極地や亜極地に多く，険しい山岳地形の場所では少ない。氷帽は，傾斜が緩いため氷が流出しにくく台地の端からしか溢流しないような標高の高い台地に発達する傾向がある。最大の氷帽の一つは，北極高緯度にあるスヴァールバル諸島のノルドオストランデットにあるオスト氷帽とヴェスト氷帽で，ウェールズあるいはコネティカット州と同じ面積を覆っている。温帯地域ではアイスラ

ンドのヴァトナ氷河と南アンデスにまたがる南北パタゴニア氷帽が最大のものである。

氷床も氷帽も，例えば陸上では谷から，あるいは台地を囲む崖から崩落して（**アイスフォール**，icefall，氷瀑），あるいは直接海に，といったさまざまな経路で流れ出す。海に直接流れ出す氷床や氷帽には特徴がある。それは**アイス・ストリーム**（氷流，ice stream）で，周りと明確な境界を持つかなり速く流動する部分である。周囲の氷河は比較的乱されていないが，アイス・ストリームはあたかも独立している氷河のような動きをしていて，クレヴァスがたくさん形成されている。その境界は非常に高いせん断が起きており，深いクレヴァスが密に発達している。南極の一部のアイス・ストリームは浮いている**氷舌**（glacier tongue）となって海に長く伸び，定期的に分離して氷山を作り出している。

氷棚

南極では海面付近でも雪と氷の涵養があり，海に浮かんでいる板状の氷河，**氷棚**（ice shelf）が形成される。氷棚の厚さは典型的に大陸縁の近くで2km以上あり，**カービング**（calving，氷山分離，氷塊分離）というプロセスで氷山を生み出す外縁では200mぐらいである。より高い場所から海に流れ出す氷河は基盤から分離して浮き，南極のロス海やウェッデル海に見られるように，広がって大きな湾を埋める。一部の氷棚はとてつもなく大きい。例えば，ロス氷棚の大きさは850km×800kmで，フランスの国土に匹敵する約50万km²もの面積を持つ。

これらの氷棚は定期的に割れて，時には長さが100km以上もある滑らかで平らなテーブル状の氷山を生み出す。ある氷棚は何百年もの間安定しているが，あるものは急速に分解する。第8章で扱うが，南極半島のいくつかの氷棚は過去30年でおおかた消えた。小さいがカナダ北極圏のエルズミアー島にあるウォード・ハント氷棚とロシアの極域にあるセヴェルナーヤ・ゼムリャ諸島の氷棚を除くと，氷棚は南極独特のものである。

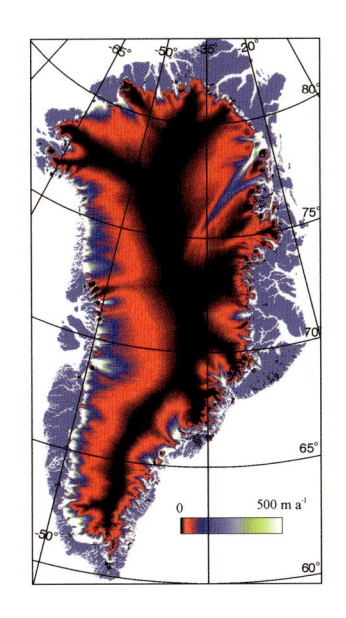

グリーンランド氷床を示す衛星画像。衛星データはいろいろな方法で解析できる。この例は，氷床の流動パターンで，凡例のように色で年間流動量（m）を示している。黒っぽい所は流動が遅く，氷床を形成しているいくつかの流域の分氷界である。白い所は溢流氷河の速い流動を示す。氷床を囲んでいる紫色の部分は，小さな局所的な氷河を除いて，氷河がない地域である。（画像はジョナサン・バンバー氏による）

スピッツベルゲン北東部にあるロモノソフ氷帽の高所氷原は，標高1500m前後の山がそびえている細長い氷の原である。この氷原から四方八方へ氷が流出し，大部分は海に流れ込んでいる。

このアメリカ合衆国ワイオミング州のグランド・ティートン国立公園の例のように，最も小さい氷河は幅がせいぜい200～300mである。このサーク氷河例（ティートン氷河）では，小規模にもかかわらず大きなモレインを形成している（前面の植生のない部分）。しかしモレインの中には氷が入っているので，融けたらせいぜい高さ2～3mの地形にしかならない。

13ページ上：水域に流入している寒冷氷河は浮いている末端を持つのが典型的である。東南極のエイメリー・オアシスではローカルな山岳氷河バティ氷河がほとんど凍りついているラドク湖に流れ込んでいる。特徴のない真っ白な背景はエイメリー氷棚である。

13ページ下：ノルウェイのノルドランドにあるオクススコルテン山（1916m）のスコルト氷河のようなサーク氷河は，英国の高所地域やロッキー山脈などに見られる最も魅力的な氷河地形を形成した。サークの下方はクレヴァスの多い谷氷河オストレ・オクスティンド氷河で，小さな氷帽から流れ出している。

山岳氷河

しばしば氷帽と同じように広域を覆う**高所氷原**（highland icefield）は氷河下の地形の起伏をかなり埋めていて，何平方キロメートルも占めるほぼ連続している氷体である。氷原はスピッツベルゲン，カナダ北極圏のクイーン・エリザベス諸島，南東アラスカとユーコン，パタゴニア，南極半島の一部などの極地・亜極地に一般的である。小さな氷原が温暖帯では高い山岳地域に見られる。高い山々はヌナタックとして氷から突き出し，その間を表面が緩く波打つように氷体が埋めている。この氷の表面はおおまかではあるが，氷河底面の地形を反映している。温暖帯に分布している氷原からは，通常，**谷氷河**（valley glacier）がいろいろな方向に流れ出している。

高山帯の氷河は，氷帽，高所氷原，氷床，そして半円形の**サーク**（圏谷（けんこく），カール，

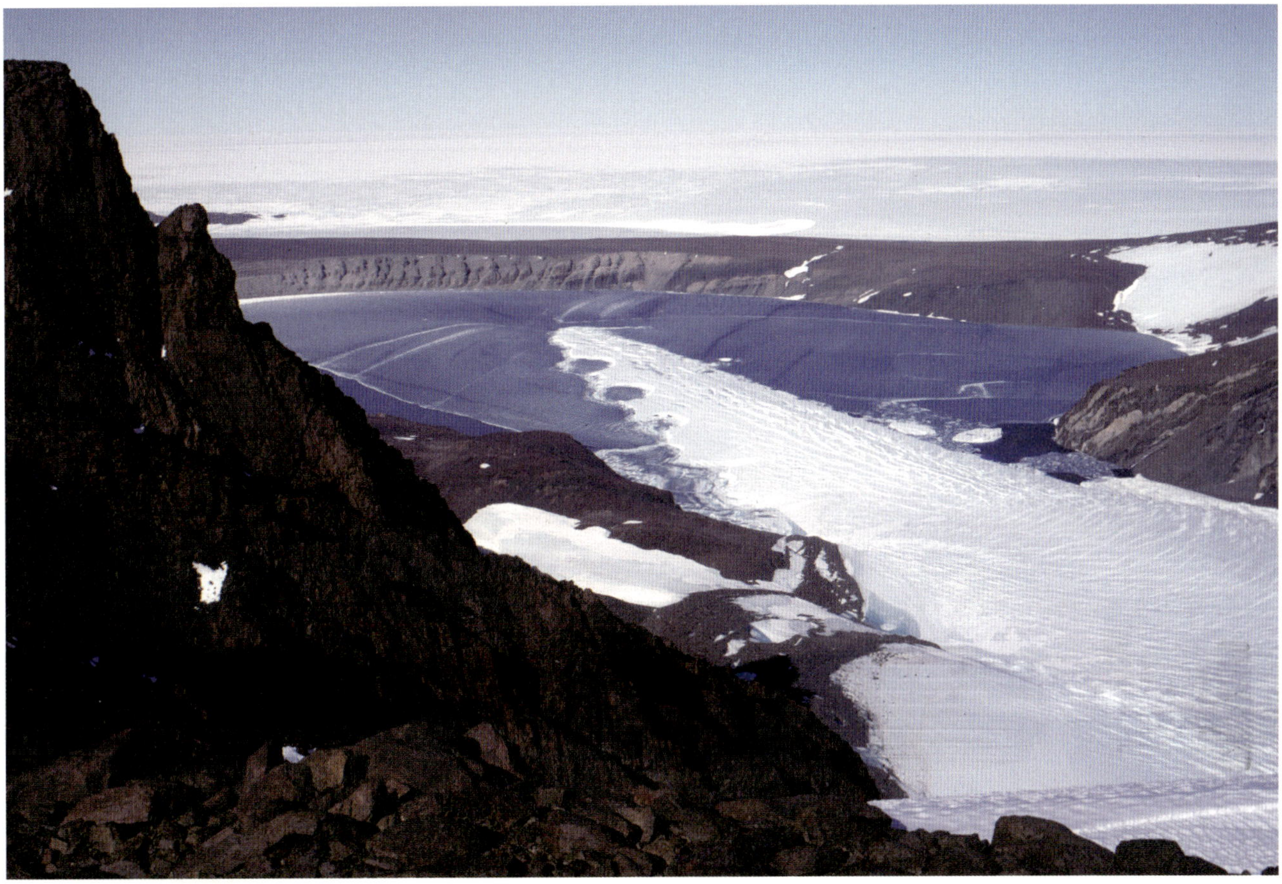

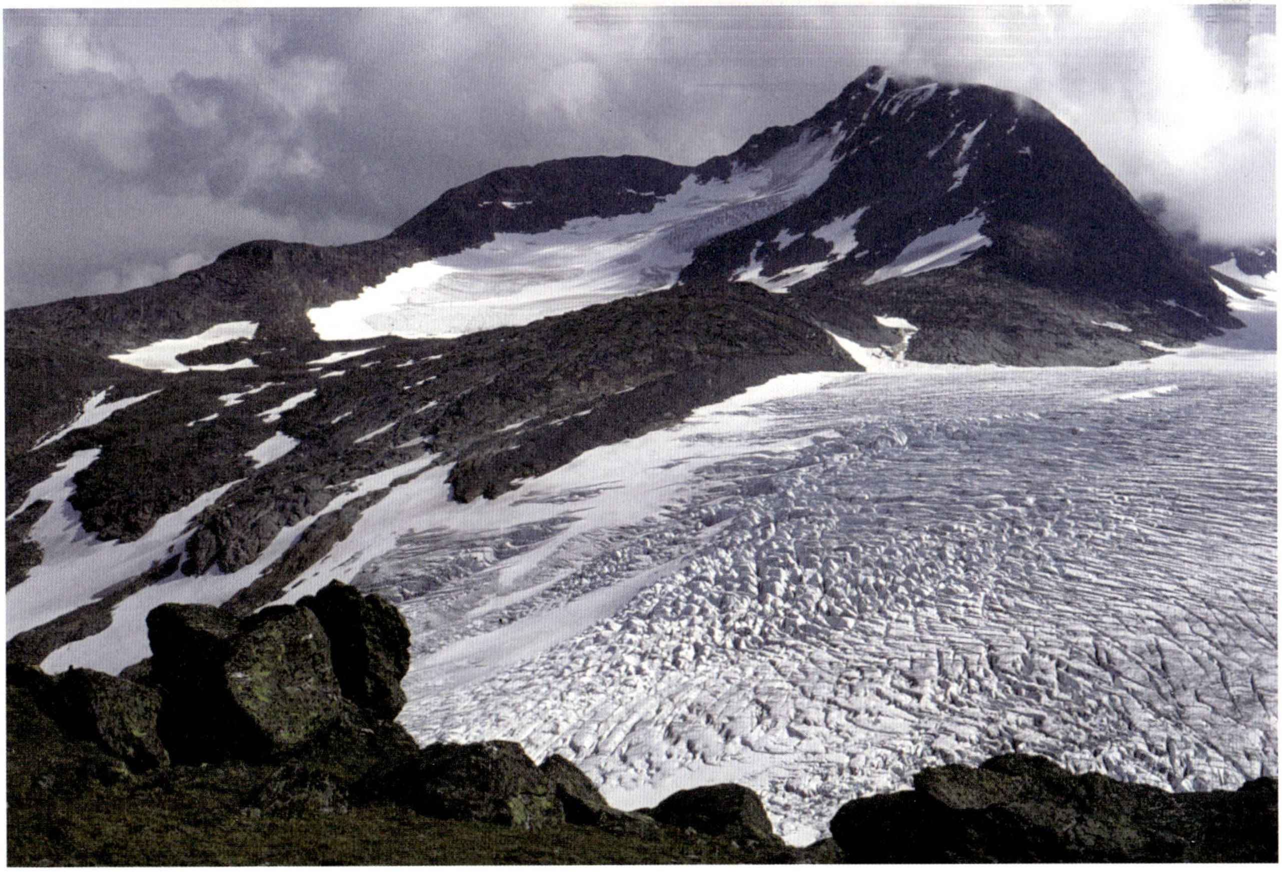

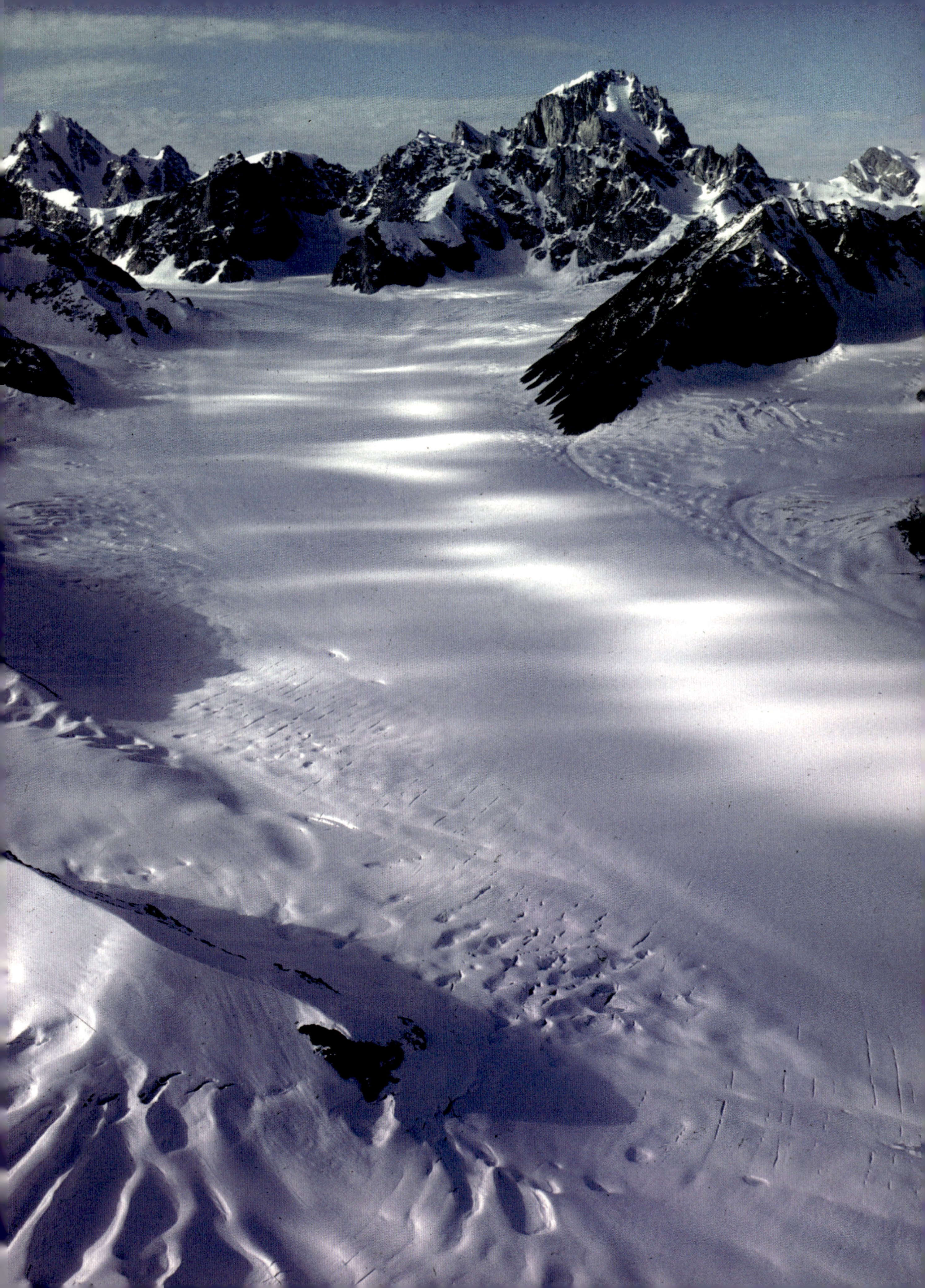

海に流入する流れの速い氷河はたくさんの氷山を分離する。北西スピッツベルゲンのクローネ氷河は、スヴァールバル諸島の中で最も氷山を分離する氷河の一つで、氷山が美しいコングスフィヨルデンの砂浜に散らばっている。

雪線（せっせん）　山の斜面で雪に覆われた斜面上部とそうでない斜面下部の境（積雪量と融雪量が同じ場所）。

14ページ：東グリーンランドのシュタウニング・アルパーは古典的な花崗岩のピークで，主氷床とは離れているが，谷氷河によって激しく侵食されている。最高峰はこの写真のダンスカティンド（2930m）で，ここから谷氷河が海岸に向かって数キロメートル流れ出している。

cirque）から流れ出る。これらの氷河は**溢流氷河**（いつりゅうひょうが）（outlet glacier）である。典型的に数十キロメートルの長さにもおよぶ氷河の舌は雪線*よりはるか下まで流れ下り，アラスカ，ニュージーランド，チリ・パタゴニアにみられるように時には温暖雨林地帯にまで到達する。最も見事な例のいくつかは，南東アラスカ・ユーコンの高所氷原から太平洋に流れ落ちるものである。ベーリング氷河（長さ191km）とハバード氷河（長さ150km）は南北アメリカで最長である。これとは対照的に，ヨーロッパ大陸の最長氷河，グロッサー・アレッチ氷河はわずか23kmの長さであるが，氷河を歩く人や近くの頂上から眺める人には十分に印象的である。

高緯度では，接地したままあるいは浮いたりして多くの氷河が海に流入し，**タイドウォーター氷河**（tidewater glacier）となる。氷河の流速は普通，海に入ると速まるので，非常にクレヴァスの多い氷河末端となる。カービングによって作り出される氷山は，接地しているタイドウォーター氷河の場合，普通小さくて形は不規則であるが，浮いている末端からは大きなテーブル状の氷山が報告されている。印象的なタイドウォーター氷河は，スピッツベルゲン，グリーンランド，カナダ北極圏，アラスカ，パタゴニア，サウス・ジョージア，南極半島のフィヨルドに見られる。

山岳渓谷が大きな谷や平地に開ける場所では，谷氷河は幅広く広がり，**山麓氷河**（piedmont glacier）と呼ばれる。アラスカ南東部にあるとても素晴らしいマラスピーナ氷河は幅70kmもあり，一番良く知られている例である。

一部の山岳地域では，雪が堆積するのには急すぎるのではないかと思われるような斜面にも氷が形成される。滑らかな氷の斜面は**アイス・エプロン**（ice apron）と呼ばれ，不安定で膨らんでいてクレヴァスがある氷体は**懸垂氷河**（hanging glacier）である。両方のタイプとも幅がせいぜい数百メートルしかなく，一般的に小さい。懸垂氷河からは氷がしばしば崩れ落ちてナダレとなり，特に下を歩いている人や登攀している人にとって危険である。大きな氷ナダレはアルプスで村全体を壊滅させたこともある（13章）。そのようなナダレや大きな谷の支谷の氷河末端，あるいはサーク氷河から落ちてきた氷のかけらは，下部に堆積して**再生氷河**（rejuvenated or regenerated glacier）となることもある。

狭い谷を流れ下って広い平原に出ると氷河は横へ広がり、ロウブ（幅広い丸餅状）となって山麓氷河と呼ばれる。この目を見張るような写真の例は、カナダ北極圏のアクセル・ハイバーグ島の南部にあるサプライズ・フィヨルドのものである。

温暖氷河と寒冷氷河

　氷河の別の分類方法は氷体内の温度の分布によるもので、基本的に三種類ある。まず最初に、**温暖氷河**（temperate or warm glacier）は、冬には表面の薄い層が0度より下がるが、氷温が氷体内全てで融解点にある氷河である。融氷水が夏には非常に多く、冬でも若干みられる。融氷水は通常、氷河末端の真ん中にある**融氷水流出口**（glacier portal）と呼ばれるトンネルから流出する。けれども、たくさんの氷河内水溜まり（water pocket）に加えて、通常は氷河の底面や氷河内によく発達した排水網がある。温暖氷河は北極圏と南極を除いた山岳地域の特徴である。

　2番目には、年平均気温が氷点下数度であるような寒い極域では、氷体の大部分は融解温度以下である。氷の大部分が融解点以下の氷河を**寒冷氷河**（cold glacier）と呼ぶ。氷河の表層12mぐらいまでは氷の温度が季節によって変動するが、それより下層では年平均気温にほぼ等しい。さらに氷河底面の近くになると、基盤岩からの熱が氷を暖め、融解点に達することがある。底面氷の加熱は一部には圧力によるもので、氷河が十分に厚ければその圧力で底面の氷を融かし、底面滑りを引き起こす。これは南極の中心でも生じており、数千メートルの厚さの氷河の底に氷河底面湖があるのが知られているし、氷床の1/3におよぶ範囲で底面が濡れている。北極圏の寒冷氷河は短い夏に多量の融解水を生産するが、その流出パターンは温暖氷河とは異なる。流れは氷を下刻（下方侵食）するとすぐに凍って消滅するので、流路は表面または氷河の縁近くだけに発達する。

氷河は驚くような山地急斜面にも張り付いて、ナダレが起きやすい懸垂氷河となる。この例はネパール、クンブ・ヒマールにあるオンビーゲイチャン（6000m 以上）の長い稜線の北東ピークにあるものである。

　3番目には、温暖と寒冷の部分を持つ氷河で、一般に**多温**（あるいは**複温**, polythermal）という語が使われる。典型的には多温氷河の末端と縁は基盤に凍りついているが、氷河が厚い上流部では地熱が気温よりも大きく影響するので、底面が濡れていることがある。このタイプの氷河は北極圏の高緯度地域、特にカナダ北極圏の島嶼やスヴァールバル、そして亜南極地域に多い。けれども、中緯度地帯でも非常に標高の高い場所では多温氷河が見られる。その一つの例が有名なリゾート地、スイスのツェルマットの近くにある4000mを超す山々に涵養されているグレンツ氷河である。

　氷河の熱的性格は氷河下の地形を改変するのに大きな影響力を持っている。かつて氷に覆われていた地域では、融氷水水路と流水堆積物の分布は、その地域を覆った氷

氷河の温度特性は氷河が流動し融氷水の分布をコントロールする様式に影響する。氷河の温度特性を調べるために熱水ドリルを使って穴を掘り，数年間の自記記録温度計を挿入する。この写真はカナダ北極圏のアクセル・ハイバーグ島のホワイト氷河の例である。

極域の氷河の多くには，一部に，特に表面近くと氷河の縁に沿って圧力融解点よりも低い温度の氷が存在する。これらは多温氷河である。寒冷氷河，すなわち氷の温度が全て圧力融解点よりも低い氷河は一般に南極にしか存在しない。

河のタイプを反映している。底面を滑る温暖氷河と寒冷氷河の融けている部分は地面を激しく侵食する。底面が凍りついている寒冷氷河は活動が比較的弱い。底面侵食は起きるが，それは底面変形と氷河底面へのデブリの取り込みによる。通常，寒冷氷河は風化や風食・水食といった侵食から土地を保護する。地形あるいは温度による分類でも，これまで記述した氷河のタイプは連続して変化する氷河の単に便宜的な分類に

過ぎず，多くの氷河はこれらのタイプの組み合わせである。

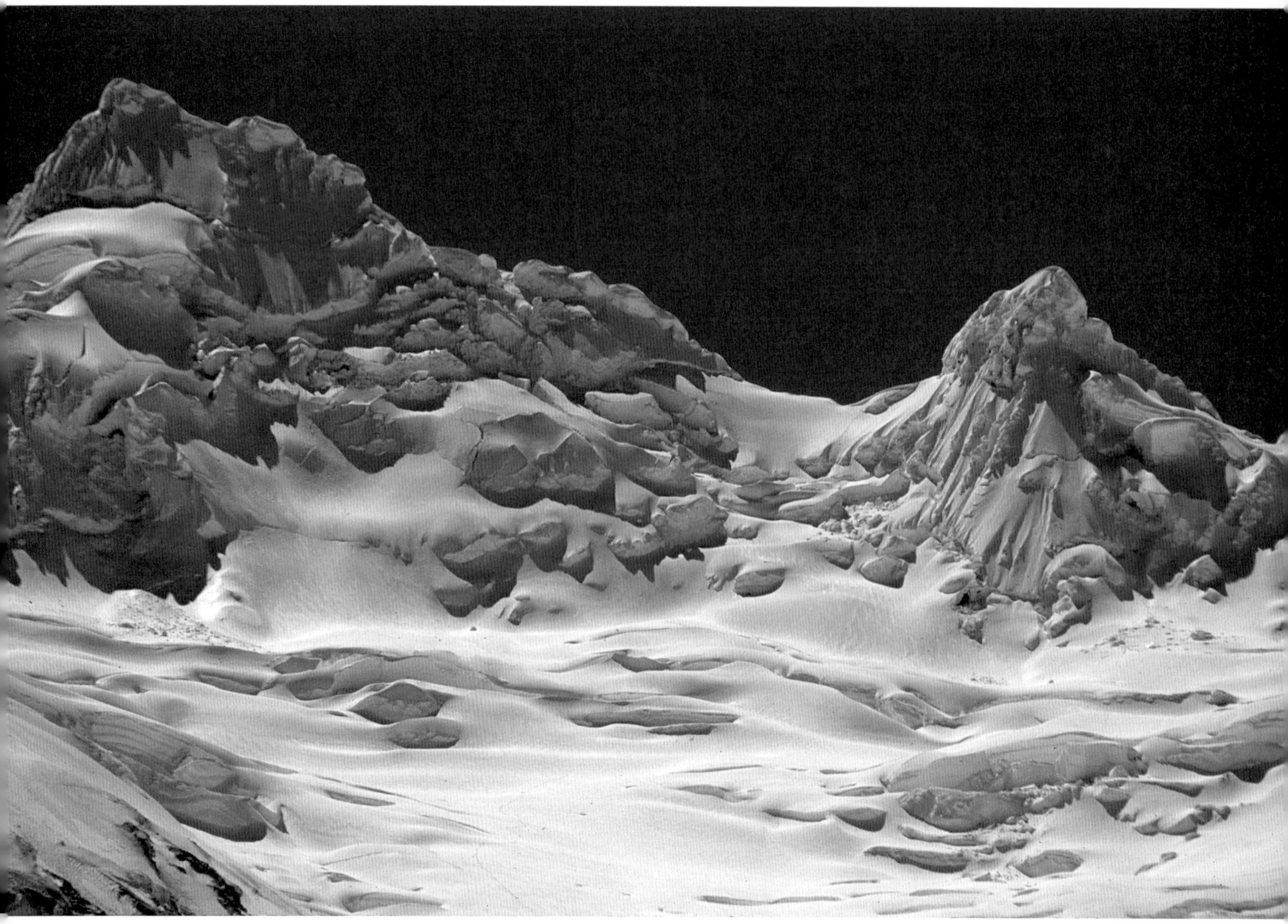

3 氷河の生成，成長，消滅

20ページ：熱帯アンデスの高所地域は夏の雨期に大量の雪が降る。このネヴァド・パロン（5600m）の写真では，下の氷河を涵養している氷壁に加えて特徴的なキノコ状の雪と氷の成長が見られる。

　氷河は時には「氷の川」と呼ばれる。けれども，これは誤解を招く。というのは氷河は通常は降雨からではなく，雪が氷に変化することによって生成されるからである。氷河ができるためには，冬の降雪が多くて次の夏にも融け残っていなければならない。この過程が何年も続き，やがて，最終的に自重で雪が氷に変化する。氷が十分に厚いと重力の影響で流れる。この雪から氷への変化は時間のかかる複雑なプロセスで，変化の仕方とそれに要する時間は上に積もった雪の温度と厚さに依存する。変化は温暖地域で最も早く，アルプスや北アメリカの西コルディレラ山脈のような場所では5年から10年で雪から氷へ変化する。これとは対照的に，高緯度の極域や高所での変化は数百年かかることもある。

雪片から氷河氷へ

　雪の結晶は6辺が対称的な六角形の特徴的な構造を持つことが多いが，雪はさまざまな形で降る。雪片は径が1cm程度のデリケートな羽毛のような結晶のこともあれば，砂のような感じのする比較的堅い粒のこともある。雪片は氷点に近い時，最も複雑で変化に富む形となり，重さが水の1/20の軽い雪の層を形成する。このような雪はふわふわしており，スキーヤーが喜ぶ粉雪である。

　氷河は年間積雪量が年間融解量あるいは蒸発量より多い場所に形成される。高山地域では雪の正味堆積量と氷への変化は温度に関連しており，温度は高度に依存する。降雪量も重要である。風上よりも風下側の積雪が多くなる。また，誰もが知っているように陰の方が雪が多く残る。

　融氷水も氷河の形成に寄与する。融氷水が豊富な温暖地域では，雪は多くの段階を経て氷になる。最初に，脆い結晶は降り積もる雪の重みによって積もった時に，あるいは濡れた時に壊れる。徐々に雪片は粒に変化し，粗い砂糖のように丸い粒状になる。雪は圧迫されると堅くなり密度が大きくなる。最初は粒と粒の間の空気はつなが

図3.1　雪から氷河氷結晶への変化。期間は典型的な温暖氷河のものである。

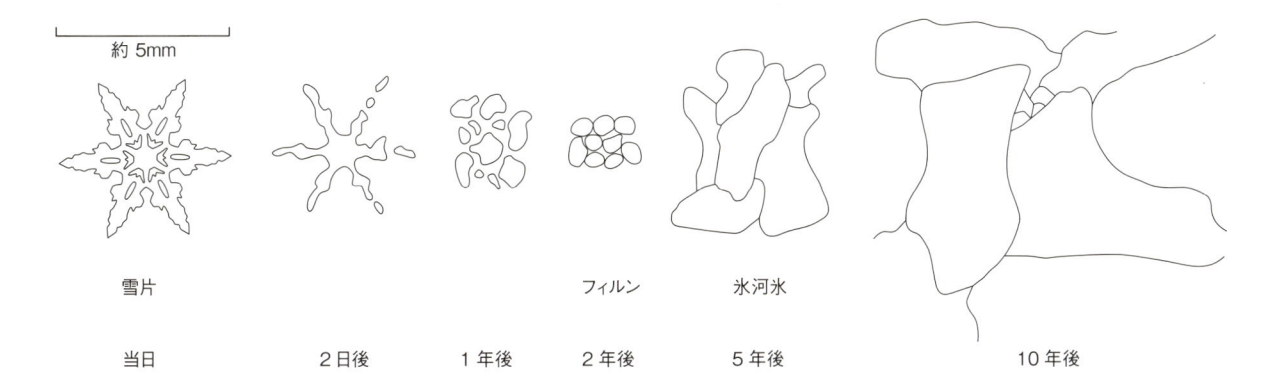

約5mm

雪片　　　　　　　　　　　　　　　　フィルン　　氷河氷

当日　　　2日後　　　1年後　　2年後　　5年後　　　　10年後

っており，**フィルン**（ファーン，firn）と呼ばれる雪になる。これはドイツ語の「古い雪」という意味に由来し，氷への変化の中間過程である。普通一年で雪の密度が水の密度の半分になり，フィルンとなる。

　これらの変化が進むと，丸みを帯びたフィルンの粒は再結晶を始め，周りの小さな粒を取り込んでより大きな氷の結晶となる。空気は成長する結晶の中に泡として閉じ込められる。これらの変化は，氷の結晶が重力の応力のもとでは変形しやすいので，氷河の流動によって促進される。流動している氷河内では結晶の形は常に変化している。氷が早く変形すると，安定しないので結晶は大きくならないことがあるが，流動が遅く応力が小さい氷河末端へ氷が到達するまでには，径数センチにも成長する場合がある。停滞している氷河では結晶はさらに大きくなり，長さ25cmのものが報告されている。この場合，結晶はとても複雑な形となる。このときまでに，氷の密度は水の90%程度になっている。

　グリーンランドや南極のような高緯度にあり，表面での融解が全くない氷河では，雪から氷への変化は数年ではなく何百年もかかることがある。このような地域での変化は三つの要素によって決まる。結晶の相対的な動き，積雪によって増大する圧密の効果，そして内部変形である。

　氷河を見ていると，特に曇りの日に顕著だが，氷河氷の青さにしばしばみとれる。これは水の分子が青以外の波長を吸収するからである。

利益と損失

　雪から氷への変化と下流への流動は，利益（**涵養**，accumulation）と損失（**消耗**，ablation）のバランスによって表される。雪氷学者はこの概念を**質量収支**（mass balance，またはmass budget）と呼ぶ。銀行口座が良いたとえである。もし口座へ，下ろす（融解，カービング）よりも多く預けたら（雪と氷），口座の預金量は増える。

雪から氷へ変化すると絡み合っている結晶になり，気泡が閉じ込められる。写真は北ノルウェイのチャールズ・ラボッツ氷河の例である。写真は結晶構造がよく分かるクロス偏光板を透して撮影された。直線は1cm格子である。

ゆっくり動いているあるいは停滞している温暖氷河では氷の結晶が大きくなる。この例はアラスカのコロンビア氷河のものである。

スイス・アルプスのヴァイスミエス（4023m）の非常に大きなクレヴァス。登行中の登山者と比べるとその大きさが分かる。クレヴァスの壁には堆積層がはっきりと認められるが，その中でも目立つのは年層である。黄色い層は中央ヨーロッパに風で運ばれてくるサハラ沙漠の砂の堆積層である。

南極・西部ロス海のグラニット・ハーバーの脇にある氷壁に見られる雪の堆積層。お盆の形をした堆積層の底は堆積が断絶していることを示し、これを不整合という。

アイス・レンズ　レンズ状の氷。

ある氷河で涵養が消耗より多ければプラスの質量収支である。逆に、消耗が涵養より多ければ、マイナスの質量収支で、預金不足の口座と同じである。

　典型的な山岳氷河や北極の谷氷河を夏に上流から下流へ歩くと、利益から損失への変化を観察することができる。積雪量が消耗量より多い上流域は**涵養域**（accumulation area）である。最上流は表面融解が全くない乾雪ゾーンの場合もあるが、極域氷河または高所氷河にしかそのようなゾーンはない。下流に行くと、融解が起きるゾーンになる。水は表面を循環して再凍結し、氷層や、アイス・レンズ*、アイス・グランド（ice glands, 氷腺）と呼ばれるパイプ状の構造などを作る。ここではまだ氷河の質量は増加している。

　さらに下流へ行くと、**湿雪ゾーン**（wet snow zone）となる。ここでは冬に降った雪のほとんどが融ける。ここでは雪は融点に達するので、水で飽和される。北極圏の氷河では、どろどろした雪がこのゾーンで形成されるが、冬に再凍結して**上積氷**（superimposed ice）となり、氷河の質量増加に寄与する。上積氷と湿雪ゾーンの境が**フィルン線**（firn line）である。温暖帯の氷河では、上積氷ゾーンの幅は一般的に狭い。これとは対照的に、南極の大部分では涵養域は海岸まで達し、消耗は主にカービングによる。

　上積氷域の下限は質量収支の項目で最も重要で、**平衡線**（equilibrium line）と呼ばれる。温暖帯ではこの線はだいたいフィルン線と一致する。ここでは利益と損失が同じである。平衡線より下流が氷の正味損失がある**消耗域**（ablation area）である。ここでは、冬の雪は全て融け、氷も融ける。氷河末端へ下るにつれて質量欠損は増大

ペルー・コルディレラ・ブランカのネヴァド・ウァスカラン（6768m）。熱帯の山での積雪涵養は冬（実際にはないが）ではなく通常は雨期である。

図3.2　氷河の涵養域と消耗域を示す縦断面。物質が雪に埋もれてから下流で表面で出てくるまでの流動経路も示している。

裸氷面では日射効果によって細かいデブリや石は早く氷に沈み込み、クライオコナイト・ホール（cryoconite hole）を形成する。穴は夕方になっても水が溜まっていることがあり夜には凍る。閉じ込められた気泡は小さな広角レンズのような働きをする。

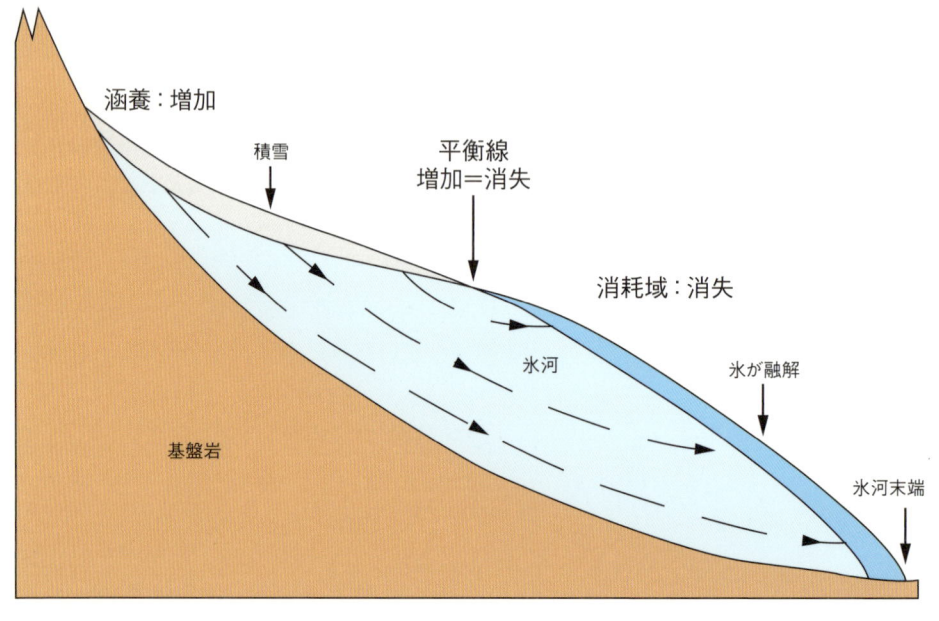

し、典型的な山岳氷河の最下流では、年間の氷の融解量は厚さ10mを超えることもある。けれども、失った氷は上流から流れてきた氷によって補われるので、融けることが必ずしも氷河が縮小することを意味するものではない。

　初夏には消耗域の雪が融けるところは水で飽和される。特に平らな場所では顕著である。そのような雪の湿地は、寒冷氷（融点より低い温度の氷）が融氷水の流出を妨げる極域の氷河で一般的に見られる。

南極の中心部での積雪はわずか年2〜3cmであり，しかもその大部分が風で飛ばされる。南極プラトーの端にあるロバーツ山塊での烈風によって，雪が大きな花の塊のような構造になっている。

高所山岳地域での氷ナダレは涵養域での氷の堆積に重要である。これはペルー・コルディレラ・ブランカのネヴァド・チャクララフ（6172m）の例である。

このスイス・エンガディンのパース氷河の例のように，山岳氷河では夏のシーズンの終わりに平衡線と呼ばれる涵養域と消耗域のはっきりした境が現れる。手前の青灰色の氷がこの低位置に存在しているのは，滑動と内部変形によって高い所から流れ下って来たからである。

27ページ：氷河は質量収支が負になると，末端後退あるいは表面高度低下で応答する。このニュージーランド・南アルプスのミュラー氷河の例では，形成されつつある湖の中の末端で表面低下が起きている。後に小氷河期のラテラル・モレインがある。背景の山は最高峰クック山（3754m）で，マオリ語でアオラキと呼び，「雲を突き抜けるもの」という意味である。

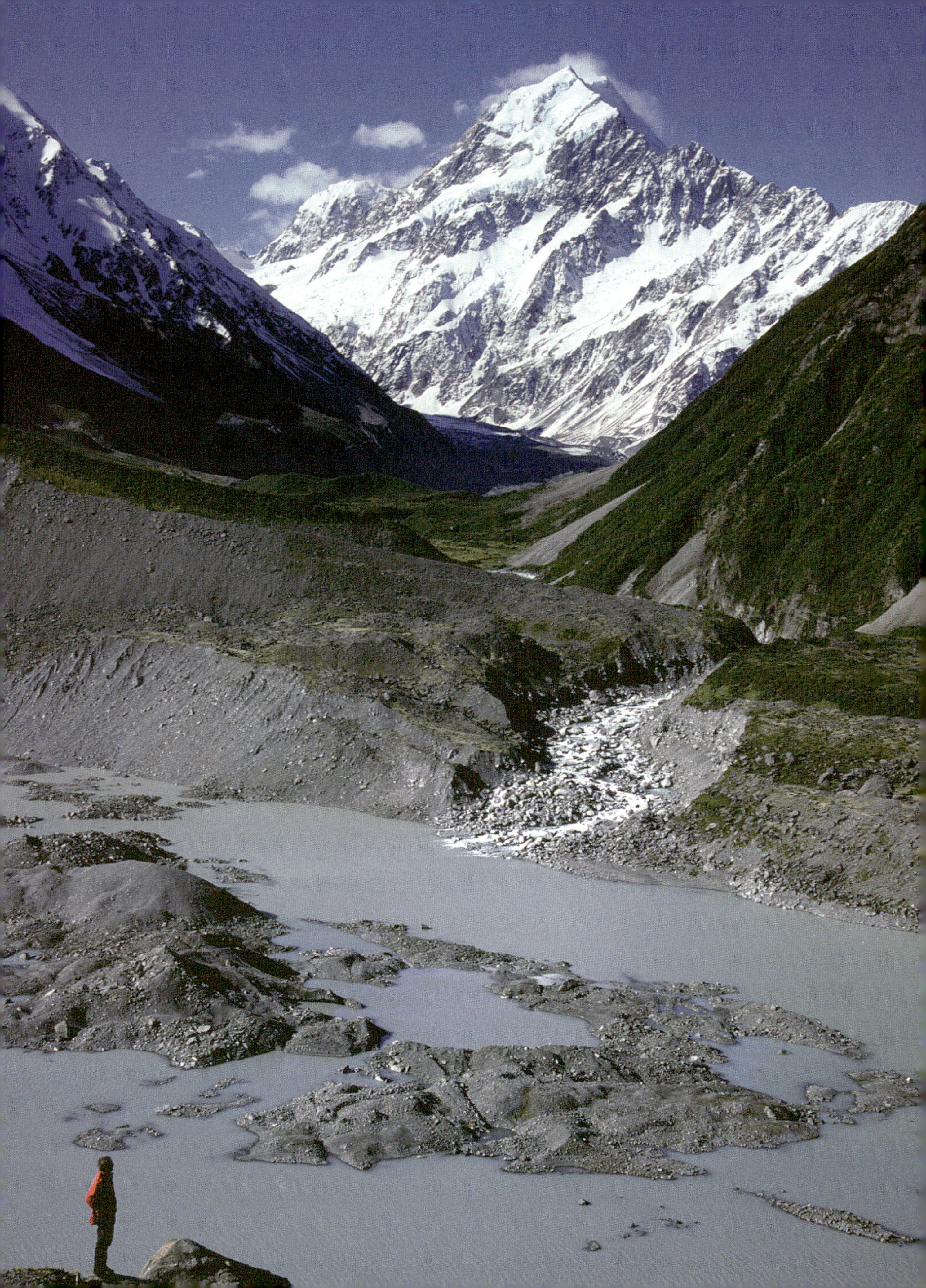

夏になるにしたがい，晴天の日や乾燥した天候の時は，消耗域の氷の結晶は結晶と結晶の境界に沿って融けるので，氷河の表面には細かい凹凸ができ，アイゼンなしでも歩けるようになる。これとは対照的に，雨の日は氷は一様に融けるので滑りやすくなる。晴天になると，氷河表面の波状の起伏が増す。特にデブリ（岩屑）が不均一に分布していると顕著になり，**アイス・シップ**（ice ship，**氷船**）と呼ばれる氷の尖塔（ピナクル）ができる。これらは1m程度の高さが多いが，太陽の日射が強い場所，特に熱帯アンデスやヒマラヤのような低緯度のような場所では，時には数メートルにもなる。

質量収支変化への氷河末端の応答

氷河の質量変化は氷河の下流，すなわち**舌端**（tongue）の変化に現れる。特に，**末端**（snout）の応答（反応）は氷河の健康状態を知るうえで重要である。「健康」な氷河では，消耗域で失われるのと同じ量の氷が涵養されるので，末端は同じ位置に止どまる。もしも涵養が消耗を上回れば氷河はいずれ前進するが，変動傾向が逆転するのには数十年かかるかもしれない。「不健康」な氷河では涵養よりも消耗の方が多く，氷縁が後退したり表面低下などが起きる。

ニュージーランドの南アルプスでは，質量変化に対する氷河の応答に特筆すべき対照がある。クック山の西側は海洋性で，フォックス氷河とフランツ・ジョーゼフ氷河

氷河の急速な後退によって氷の塊が末端から分離することがしばしばあり，このスイス・ヴァライスのアローラ・オート氷河のようにトンネルとか空洞ができる。

ヒマラヤのデブリに完全に覆われている氷河末端は表面低下で氷を失うが，その量はデブリ・カバーが一番薄い所，すなわち平衡線に近い所で最も大きい。その結果として，氷河表面の傾斜が逆になることがあり，時によっては大きな湖が発達することがある。この写真はネパールのエヴェレスト山域にあるクンブ氷河のデブリに覆われた末端域である。

氷床と繋がっていない南極の小さな氷河の末端は，停滞あるいは前進している場合，垂直の壁となっている。ナダレた氷が散らばっているこの氷壁はドライ・ヴァレー地域のローヌ氷河（スイスの氷河に因んで名付けられた）のものである。

海に末端がある氷河（タイドウォーター氷河）は陸に末端がある氷河よりも変動が激しく，このアラスカのハバード氷河のように，海底に接地している垂直のカービング氷壁が特徴である。アラスカの他の多くの氷河とは異なって，ハバード氷河は20世紀に大きく前進している。

に降る年間降水量は水当量で10〜15mにも達し，その大部分が高所では雪として降る。氷河は年平均流動速度700mにも達する速さで雪の降らない雨林にまで流れ下っている。大雨が続いて底面に水が豊富になると，これらの氷河は年間流動速度が2500mになることもある。質量収支の変化は，前進・後退が年0.5kmから1kmにもおよぶ非常に速い氷河末端の応答となって現れる。20世紀最後の20年間の急激な前進は，1999年に始まった同じように速い後退によって打ち消されてしまった。

クック山の分水嶺から数キロメートル東側では，氷河の動きはそれほどダイナミックではない。ここでは降水量が激減し，タスマン氷河の末端では流動わずかに年間0.4mである。この氷河はニュージーランド最大の氷河であるが，最大流動速度は年250mに過ぎない。また，その末端はフォックス氷河やフランツ・ジョーゼフ氷河のように速い速度で前進したり後退したりしない。むしろ，この氷河は数十年の間，消耗域全体，すなわち舌域全体で薄くなってきた。最近になってようやく氷河末端が前縁湖の拡大によって後退を始めた。この動きは第4章で細かく議論するが，短くて急な氷河は長くて傾斜の緩い氷河と比べて変動しやすい，という氷河変動の一面を強調している。

ヨーロッパ・アルプスその他の地域では，同じ気候の下で隣り合う谷の氷河で一方は前進，他方は後退ということがある。この現象は最近ではアルプスで1970年代と1980年代初頭にみられたが，スカンディナヴィアでは1990年代後半から2000年代

図3.3 カナダ北極圏アクセル・ハイバーグ島，ホワイト氷河での質量収支の測定網。二連続シーズンの平衡線の位置が示されている。（チューリッヒの世界氷河モニタリング・ウェブサイトのデータから作成）

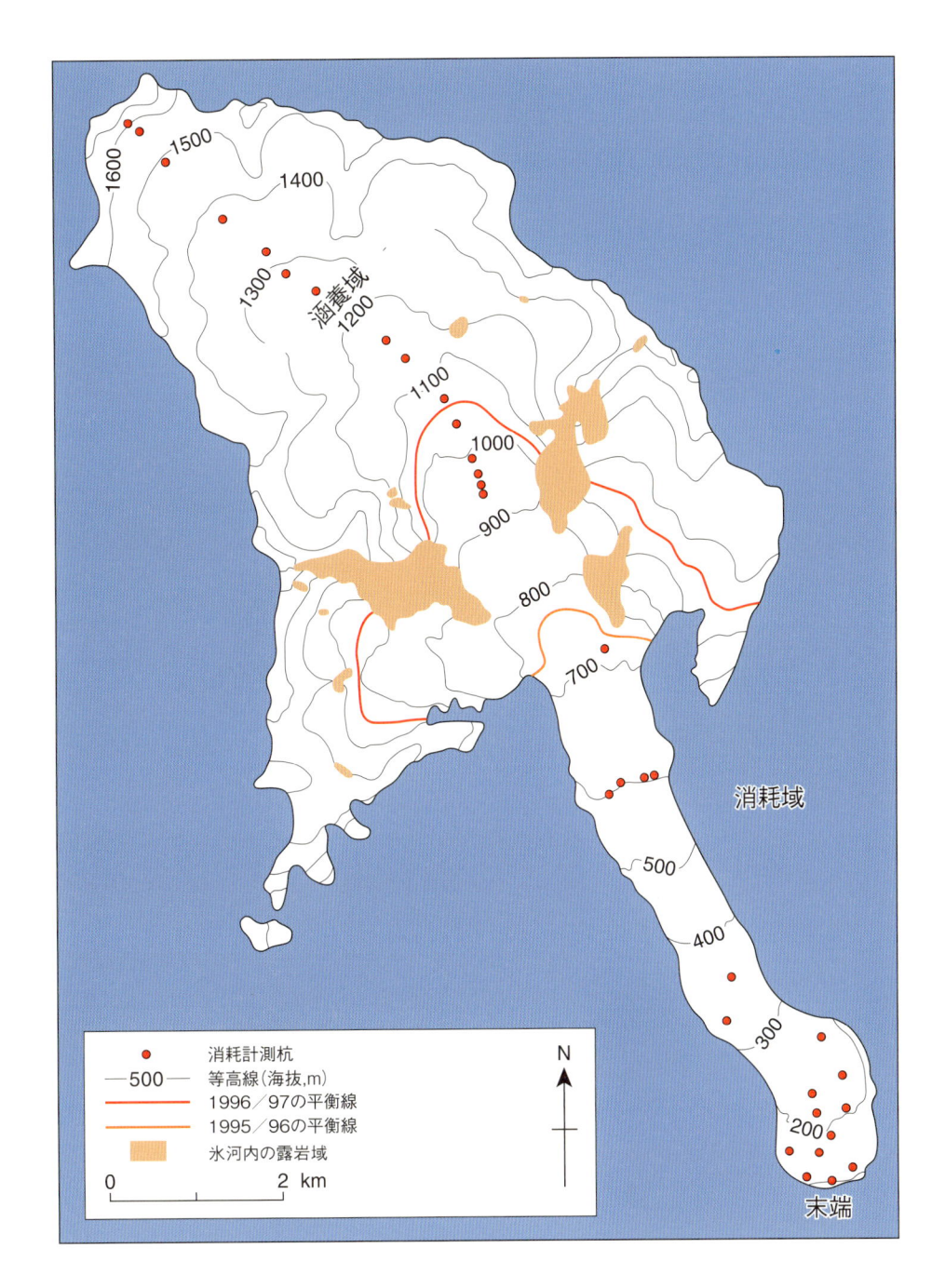

凡例：
- 消耗計測杭
- —500— 等高線（海抜, m）
- 1996／97の平衡線
- 1995／96の平衡線
- 氷河内の露岩域

涵養域／消耗域／末端

初頭にかけてみられた。この，一見不可解な現象について，質量収支ではどのように説明できるのだろうか。小さな氷河は質量変化に数年で応答するが，グロッサー・アレッチ氷河のように大きな山岳谷氷河では，半世紀あるいはそれ以上かかる。大きな氷河では末端位置は質量収支の短期的な変動には応答せず，気候の長期的変動にのみ応答する。

　一般的に，数十年にわたる気候変化は短期の気候変動を打ち消す。これが19世紀末からの気候温暖化によって北アメリカやヨーロッパの氷河の多くがかなり後退した理由である。この傾向の中で，いくつかの氷河は一時的に前進したが，その一部の氷河では温暖化によって降水量が増加していたのかもしれない。もしこれが雪だったならば，20世紀末にみられたノルウェーの一部の氷河のように，質量収支増加となっていただろう。

質量収支の研究は，このペルー・コルディレラ・ブランカのアルテソンラーフでの例のように，熱水ドリルで穴を開けたりする労働集約的な作業である。穴に木，金属，プラスティックなどの棒を差し込み，融解時期の始めと終わりに雪面からの高さを測定する。

このしゃれた木造の建物群は，スウェーデン北部のケーブナカイゼ地域にあるストックホルム大学のターファラ調査基地である。ここで第二次世界大戦後すぐに質量収支の研究が始められ，現在までも続いている。ここには半世紀以上にもおよぶ気候変化に対する氷河応答の唯一の記録がある（図3.4のグラフを参照）。

質量収支の研究に選ばれた氷河はストー氷河で，この写真は真夏の降雪後の氷河表面である。背景のピークはスウェーデンの最高峰ケーブナカイゼ（2111m）で，薄い氷帽がある。

　上で述べた谷氷河とは対照的に，極地の氷床や氷帽は気候変化にはるかにゆっくりと応答する。実際，1万年前に終わった最終氷期後の温暖化の影響は大きな氷床の奥までまだ達していない。ひょっとしたら，氷床は永久に平衡に達しないかもしれない。東南極氷床の大部分では年降水量は数センチしかない。消耗は融解ではなく圧倒的に海でのカービングである。東南極氷床を形成しているいくつかの氷河流域の面積は最大で100万 km^2 に達し，質量収支の変化が氷縁の位置の変化に伝わるまで何百年もかかる。さらに，氷縁の変化には海水温度や海水準といった海洋学的な要素の方が質量収支の変化より影響が大きい。

質量収支の計測

　氷河の質量収支の計測は労力のいる作業である。図3.3が示すように，最初に，木あるいはアルミのステイク（杭）を氷河の縦断方向にかなりの密度で，さらに何本かの横断方向にも立てる。ステイクは5～6mの長さが普通で，プロパンガスを使う熱水ドリルや蒸気ドリルで穴を開ける。涵養域ではステイクは冬の積雪に埋もれないように氷河表面からかなり上に延ばし，翌年の春まで見えているようにする。深い雪穴を掘って雪のサンプルを採り，深さによって雪の密度がどのように変化するかを調べる。

　消耗域では，夏には数メートルの融解があるので，ステイクは表面ぎりぎりまで押し込む。融解によってステイクが倒れそうになったなら，再び穴を開けて立て直す。次に，ステイクの位置を測量する。氷河がステイクを下流に運ぶので，後日の再測量によって氷河流動速度が求められる。氷と雪の表面の高度は，消耗時期の始まりと終わりに計られ，質量の変化が水当量として求められる。地図上でメートル単位の質量収支の等値線が引かれ，氷の総量の変化が求められる。データは10年以上あって初

図3.4 世界最長の質量収支記録はスウェーデン北部のストー氷河で得られた1945年から現在までのものである。質量収支ゼロの線はその年は増減がなかったことを示す。この線より上の棒は質量増加（正の収支）を，下の棒は質量減少（負の収支）を示す。データはストックホルム大学のピーター・ヤンソンによる。

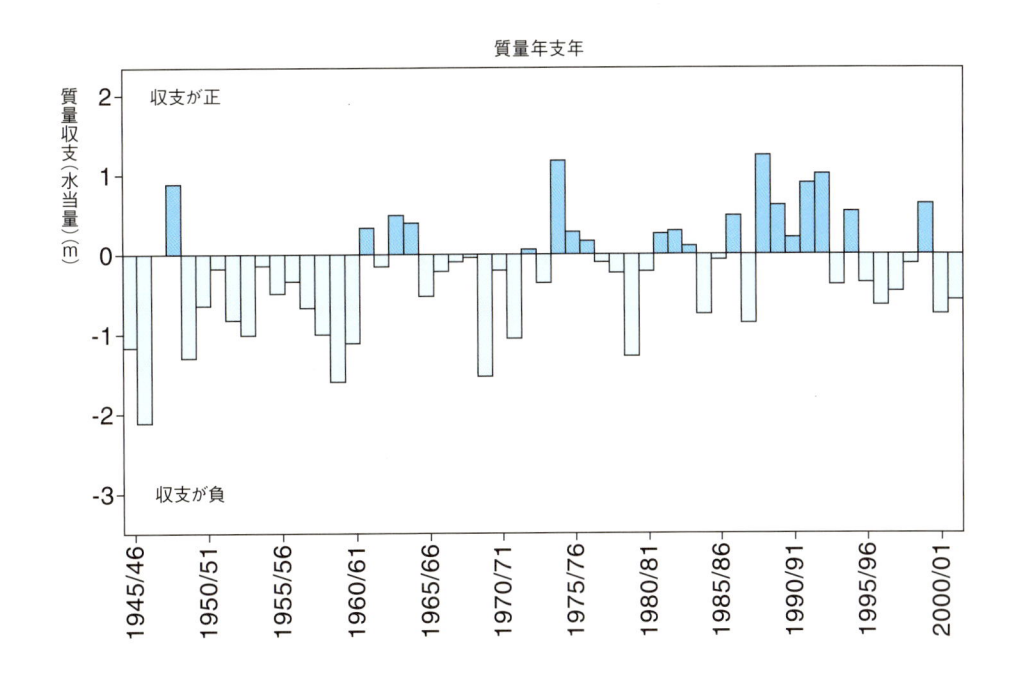

めて意味をなすので，この作業は何年も繰り返される。研究費援助機関は一般的に短期のプロジェクトを好む傾向にあるので，長期のモニタリングにはなかなか必要な研究費がつかない。

　もちろん，このような調査を大きな氷河で行なうのは物資輸送の面からは実用的ではない。グリーンランド氷床や南極氷床の研究には，衛星が氷河表面高度の変化を十分な精度で記録するようになってきた。けれども，これらの結果に対しては，氷上を横断して雪の密度を計り，涵養速度を求めて検証することが必要である。しかし今では，衛星で氷と雪の密度を間接的に記録しているガンマ線放出を計測できるので，これも過去のこととなるかもしれない。

　ユネスコが後援している，チューリッヒに本部を置く世界氷河モニタリング・サービスは世界中から質量収支のデータを集めている。このデータ・セットは，気候変化に氷河がどのように応答するかを予測し，それが地球規模の海水準変化や水資源に対してどのような結果をもたらすかを予測するために，欠かすことができない。最新の統計では，16か国の88氷河に関するデータがある。これは，世界の傾向を評価するのには少な過ぎるサンプル数である。残念だが最近，政府による研究費削減のため数か国で質量収支の研究プログラムが縮小された。データ・セットはヨーロッパ・アルプスとスカンディナヴィアに非常に偏っているので，世界の他の氷河地域からのデータが強く求められている。

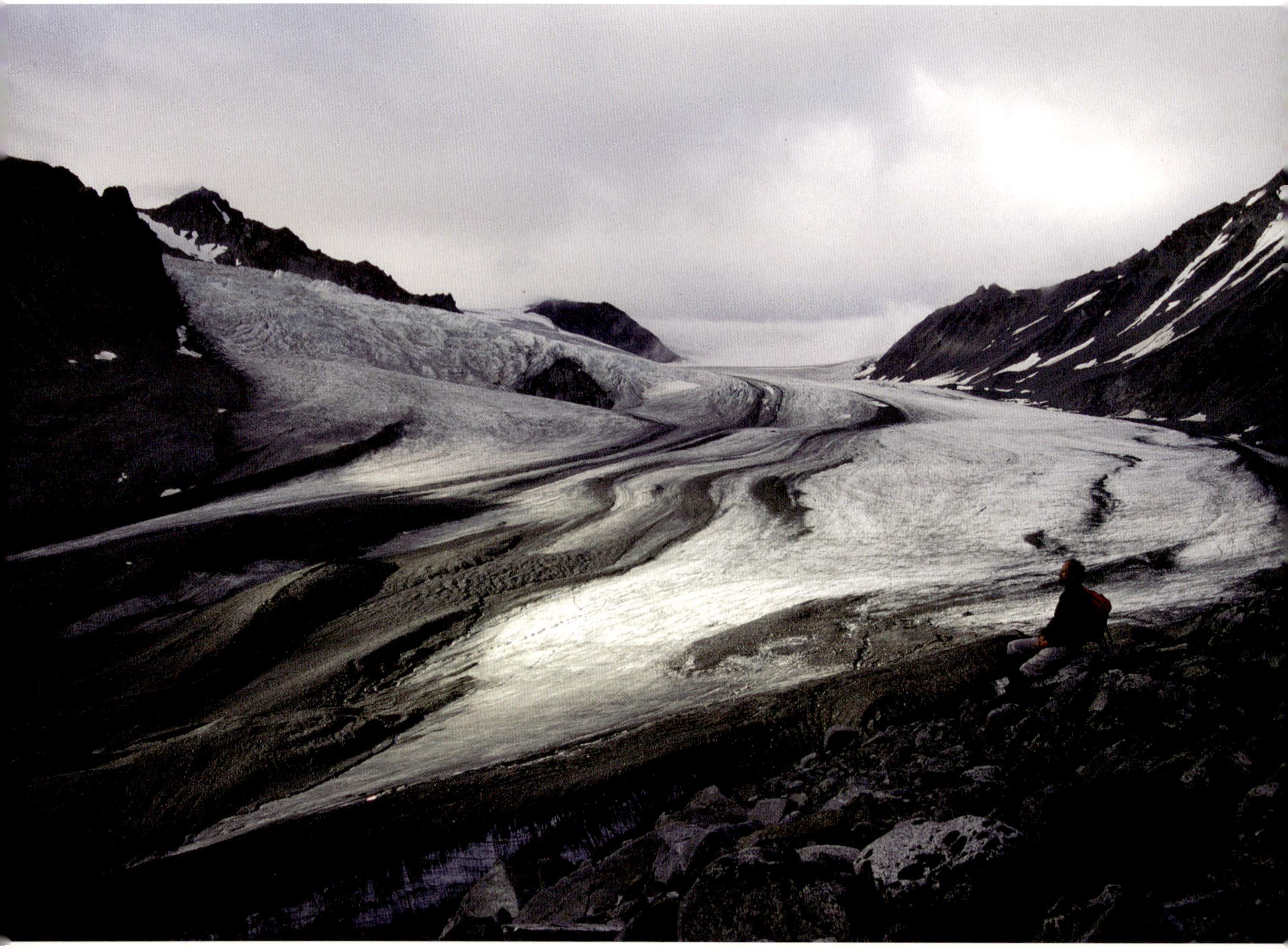

4 変動する氷河

34ページ：アラスカのガルカーナ氷河は北アメリカで最も良く研究されている氷河の一つである。この陸地に末端がある氷河は過去20～30年の間に劇的に薄くなり後退したので，現在は末端が後退氷河の特徴である比較的平らな形態になっている。表面の目立つモレインは消耗によって氷河内デブリが露出するので成長する。

　氷河は地球上で気候変化に最も敏感な指標の一つである。しかし，氷河は温暖化や寒冷化に異なった時間スケールで反応するので，氷河縁辺の変動が意味することを評価するのは容易ではない。いくつかの注目すべき例外はあるが，山岳氷河の大多数は21世紀の初めの時点において，後退している。

　氷河の後退に伴って，陸に貯められていた水が海に流れ出し，それによる地球規模の海面上昇が心配されている。このようなわけで，未来を予測するためには，気候変化に対する氷河の過去と現在の応答に関するデータを得ることがとても重要である。このゴールへの一歩として，世界氷河モニタリング・センターは世界中にある数百の氷河の氷縁変動に関するデータを収集している。

　18世紀，19世紀まで遡る歴史記録は氷河変動に関する主な情報源であるが，アルプスとノルウェイを除くとそのようなデータは限られる。ヨーロッパではこの時期は最終氷期以降最も氷河が前進した時期で，**小氷期**（Little Ice Age）として知られている。低温と広域での農作物不作の時期である。このような地域では，氷河デブリ（岩屑）からなる古いリッジ（moraine，モレイン）の放射性炭素による年代測定によって，数千年におよぶ氷河変動が明らかになっている。最近では，衛星画像が世界規模での氷河モニタリングに——特にグリーンランドや南極では——欠かせないものとなっている。この目的に最初に使われた衛星は，1972年7月に打ち上げられた地

スイス，ベルナー・オーバーラントのトリフト氷河は最近まで手前の池となっている盆地を埋めていた。表面低下は1990年代に加速して2001年頃に前面に池が形成され始めた（左側の写真）。その結果，氷河は浮きやすくなり末端の崩壊が2003年までに始まった（右側の写真）。

アクセル・ハイバーグ島のトンプソン氷河は，少なくともこの地域で科学調査が始まった1960年代から前進し続けている。高さ30mの崖は前進している大きな多温氷河の特徴である。この例では，進入し定着した紫色のユキノシタの草原の上を前進しているだけではなく，河川礫を押し上げている。

ゆっくりと後退しているホワイト氷河（左）と前進しているトンプソン氷河（右）の境界域の斜め空中写真（カナダ北極圏諸島，アクセル・ハイバーグ島）。氷河の末端域の違いに注目。

球資源観測衛星（ERTS-1，すなわち今のランドサット）である。この後，氷河のモニタリングに使われる多くの衛星が打ち上げられた。

氷河の衰退は普通氷縁の後退に現れるが，これだけではない。ある氷河では——特に岩屑で覆われている氷河では——氷河表面高度の低下として現れる。

ある地域の氷河が前進しているかどうかを評価するうえで難しいのは，周りの氷河の挙動がそれぞれ異なるからである。例えば，カナダ北極圏の高緯度にあるアクセル・ハイバーグ島には，お互いの氷河末端が結合している二つの大きな谷氷河がある。1959年に始まった観測以来，14.5kmの長さを持つホワイト氷河は年間数メートルの割合で後退し続けており，その末端は滑らかで丸くなっている。それに対して，島最大の氷帽から流れ出る主な氷河の一つである長さ35kmのトンプソン氷河は劇的に前進し続けている。その見事な30mもの垂直な氷崖は，平均年15mの速度で，時折崩れながら前面のデブリを乗り越えて前進し続けている。数千年もかかって成育したツンドラの植生は，氷河が進むにつれて破壊されている。それに加えて，トンプソン氷河は巨大なブルドーザーのように進み，川の礫を積み上げている。

ヨーロッパ・アルプスの変動

地球上でヨーロッパ・アルプスほど氷河の変動が詳しく記録されている地域はない。氷河が前進すると草地がなくなり，彼らにとって厳しい損失となるので，農民たちは注意深く氷河の前進と後退を記録してきた。何世紀もの間，森林限界より上の牧草地は，夏には牛や羊の放牧に利用されてきたし，峠の多くは重要な交易ルートであ

ノルウェイ西部ベルグセット氷河に見られる最近の前進によって押し上げられて作られた巨岩からなる小さなリッジ（プッシュモレイン）。氷河が後退し始めたので，今は氷河から離れている。

ったので，牧草地がなくなったことは何百年もの間伝説や実際の記録として伝えられてきた。しばしば語られる伝説は，悪魔（すなわち氷河）が草地を食べてしまうというもので，マッターホルンの北側に位置し前進したツムット氷河によって埋められてしまったティーフェンマッテンというスイスのきれいな村の例がある。

　過去数百年の間，観光客，特に画家と登山家は，アルプスの氷河を記録してきた。ベルナー・オーバーラントのウンテレ・グリンデルヴァルト氷河は正確にそして頻繁に描かれたので，その前進・後退の歴史はかなりの精度で1600年まで遡ることができる。

　スイスでは1890年に体系的な氷河の計測が始まり，今日まで続いている。この大変な調査を行なった森林管理官や雪氷学者は，多くの山岳氷河の劇的な後退の目撃者である。アルプスで最大のグロッサー・アレッチ氷河は20世紀の間に2.2kmも後退した。このことは，1900年から2000年の間，年平均で2.2m後退したことになる。

　スイスにあるもっと簡単に行ける氷河では，氷河の昔の末端位置が道標で観光客に示されている。特に面白い例は，エンガディンにある鉄道のモータラッチ駅（有名なリゾート地，サンクト・モリッツの近く）から近くのモータラッチ氷河へ行く散歩道である。別の例はヴァライス（ヴァリス）のローヌ川の源流にあり，道路からアクセスできるローヌ氷河である。そのどちらでも，たかだか数年前あるいは数十年前に氷から解放された所に植物がどのような速度で進入していくかを見ることができる。このような氷河の劇的な後退を引き起こすために，気候はどのように変化したのだろうか？　西暦1755年に始められたスイスのバーゼルの気温記録によると，18世紀の中頃から19世紀の中頃の「小氷期」には寒い夏が一般的であった。夏の気温は氷河の融解を促すので，冬の気温より氷河の質量収支に重要な意味を持つ。この期間，降水量は減少していなかった。このようなことから，氷河に影響を与えた主な気候要素は気温であると考えられる。しかしそうだとしても，アルプスの典型的な氷河の末端がその後おおよそ1kmも後退したことを考えると，温度変化の量は驚くほど小さい（夏の気温が1～2℃下がっただけである）。これらの歴史的な記録は，温暖帯の氷河は温度の変動にものすごく敏感で，そのため気候データがない，あるいは少ない場所での気候変化傾向を再現するのに使えることを示している。

　「小氷期」以降ゆっくりとした温度上昇が続いていたので，1950年代には多くのアルプスの氷河が消滅してしまうのではないかと恐れられた。しかしその後，わずかな冷え込みが1970年代まで続き，数年間記録をとっている氷河では，後退よりも前進した氷河の方が多かった。いくつかのアルプスの氷河は新たな寒冷化に対して強く応答した。例えば，アラリン氷河は1970～71年で174m，オーベレー・グリンデルヴァルト氷河は1971～72年で100m前進した。けれども，アルプスの大きな氷河の応答時間は長いので，この寒冷化の時期に応答しなかった。いずれにせよ，寒冷化はすぐに終わった。グロッサー・アレッチ氷河の応答時間はかなり長いので，次の1980年代と1990年代の気温上昇の時期が来る前に後退は止まらなかった。過去20年の気温の上昇は大きかったので，アルプスの氷河の大部分は再び急速に後退している。

　一般の人にとって，氷河で一番簡単に行けるところは，普通は氷河の末端である。興味のある人には，末端での——簡単だが実りのある——数年間の撮影プロジェクトを奨める。同じ場所から撮った写真，特に横から撮ったものは，氷河の後退あるいは前進をはっきりと記録する。けれども，氷河を一度訪れるだけで氷河が前進しているか後退しているかを見分けることは，普通は可能である。

ノルウェイ西部，ヨスターダルス氷帽から流れ出て前進しているブリクダルス氷河は，未固結のデブリを押して最近成育したカンバ林へ侵入している。急傾斜でクレヴァスだらけの先端は前進している氷河の典型である。

シュタイン氷河はスイス・ススデン峠にある後退している氷河である。同じ所から撮った1987年，1996年，1999年の写真である。氷河が後退しているだけではなく，表面がだんだんと平になってきていることに注目。滑らかで緩く傾斜している先端と少ないクレヴァスは後退している温暖氷河の典型である。

タイドウォーター氷河の変動は早いので，アラスカのような地域では前進氷河と後退氷河が隣り合っていることがある。写真は，アラスカ東南部のカレッジ・フィヨルドの支谷バリー・アームにあるカスケイド氷河で，海底に接地している末端の崖の目立つ黒い縞はメディアル・モレインである。

　後退している氷河は緩い傾斜の平らな末端を持っているので，しばしば簡単に氷河の上に登ることができる。停滞していて岩屑に覆われている部分は，不安定で凹凸の激しい地形となる。融氷水が大きく開いた氷の横穴，すなわち氷河（融氷水）流出口から流れ出ていることもある。さらに，解氷されてからまもないので，氷河の周りには植生はない。

　前進している氷河の末端は，これとは対照的に，経験を積んだアイス・クライマーしか登ることができないような上に凸型の急な前面を持つ。前進する氷河は横穴を潰してしまうので，融氷水は氷河から洞穴を形成しないで流れ出る。1970年代後半の，短期間ではあるが氷河が前進した時，いくつかのアルプスの氷河は，数十年間も氷に覆われていなくて木が生えている土地にまで達した。木が氷河に押し倒されるのを見るのは氷河前進を目の当たりにすることだが，今日のアルプスでは非常に珍しいことである。

　多くの氷河では年々の後退がみられるが，融解が少ない冬の間は，わずかな前進があるかもしれない。この動きはいくつかの小さな年成**プッシュ・モレイン**（annual push moraine）として現れる。例えば，高さがせいぜい1mのたくさんの小さなプッシュ・モレインがスイスのツァンフレロン氷河の末端周辺で見られる。

　「小氷期」以後の氷河の前進と後退の繰り返しはある意味ではランダムにみえるかもしれない。しかし，氷河変動は氷河のサイズや形に大きな影響を受ける。四つのタイプの変動が分かっている。第一番目は，ゴルナー氷河のような大きな谷氷河の速くて連続的な後退である。二番目はサレイナ氷河のような小さな山岳氷河で，20世紀

図4.1 スイスでは多くの氷河の年々の末端位置が1世紀以上にわたって記録されている。ここでは三つの氷河の例を示す。縦軸は1895年以降の積算後退量（m）を示す。グロッサー・アレッチ氷河（赤線）とモータラッチ氷河（青線）の後退は連続的で，2000mにも達する。これとは対照的に，シュタイン氷河（緑線）は1910〜25年と1970〜90年に二回の前進があるが，積算では600mの後退である。

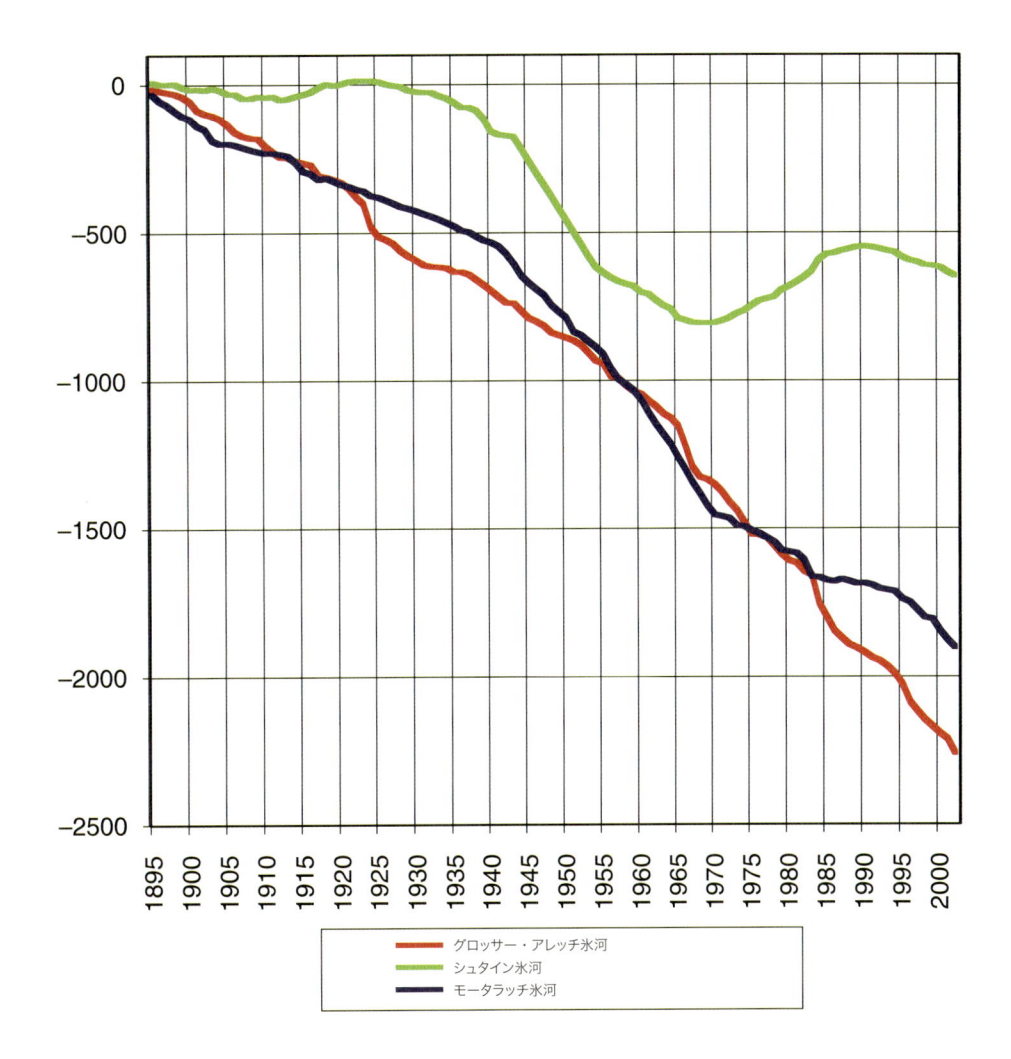

に二回の前進があったが，正味では顕著な後退を示した。三番目はチエルヴァ氷河のような大きな山岳氷河で，二番目のグループと似ているが，後退はもっと大きかった。最後は，プラン・ネヴェ氷河のような小さなサーク氷河で，20世紀を通じてゆっくりと後退した。似たような氷河の動きがアメリカ・ワシントン州のカスケイド山脈でも記録されている。

タイドウォーター氷河

末端が海にある氷河は陸地にある氷河と違った動きをする。末端へ向かって流動速度が遅くなるのではなく，海に入ると速度が増すので，横切れなくなるくらいクレヴァスだらけになる。深い湖に末端がある氷河も同じである。タイドウォーター氷河はアラスカ，チリ，スヴァールバル，カナダ北極圏，グリーンランド，南極半島などのフィヨルドに典型的に見られる。アラスカやチリの温暖氷河は，末端は通常垂直の壁で，氷河底面は海底へ接地している。壁は海面下100mはあり，海面上は50m程度である。密なクレヴァスと前進する動きは非常に不安定な崖を作り出すので，大きな氷塔や氷塊が崩壊して水に砕け落ち，水が空中高く吹き上がるので見事な光景となる。

時折，カービングは水中でも起き，水面から氷塊が突然飛び出してくるという恐ろ

融けた海氷の水溜まりに写るタイドウォーター氷河の崖。西部スピッツベルゲン，ビリーフィヨルデンにあるノルデンショルト氷河。

しいことが起きる。これは予測のつかない波を伴うので，岸辺近くでキャンプしている人や舟で氷河に近寄り過ぎた人には衝撃である。氷塊は水面を打つとばらばらになり，大きさがせいぜい数十メートルの氷山となる。たくさんの小さな氷山が作り出されるが，これは**氷山片**（bergy bits）と呼ばれる。このような動きは，前進・後退に関係なく，温暖タイドウォーター氷河や多温タイドウォーター氷河の多くでみられる。温暖氷河の末端は普通弱くて水に浮かないので，浮いている末端は氷の大部分が氷点下の多温氷河に限られる。これに加えて，グリーンランドのフィヨルドに見られるように水深が数百メートルあることが必要である。ここでは，氷河の下流で底面が基盤から離れ，**接地線**（grounding line）または**接地ゾーン**（grounding zone）と呼ばれる部分で浮き始める。このように浮いている氷河末端から，長さが数百メートルもある大きな**テーブル状氷山**（tabular iceberg）が分離する。

今日では，ほとんどのタイドウォーター谷氷河の末端は，氷河が外海にまで流れ出していた時に形成されたフィヨルドの奥深くにある。これらの氷河は18〜19世紀の「小氷期」以来，急速に後退した。外海まで流れ出る氷山は少なく，特に潮汐の差が大きいところではそうであるが，岸辺に打ち上げられることもある。このような場所では，海水面の上下によって氷山が堆積物の上を引きずられるので，溝が掘られたり，押し上げによってリッジが形成されたりする。

氷山は特に興味深い性質を持つ。氷河氷が水の中で融けると，何百年もの間圧力の下で閉じ込められていた空気の泡が解放され，パチパチという音を立てる。北アメリカではこの音は'氷がジュージューする'とか'氷山かけらの泡立ち'などと呼ばれ

ている。フィールドワークをしている科学者の中には，氷山のかけらを入れてスコッチウィスキーをチビチビ楽しむ人もいる。ウィスキーを飲む時，圧力のかかった空気がはじけて，心地よい細かな噴霧が発生する。

アラスカのタイドウォーター氷河の変動

　タイドウォーター氷河の最も精力的な研究は，アラスカ南岸で行なわれてきた。ここでは，大多数の氷河が200年間で大きく後退しているが，いくつかの氷河は時々前進した。涵養域からの氷の供給が減ったので，この地域のとても長い谷氷河数個が後退している。フィヨルドは氷河侵食が一番激しい奥の部分が通常最も深い。氷河の後退によって末端位置の水深が深くなるにつれ，海底との接合が弱くなり後退がより顕著になってきた。

グレイシャー湾

　グレイシャー湾は，アラスカ南東部（鍋の取っ手のような形をした部分）にある深さ550mにも達するフィヨルドである。ここでは異なった種の植物の急速な進入と相まって，過去200年間の氷河後退の見事な記録がみられる。小氷期の終わりに近い1794年，英国の航海士ジョージ・ヴァンクーヴァー（George Vancouver）は今のグレイシャー湾の入り口で'岸から岸へ広がり両岸の高い山へと繋がっているこぢんまりとした垂直の壁を持つ広大な氷体'を観察した。グレイシャー湾の最初の科学的な

グリーンランドの流れの速い氷河は一般に深いフィヨルドに流れ込むので浮き始め，大きなテーブル状の氷山が生産される。これは東グリーンランドのノルドヴェストフィヨルド源頭の例である。

探検は，1879年10月，ジョン・ミュアー（John Muir）によって行なわれた。彼はスコットランド人で，有名なナチュラリストであり登山家であるが，アメリカに移民し，そこで最初の国立公園を作る運動の先頭に立った。以下はこの素晴らしいフィヨルドを最初に見た時の彼の記述である。

　そんなわけで私は遠足に出かけ，キャンプ上の山腹斜面と北の方で，何か新しいことが分かるかどうかみるために一人で一日を過ごした。雨，泥，腐った雪の中を苦労して行き，茶色の大きな石がごろごろしている急流を渡り，徒渉し，跳んでいき，肩までもある雪の中をもがいて行くのは，最も大変な山登りであった。それまでカヌーに窮屈にかがみ込んでいて感覚を失っており，昼も夜も濡れていたり湿っていたりする衣類に纏わりつかれ，私の手足は眠っていた。この日は手足が目を覚まし，厳しい時にシエラ・ネヴァダ山地の幾多の頂上で学んだ巧妙さを失っていないことを証明した。二つ目の大きな氷河の分水嶺を登り，1500フィートの高みに達した。景色は雲に覆われ，見わたす限りでは私が登ったのは無意味だったと思った。しかし，しばらくしてから雲が少し上がり，その下に氷山に満ちた湾が，その上に続く山の麓が，そして5つの大きな氷河の威圧的な末端が見えた。そのうち，一番近い氷河は私のすぐ下であった。これが私がグレイシャー湾を最初に見た時の光景である。人の気配のない氷，雪，最近露出した岩々。薄暗く，気怠く，そして神秘的であった。苦労して登った場所から見える風景をかじかんだ手でスケッチし，ノートに記録をとる間，できるだけ強風を避けながら1〜2時間そこにいた。その後，再び胸までの雪をかき分け，変化する雪崩斜面や激流を渡り，濡れて消耗しながらも喜びとともに暗闇のキャンプに戻った。

J. ミュアー，アラスカの旅より
(1915年ロンドン発行 The Eight Wilderness Discovery Books に再録。1992年シアトル Daidem books: The Mountaineers)

　ミュアーが訪れた時は，氷河は小氷期の最も前進した位置からすでに60km以上も後退しており，湾は氷山で埋められていた。20世紀の終わりまでに後退は100km近くになり，氷山も比較的少なくなった。さらに，以前はタイドウォーター氷河だったものが，ミュアーの名前が付けられている氷河を含めて，後退して末端が陸地に上がっている。

　グレイシャー湾のほとんどの氷河は速い速度で後退を続けているが，標高の高いフェアウェザー山脈やセント・エライアス山脈に涵養されているいくつかの氷河は，20世紀後半まで前進した。この後退・前進によって，グランド・パシフィック氷河の国籍が不明となっている。アメリカ（アラスカ）に源を発し，カナダ（ユーコン準州）を流れてグレイシャー湾の国境近くに末端を持つが，時々後退してアメリカになる。現在はアラスカに末端がある。

　この地域の特筆すべき氷河後退は，地球上で最も活発な地質現象と相まっている。太平洋プレートと北アメリカ大陸プレートの衝突，解氷後の土地の隆起，さらにこの地震多発地帯の速い地殻隆起など，いくつかの要素が関連している。湾口に近い，バートレット・コウブは一年に4cmの速度で隆起しており，1790年代から数メートルも隆起した。不安定な土地，ルーズな氷河堆積物，そして多い降雨量の組み合わせによって急速な侵食・堆積が引き起こされる。新たに解氷されたフィヨルドで，年間数

センチの割合で堆積が進んでいるものもいくつかある。

　植物の進入も同じように早く，更新によって「小氷期」のモレインにシトカモミの森が発達している。氷河の後退により最初に進入するのは蘚苔である。これに，マット状になるチョウノスケソウ（Dryas）と他の背の低い植物が続く。これらは，次にハンノキ，柳，米国ポプラにとって代わられ，そして最後にシトカモミになる。グレイシャー湾での植生更新はまだクライマックス（極相）に達していないが，バートレット・コウブ地域ではセイヨウベイツガが見られるようになってきた。湾内の最近解氷された支流には，「小氷期」以前には針葉樹がそこらじゅうに生えていたことを示す証拠がある。前進する氷河に数千年も前に押し潰された木が氷河堆積物の中に残っており，現在，侵食されやすい場所に露出し始めている。

プリンス・ウィリアム入江

　アラスカ南部中央にあるプリンス・ウィリアム入江の最奥に，活発にカービングしているタイドウォーター氷河，コロンビア氷河がある。この氷河は現在，世界で最も速く流れている氷河だと言われている。この氷河は過去20年間で，動きが全く変わってしまった。1982年までは，氷河末端は岩盤の障害物すなわち**シル**（敷居，sill）に引っ掛かって比較的安定していたが，薄くなるにつれてシルの内側の水深の深い場所で氷河が浮き始めた。この薄くなることが氷河の急速な後退と年間5kmから15kmへの急激な流動速度増加の引き金となった。2000年までに氷河は13km後退し，長さは54kmとなった。だんだん深くなる（現在200m）海域への末端後退により，1日の氷山の生産量が300万 m^3 から1800万 m^3 へと増加した。

　コロンビア氷河の未来の見通しは良くない。氷河の後退に伴って延びてくる海盆*の水深は700mぐらいまで深くなるので，末端はますます不安定になる。後退が止まるのは，おそらく末端が陸に上がった時であろう。この種の動きは，他に例をみないくらい劇的ではあるが，深い海盆を埋めているタイドウォーター氷河では典型的である。一旦薄くなると氷河は浮き始め，急激に壊れる。これがおそらく，ジョン・ミューアが19世紀後半にグレイシャー湾で観察したことであろう。

　コロンビア氷河の動きは，氷山が増えるとヴァルデス港への船の航路に影響するので，経済の面からも重要である。実際，タンカーのエクソン・ヴァルデスが1989年3月24日プリンス・ウィリアム入江のブライ礁へ乗り上げたのは氷山を避けようとしたから，と報告されている。事故は1100万ガロン（4万2000m^3）のアラスカ原油の流出となった。あっという間に，約1100kmにおよぶアラスカの海岸線が汚染され，最終的には何千頭ものセイウチや何十万匹の海鳥が死んだ。20世紀の終わりまでに，野生動物の二つの種，ハゲワシとカワウソしか回復していないと言われている。地元の漁業経済へのインパクトも非常に厳しいものであった。

ヤクタート湾

　アラスカの他の地域のタイドウォーター氷河の近年の急激な後退とは対照的に，ヤクタート湾内にあるディスエンチャントメント湾にあるハバード氷河に代表される大きな氷河地域は，1894年に最初に調査されて以来ゆっくりと前進してきた。現在では，ハバード氷河はカナダの源頭から長さ123kmもある北アメリカで最長の谷氷河となっている。その最近の動きは劇的で，ラッセル・フィヨルドの入り口を過去20年間に二回も塞いで一時的に大きな湖を形成した。アイス・ダムの反対側から水が溢

---

*海盆（かいぼん）　海底にある盆地。

れ出し，ヤクタートを含む集落が洪水にさらされる可能性が明らかになると，地元では非常に心配した。

　1986年の5月と10月の間に，そのようなことが最初に起きた。ラッセル・フィヨルドの入り口がハバード氷河の支流ヴァレリー氷河のサージによって塞がれ，ダム・アップされてしまった。それで形成されたラッセル湖の水位は25mも上がり，巣を作っている鳥を追い払い，魚とアザラシを閉じ込めてしまったが，ヤクタート周辺の町を洪水の危険にさらす水位には達しなかった。まもなくダムは壊れ，24時間で湖の水は流れ出た。雪氷学者たちはこの氷河堰止湖からの急激な出水は，約1万年前に終わった最終氷期以降，北アメリカでは最大のものであったと計算している。

　二回目はハバード氷河が前進してラッセル・フィヨルドの入り口を再び塞いだ2002年の夏に起きた。アメリカ合衆国地質調査所が水位計を設置した6月後半までに，すでに湖が形成されていた。この時は，前進する氷河がルーズな海洋堆積物を押し上げてターミナル・モレインを形成し，ラッセル・フィヨルドの入り口を塞いだ。標高20mまでモレインを形成し続けた後，8月14日にダムは再び崩壊した。水と氷山の激流によって湖は海と繋がり，湖は36時間で排水された。地質調査所の雪氷学者たちは，ピーク時の排水はバトン・ルージュでのミシシッピー川の記録的な流量の30倍と推測したが，これでも1986年と比べるとはるかに少なかった。今回もヤクタートへの脅威は避けられた。塞いでいる間，氷河の前進，モレインの形成，そして水によるダムの侵食の間に微妙なバランスがあった。

　科学者たちは，氷河が防ぎようのない前進をするので，ダムは再び形成されると予

ある場合には後退傾向の中でわずかに前進することがある。この写真は南極・ロス海西部のマッケイ氷河での珍しい例である。冬の終わり頃で，海氷が前進した氷河に押し上げられ氷片が湾曲し重なり合っている。これらの繊細な造形は夏になるとすぐに壊れてしまう。

キリマンジャロ（5895m）は火山でアフリカの最高峰である。ここには20年以内に完全に消滅するかもしれない氷河の残骸がある。氷河の縁の垂直の崖は強力な日射の結果である（写真はウォルター・ハウエンシュタイン氏の好意による）。

測している。氷河の末端は1日30mの割合で前進しており，いずれ水路を開けている強い潮汐の流れを止めてしまうだろう。

熱帯の氷河の後退

世界中の氷河で熱帯の氷河が，2002年の報告書の以下の統計が示すように，20世紀の間に割合にして最大の面積を失った。

キリマンジャロ氷帽，中央アフリカ	:	1912年以来82％の消失
		1990年以来33％の消失
ルーウェンゾーリ氷河群，中央アフリカ	:	1906年以来70％の消失
ケニア山氷河群，中央アフリカ	:	1963年以来40％の消失
ケルカヤ氷帽，ペルー	:	1963年以来20％の消失
ヴェネズエラの氷河	:	1972に6つあった氷河が二つに減少

上記の氷河は全て標高5000～7000mの山にあり，地球温暖化の結果，多くがこの数十年以内で消えるだろう。熱帯の氷河がなくなるのは地元の集落にとって大変なことである。というのは，地元の集落は耕作用水，飲料水，水力発電などを氷河融解水に依存していることが多いからである。ボリヴィアのラパス（人口170万）はコルディレラ・レアルからの氷河融解水に頼っている。これらの地域では，融氷水に取って

ネヴァド・ピラーミデ山を涵養域に持つアルテソンラーフ氷河の末端は湖縁の崖の所にある。ペルーの雪氷学者たちはこの氷河で質量収支の研究を行なっている。この氷河はコルディレラ・ブランカでは数少ないデブリ・カバーがなくしかも行くことのできる氷河の一つで，気候変化に対する熱帯氷河の応答がどのようなものであるかが研究できる。

代わる水源の計画が早急に求められている．地域的にみると，ペルーのコルディレラ・ブランカの村々では灌漑用水網が発達しており，半年間も雨が降らない地域でも耕作したり家畜を飼ったりすることが可能となっている．

人為による氷河の後退

　人間はいろいろな形で氷河を変えてきた．最も顕著なのは，氷河の前面に湖を作り，そこに氷河がカービングするようになって後退が促進されるようになったことで

ある。水力発電用のダムが，スイスとイタリアの国境に隣り合って涵養域を持つアルプスの氷河，サッビオーネ氷河とグリース氷河の前面に作られた。その結果，貯水池の許容量を設計する段階で計算済みであったが，湖にカービングすることにより氷河の急激な後退が生じた。スイスのベルナー・オーバーラントでより規模の大きい同じようなプロジェクトが議論された。これによると，ウンターアール氷河の末端が湖に浸るようになり，3〜4km 後退する。しかし，特別きれいなアルプスの景観への関心が大きいため，この計画は放棄された。

　人類文明は，大気を暖める二酸化炭素やメタンガスといった温室効果を持つガスを排出することにより，間接的に氷河の後退へ寄与している。人為による気候変化と小氷期以降の自然の温度上昇との区別をつけるのは難しいが，化石燃料の消費の増大に伴って氷河の後退が加速しているとの証拠が増大している。これらは世界的に重要な問題であり，16 章でさらに詳しく触れる。

　最近の気候温暖化の傾向をこれからの数十年に当てはめると，アルプスでは西暦2035 年までに平衡線高度が 300m 上がるというのは妥当なようだ。これは，スイスに現在ある氷河の約半分がなくなることを意味する。当然，最初に小さな山岳氷河が消える。大きな氷河は残るが，急速に谷を後退する。氷河がある山岳地域の景観が，これからの数十年で劇的に変化することに直面していることは，間違いない。

年間平均気温が 0℃よりかなり低い地域ではタイドウォーター氷河は浮いている。このような氷河は小さく不規則な形の氷山ではなく大きなテーブル状の氷山を生産する。形成と消滅のさまざまな段階にあるテーブル状の氷山が，この写真の南極半島ジェイムズ・ロス島のウィスキー湾の氷河の末端に見られる。背後の小さな停滞氷河は後退ではなく表面低下で縮小しており，南極のこの地域で 1950 年代から起きている急速な気候温暖化を反映している。

氷河の急激な前進が支流のサージによって引き起こされることがある。1986年7月アラスカ南部のヴァレリー氷河がサージしてハバード氷河に突っ込んだ時に起きた。普段は規則的な形をした崖線からカービングしているハバード氷河のロウブは，比較的浅い海底を横切って延びラッセル・フィヨルドの入り口を塞いだ。これにより，入り江は4か月間で水位が30m上がって大きな湖となった。氷ダムが大崩壊を起こすまでの間，周りの森林が水浸しになったためアザラシは閉じ込められ営巣している鳥は逃げた。この出来事は，ヤクタート村と飛行場が洪水に見舞われる可能性があったので大きな関心を呼んだ。同じようなダム・アップと決壊が2002年にもあった。

パスタルーリはペルー・アンデスの町ウァラース近くにある氷原で消滅しつつある。頂上は標高5000mをわずかに超すだけで、現在の後退傾向が続くと20年以内に消滅するだろう。熱帯ではこの高度で氷河は存在しない。

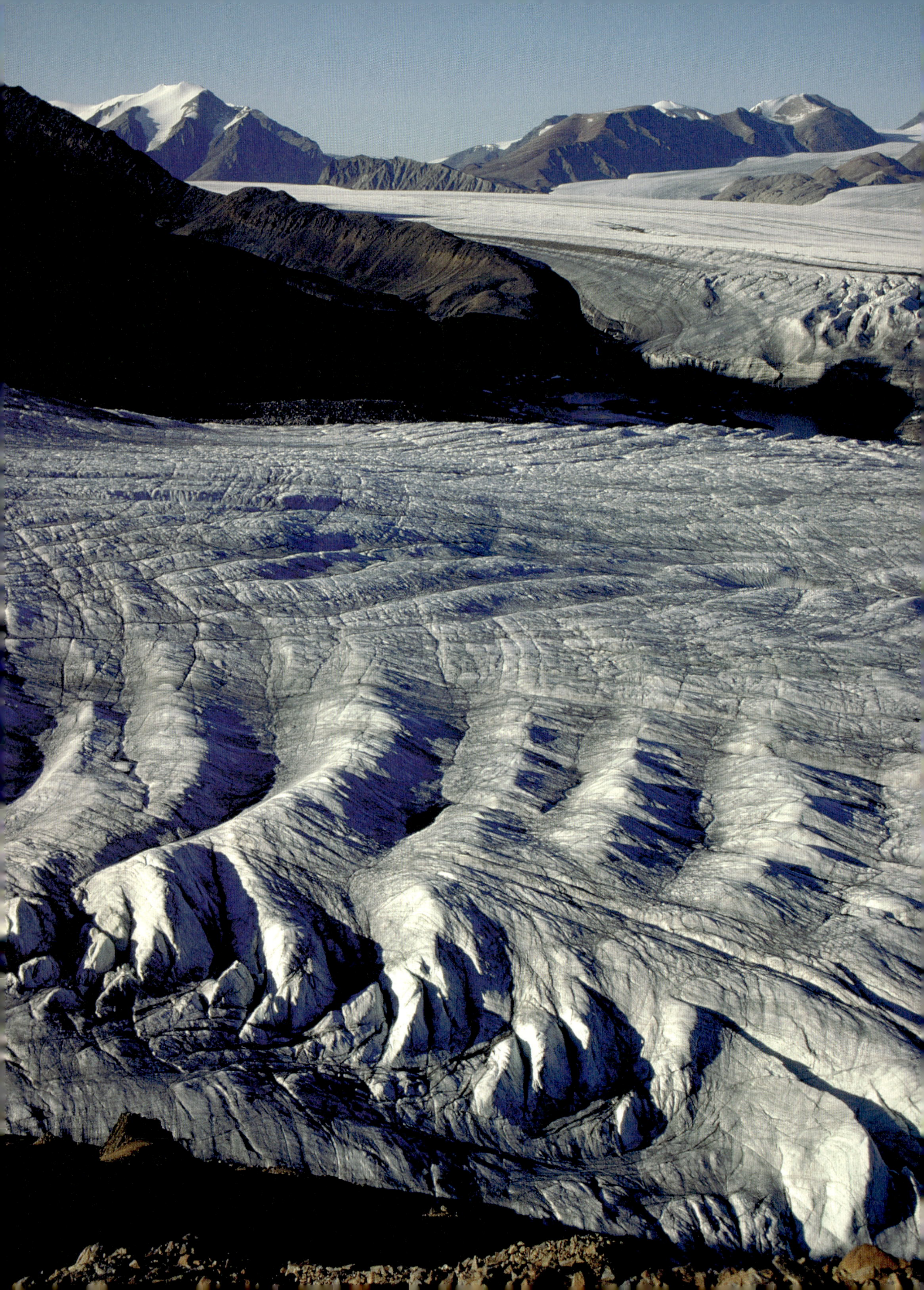

5　流動する氷河

　科学者が19世紀初頭に始めて氷河を研究した時，氷河流動の複雑さは知られていなかった。登山と科学を組み合わせて，ジェイムズ・フォーブスやジョン・ティンダルといった人々がフランスのメール・ド・グラスやスイスのウンターアール氷河などの谷氷河の流動の計測を始めた。この時に氷河の流動に関する基本的なことがいくつか分かった。今日では，氷河の流動を物語るさまざまな現象があることが分かっている。クレヴァスや他の氷河構造の形成，氷河表面に載っている岩の動き，時々氷が割れたりきしんだりする音などは，流動によるものである。氷河が後退した後に残される侵食された岩や堆積物も，いかに氷河が動くかを示している。

　流れている氷河の流速はそれぞれかなり違う。ある小さな氷河や氷帽は年に数メートルしか流れない。一方，平均的なサイズの谷氷河の最も速く動く部分は，典型的に50mから400mで，海に末端がある場合は数キロメートルにおよぶこともある。南極やグリーンランド氷床から流れ出る大きなアイス・ストリームは同じように年数キロの速さで流れる。

　世界的にみると数は少ないが，いくつかの氷河は予見できない流れ方をする。**サージ（surge）**と呼ばれ，何年間もあまり動かなかった氷河が突然急激に動きだし，普段の何百倍もの速さで流れる。2〜3か月とか2〜3年でキロメートル単位で前進したり後退したりして，'疾駆する氷河'という通称の元となった現象である。

氷河はどのようにして流れるのだろうか

　氷河は，内部変形（あるいはクリープ），固い基盤岩の上を滑る，可塑性の柔らかい堆積物の上を動く，という三つの様式で流動する。

内部変形 (internal deformation)
　雪がフィルンになり氷になる過程で，積もる雪／氷の重みによって結晶は変化し，重力の影響を受けるようになる。圧力による結果，深い部分にある氷は，柔らかいパテをこねると変形するように，ゆっくりと塑性変形を起こすようになる。変形は基盤や氷河の側面近くで最も大きいので，典型的な流動パターンはダイアグラムに示すように，側面から中央へ最初は急激に流速が増すが，だんだんと増加が鈍くなる。このように流速分布は放物線の形をとる。同様に縦断面では，氷河の基底から数メートル上までは流速は急激に速まるが，この基底ゾーンより上ではほんのわずかにしか増えない。

　氷河の流動は氷の性質に大きな影響を与える。温暖氷河では表面から約30mの深さまでの上部層は張力によって脆くなっている（寒冷氷河ではもう少し深いところまで脆い）。氷河は動く時に割れ，最も危険な構造の一つである口を開けた**クレヴァス**

52ページ：白夜の太陽がカナダ北極圏，アクセル・ハイバーグ島にあるホワイト氷河（手前）とトンプソン氷河（後方）を照らしている。低角度の光はクレヴァスのような構造を強調するので，氷河が写真の右方に流れているのが分かる。

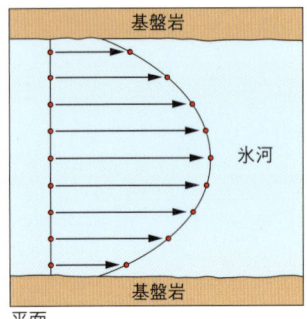

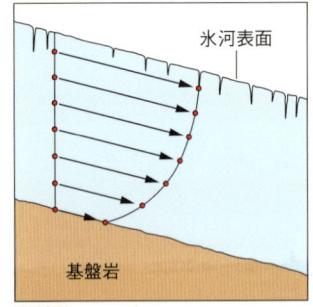

（crevasse）を作り出す．他にも，これほど目には付かないが同様に特徴的で，より深い部分の変形によって引き起こされるさまざまな層状構造がある．

底面滑り

氷河流動の二番目の様式は，固い岩盤の上を滑っていく**底面滑り**（basal sliding）である．夏の大量の水は氷河と基盤の間の摩擦を減少させ，流動を速くする．温暖氷河では底面滑りは流動の主な様式で，全部の動きの90％を占めることもある．でこぼこの起伏がある岩盤の上を底面が滑る時，空洞ができることが多い．居心地が悪くいつも安全とは限らない状況であるが，このような空洞の中では雪氷学者がいろいろな侵食・堆積のプロセスを間近に観察することができる．

　滑る速度は融氷水の量に比例しているので，温暖氷河は冬よりも夏に，夜よりも日中に速く動く．豪雨による例外的な速さもありうる．寒冷氷河では，底面滑りは地熱や圧力融解によって底面が解けるのに十分な氷河の厚さがある場所でのみ起きる．さらに，部分的に流動している氷河でも，氷が薄い末端は基盤に凍りついており，低い年平均気温の影響をより受けるのが普通ある．

　底面滑りは，融氷水に浮遊している細かい堆積物（グレイシャー・ミルク，glacier milk），**擦痕**（striation），独特な堆積物である**ティル**（till）などいくつかの特徴的な生成物を作り出す．これらについては6章と10章で解説する．

柔らかい可塑性のベッド（氷河下基盤）上での動き

　ティルという固結してない堆積物がしばしば流動している氷河の下にある．ティルは粘土から岩までのありとあらゆる大きさの物質が混ざったものである．'ティル'は固い石だらけの地面を指す古いスコットランド語であるが，今では国際的に氷河によって直接堆積された物質を意味する語となっている．水分で飽和すると，この堆積物は底面氷よりも簡単に変形するので，氷河は滑るよりも柔らかな変形しやすい堆積物を引きずって動く．氷河が変形しやすいベッドの上を動いているかどうかを決める

図5.1　谷氷河の流動の二つの成分，平面と縦断面を示す．目印は普通，氷河上のステイク（杭）と氷河表面から基盤までのボーリング坑である．曲線は矢印の方向へ向かっての移動，すなわち内部変形で，氷河の中央でそして表面で速いことを示す．基盤での移動は底面滑りを指す．

アイスランド南部のオーレイヴァ氷帽から流れ出るスヴィーナフェルス氷河は高い岩盤を越えるので，氷河はオージャイヴと呼ばれる湾曲した氷の構造を作る．オージャイヴは中央が側面より速く流れることを示している．冬の流れが白く夏の流れが黒いので，アイスフォールの下の氷河の流動速度を簡単に見積もることができる．

ためには，石の長軸の向きの測定，石の形，堆積物の粒径分布，内部の層，引っ張り強度など堆積物のさまざまなテストが必要である。

氷河氷の構造

氷河は，ロッキー山脈やアルプスなどに見られるような，大陸プレートが衝突して地殻内部深くで起きているプロセスの「小さなモデル」と見なすことができるだろう。裸氷の上を歩いたり，クレヴァスの底を覗いたりすると，さまざまな層構造が見られる。山脈の岩石のように，層は連続していたり不連続であったり，褶曲していたり，あるいは複雑なパターンを形成している。これらは全て氷河の流動による結果で，ほとんどは氷河内部の深い部分の可塑性の動きを反映している。雨が降った後の滑らかな氷河表面では，構造は青から白，大小の氷の結晶といったコントラストのある色や肌理を持つ美しい層となって見える。風化が続くと，特に日射の影響下では，黒い氷層が早く融けて表面には溝ができる。

涵養層

上流から末端まで氷河を詳しく観察すると，涵養域で最初に降った雪がどのようにして異なった層構造に変化していくかが分かる。雪の年々の堆積とその後のフィルンへの変化そして氷への変化の後，**堆積層化**（sedimentary stratification）と呼ばれる層構造が発達する。年毎の堆積は，薄青く粗粒の気泡氷からなる2〜3mにもおよぶ厚い層で，薄い濃青色の粗粒の透明氷の層が間に挟まれている。厚い層は上に積もっ

流動速度の速いタイドウォーター氷河にはたくさんのクレヴァスが入りやすい。ここに示しているスピッツベルゲン北東部にあるクローネ氷河は年間700m流れるので表面はクレヴァスだらけとなり，氷河を歩いて横断するのは不可能である。写真の手前側は支流のコングスヴェイゲン氷河で，年間10mしか流れないのでクレヴァスが発達していない。

東グリーンランド，ミルンランドにあるエドワード・ベイリー氷河のメディアル・モレイン群。縁にデブリ（ラテラル・モレイン，側堆石）のある二つの氷河が合流するとメディアル・モレインが形成されることを示している。これらのモレインでは，通常デブリは氷河底まで続いており，氷は激しく引き擦られ褶曲している。氷河は写真の手前の方に流れている。

層理（そうり）堆積物（この場合は雪と氷）が層（同じ性質をもつ）を成していること。もともとは地質用語。

た雪の重みの圧力による雪から氷への直接変態の結果であり，一方薄い層は局所的な層で，融解期に融けた水溜まりが再凍結したものである。

氷河が下流へ流れるにしたがい，氷は側方より中央の方が速く動くので層はプラスティックのように緩やかに変形する。大量の消耗が続いてたくさんの層が融けると層の連続性が断たれ，その上に新しい層が堆積すると，**不整合**（unconformity）と呼ばれる顕著な不連続面となる。

褶曲とフォリエイション（葉理）

氷河が流れるにしたがい，層理や他の氷層は褶曲がきつくなり引きちぎられて，**フォリエイション**（foliation）と呼ばれる新しい層構造となる。**褶曲**（fold），フォリエイションとも一般的に氷河の深い部分のプラスティック（可塑性）流動ゾーンに発達する。

フォリエイションは見かけでは層理*に似ているが，一枚一枚の層は薄く不連続である。フォリエイション構造は，氷河の側方近辺や二つの氷河が合流するところのような，引きちぎりが大きい場所で最もよく発達する。このような場合，粗い氷の結晶は破壊されて，白っぽく粒状の細粒氷となることがある。通常，このようにしてできたフォリエイションは流れの方向に平行である。濃い霧の中では，構造が上流あるいは下流を示しているので，平坦な氷河の上で方向を定めるのに役に立つことがある。氷河が下流へ流れるのにしたがい新しいフォリエイションが古いフォリエイションに被るので，氷河表面に現れたパターンはきわめて複雑になることがある。

極域では普通に見られるが，氷河の側面が崖となっている場合，違ったタイプの褶

ほとんどの氷河にはフォリエイションという目につく層構造が発達している。この構造はシアー（引き摺り）とか押し潰しといった結晶の強度な変形によってできる。違ったタイプの氷（気泡が多い，少ない）からなっているので融け方が異なり，独特の畝状表面となる。この見事な写真の例は，スピッツベルゲン西部のエンゲルスクブクタにあるコンフォートレス氷河のものである。

曲が観察できることがある。この種の褶曲はデブリの層が目立つので一般的によく分かる。このような褶曲は横臥褶曲で，でこぼこのベッドの上を氷河が流れる際の引きずり効果により，褶曲の軸が横に寝たようになる。

氷河底面氷層

氷河の底は，温暖氷河では厚さ約 2m 以下，多温氷河では厚さ数十メートルの氷とデブリの層構造を持つゾーンからなる。多くの雪氷学者はこの**底面氷層**（basal ice layer）を「層状（化）氷」と呼ぶ。この氷は，氷河底の水とデブリが再凍結して生成される。そして強いせん断にさらされる。この氷は透明で黒く見え，雪から生成されて気泡の入った氷とは全く異なる。デブリは不連続な層とか，氷の中に散在していたり，あるいは泥っぽい固まりなど，いろいろな形で見られる。上から石や氷の固まりが落ちてくるかもしれないので危険ではあるが，底面氷層は氷河底の空洞で一番よく観察できる。

断裂に関係しているヴェイン（筋）

氷河の断裂と伸長は必ずしも口の開いたクレヴァスを形成するとは限らないので，氷河表面で別の種類の層が観察できるかもしれない。ほぼ垂直な断層が割れ目に沿った垂直と水平のズレにより形成される。氷河底から**スラスト**（衝上断層, thrust）と呼ばれる低角度の断層が形成されて，上前方に氷の流れが遅くなる部分まで伸びている場合がある。そのような構造は多くの場合，褶曲を伴うが，特に下流へいくにしたがい底面の状態が底面滑りから底面凍結へと変わる多温氷河で，よくみられる。スラストは大量の基底デブリを氷河へ取り込むことがあり，その一部は表面まで運ばれることもある。

多くのクレヴァスには透明なブルー・アイス（青氷）のヴェイン（筋）が入っている。これらのクレヴァスは以前水が溜まっていたクレヴァスのなごりか，狭い範囲での引っ張りによって再結晶が生じたものである。**クレヴァス・トレース**（crevasse

氷河の内部深くでは，氷は塑像用粘土のようにプラスチック変型する。このスイス・アルプスのグリース氷河の表面に見られるように，もともとあった層が褶曲することがある。

氷の褶曲は氷壁でよく観察できる。特にデブリが底面から取り込まれているとはっきりと見える。このZ型をした褶曲はカナダ北極圏のアクセル・ハイバーグ島にあるトンプソン氷河の垂直壁に見られるものである。

trace）として知られているこれらの構造は，流れ続けると上で説明した流れに平行なフォリエイションとは別の種類のフォリエイションへと発達する。クレヴァス・トレースは普通は横断方向に発達し，湾曲フォリエイションとして知られる弓状構造へと変化する。氷河の縁近くでは氷河中央部の速い流動によってクレヴァス・トレースが縦断方向となるので，この部分で2種類のフォリエイションが交錯することがある。

オージャイヴ

　全ての氷河構造の中で最も注目を引くものの一つは**オージャイヴ**（ogive）である。

アラスカのヴェアリアゲイテッド氷河がサージ（流動が異常に速い期間）した時，氷は褶曲しただけではなく断層もした。写真の右下から左上へ伸びている斜めの線はスラストと呼ばれる低角度断層で，上流側の氷が下流側の氷の上へのしあがっていることを示している。この写真は1982～83年のサージ直後で大量のクレヴァスが生成され表面が非常にでこぼこしている時に撮られたもので，褶曲とスラストがよく分かる。

　オージャイヴとは氷河表面を湾曲して横切るバンド（帯）のことで，アイスフォールで崩れ落ちる氷塊の内部と下部で生成される。オージャイヴは一組の白黒のバンドまたはウェイブ（波）で，通常は数メートルの幅である。オージャイヴはアイスフォールの部分のみで形成されるが，なんらかの理由で，必ずしも全てのアイスフォールでオージャイヴが形成されるとは限らない。

　細かく見ると，個々の白いバンドと黒いバンドはそれぞれ湾曲したフォリエイションに似た多くの層からなっているが，異なった氷のタイプの割合は変化する。雪氷学者は，少なくとも一部のオージャイヴは年構造で，一組の白黒のバンドまたは波はアイスフォールを一年間に通過した氷であることを明らかにした。夏の薄い氷は溝となり，冬の厚い氷は波の頂上となる。このようなわけで，一組の白黒の層の幅を測ることにより，氷河の流動速度をおおまかに求めることができる。

　バンド・オージャイヴは，最初にこれを記述した19世紀のスコットランド人フォーブスに因んでフォーブス・バンドとも呼ばれるが，夏に汚れた氷と，冬に雪に覆われた氷がアイスフォールを通過することで形成され，それぞれ黒いバンドと明るいバンドになる。一部の雪氷学者によると，ウェイブ・オージャイヴは夏に薄い氷（消耗による）がアイスフォールを通過することで形成されるが，アイスフォール下での急な減速による大きな変形も重要である。最近の研究によると，底面デブリがオージャイヴと関係していることもあるので，底面デブリ層の褶曲やスラストもオージャイヴの形成に役割を担っているかもしれない。ウェイブ・オージャイヴとバンド・オージャイヴは，ともに驚くほど良く保存され，普通，末端までずっと追うことができる。

アイスフォールを流れる氷河では通常オージャイヴという構造が作られる。これはアイスフォールの下では波のようにうねっており，流れるにしたがって白いバンドと黒いバンドになる。多くの研究者がオージャイヴは一年ごとに作られると考えている。この写真のオージャイヴはスイスのヴァライスにあるアローラ・バース氷河のものであるが，通常とは違い現在は一年ごとに作られていない。

時によっては氷河流動の性質，特に底面滑りが直接観察できる。このペルー・アンデスの写真では，冷え込んだ夜の凍結によってできたツララが，氷河が基盤の上をゆっくり動いたので曲がっている（折れてはいない）。地面に着いていないツララは垂直に垂れている。

雪氷研究者が精巧な電子機器を使ってスイスのツァンフレロン氷河の底面層の変形を計測している。写真の前面は擦痕（石灰岩）のある濡れた岩石で，この上を氷河が底面滑りしている。この例のような後退している氷河の縁近くにある氷河底洞窟はすぐに消滅するが，基盤に段がある所では常に新しい洞窟が形成される。

シャモニーからモンタンヴェールへ行く山岳電車に乗る多くの観光客が見ているので，多分フランスのメール・ド・グラスにあるオージャイヴが最もよく知られている。

バンドとバンドの間の距離は氷河の流動速度を示すだけではない。オージャイヴの数を数えるとアイスフォールから末端まで何年かかるか計算できる。例えば，メール・ド・グラスの場合はバンドが 50 あるので，約 50 年である。さらに，オージャイヴが下流に流れると，その間隔が狭まるので，氷河の流動速度が遅くなっているのが分かる。

クレヴァス

クレヴァス（crevasse）は，幅と比べてはるかに深い V 字型の割れ目で，登山者が遭う最も危険な氷河構造の一つである。多くのクレヴァスはスノー・ブリッジに覆われており，注意を払わない人には分からない。たくさんの登山者や遊歩者が不注意にスノー・ブリッジを渡ろうとして，クレヴァスに落ち遭難死している。光線の条件が良い時は，雪の表面からの微妙な反射光の違いによってスノー・ブリッジに隠れたクレヴァスが分かることがある。けれども，曇りの日の一様な光線条件のもとでは，クレヴァスがあるという目に見える兆候はないかもしれない。それに加えて，クレヴァスがドリフト（堆）雪に覆われていると，晴れた天候のもとでも経験を積んだ登山者でさえ分からないかもしれない。このようなわけで，氷河上を歩いている時は安全を期すために常にピッケルで雪を探って行かなければならない。

新しくできたクレヴァスは，一般的にきれいに割れており垂直の壁を持つ。クレヴァスが古くなり氷が融けるにしたがって，壁の傾斜は緩くなり角がとれる。このような状態になると，ところどころ池はあるが，アイゼンを履けばクレヴァス帯を困難なく歩くことができる。やがて，これらの歩行に危険な障害物は融解によってなくなる。

オーバーハングした壁と不安定なスノー・ブリッジのため，涵養域での新しいクレ

ニュージーランド南島，フォックス氷河のクレヴァスだらけの涵養域を空から見た光景。積雪量が多く流動の速い氷河の典型である。開いているクレヴァス以外にも雪に覆われたクレヴァスがたくさんあるので，このような所を歩き回るのは非常に危険である。

ヴァスからの遭難者の救助は困難となる。雪に覆われたクレヴァス地域を渡るためには，ロープ扱いにかなりの経験が必要である。けれども，クレヴァスに落ちた人が底までまっすぐ落ちていくのは稀である。というのは，クレヴァスの中には普通古いスノー・ブリッジが落ちた雪があり，転落を止めるからである。

氷河が流れるにしたがいクレヴァスは閉じるので，収容されなかった遭難者が氷に閉じ込められ数十年後に出てきた，というヨーロッパ・アルプスの例がある。1820年によく知られた例が発生した。フランス・アルプスのシャモニーの近くにある，モン・ブランの斜面のボゾン氷河で，登山パーティの3人のガイドが雪崩に流されて深いクレヴァスに落ち，43年後に3km強を流れて氷河末端の近くで遺体が出てきた。

その不思議さと，しばしば底なしに見えることから，クレヴァスの深さに関しては，非常に過大に見積もられてきた。クレヴァスの深さが何百メートルという話は珍しいことではないが，山岳地帯にみられる典型的な温暖氷河ではクレヴァスが数十メートルより深くなることはめったにない。一方，南極の寒冷氷床には，スノーモービルのような雪上車両はもちろんのこと，ロンドンの2階だてバス程度の大きさのものならば簡単に飲み込む大きなクレヴァスがある。

クレヴァスが'底なし'ではないという主な理由は，氷河の上部だけが脆いからである。ある深さ（温暖氷河では約30mぐらい）より深い部分では，上に積もった雪と氷の重さで氷は可塑性になる。伸長が可塑性変形で帳消しになるので，表層から下

この写真のスイス・ヴァライスのサレイナ氷河に見られるように、クレヴァスは流動が速くなる所、つまり伸長流と関係がある。これらの横断クレヴァスは始め小さなクラック（割れ目）であるが、流れるにしたがって広くなる。そして、氷河がアイスフォールの上端に近づくにつれて、クレヴァスとクレヴァスの間のブロックが崩れ始める。

に続いてくる割れ目がこの深さより下では保てない。例外は、もし氷の中に上流で形成された古い割れ目による弱線があったり、クレヴァスに水があったりする場合である。

　クレヴァスは、基盤が急になる場所や、曲がり角、あるいは谷が狭まったり広がったりして、氷が引っ張られる場所に形成される。クレヴァスは独特の形で形成されるので、その平面形態によって、流れに平行、氷河縁辺、流れに横断、拡散、雁行（がんこう）、に分類される。けれども時折、いくつかの種類のクレヴァスが交わって、**セラック**（**sérac**, フランス語由来）という氷塔が林立している乱雑な、破壊された表面にな

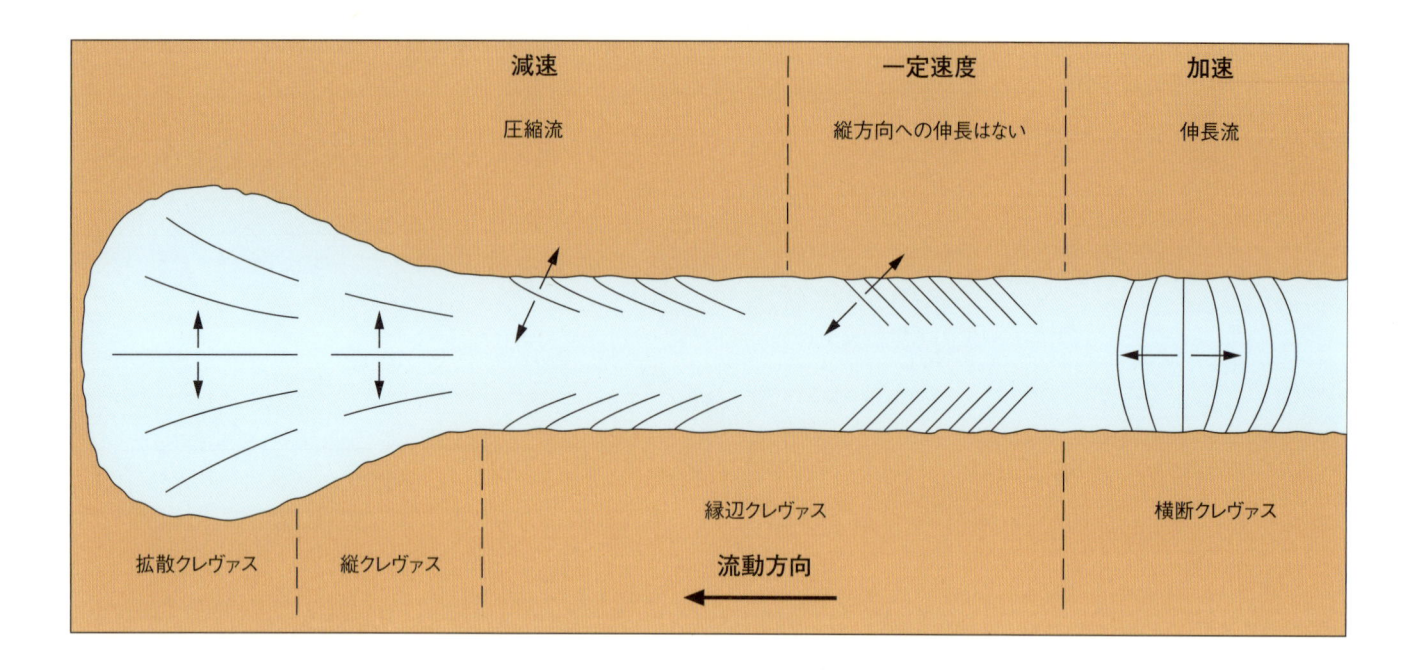

図5.2 谷氷河の消耗域の流動タイプとそれに関連するクレヴァスのタイプを示す平面図。クレヴァスに直角な矢印は氷が引っ張られる方向を示している。

る。氷河が顕著な段となっている基盤の上を流れると、表面は最初に壊れて横断クレヴァスが形成され、次に完全に破壊されてアイスフォールという乱雑な部分になる。セラックは非常に不安定で崩壊する危険性があるので、可能な限り避けるべきである。例えば、エヴェレストのクンブ・アイスフォールが有名であるが、多くの登山者が崩壊したセラックで遭難死している。

ベルクシュルント（bergschrund、ドイツ語由来）はクレヴァスの特殊なもので、氷河の源頭にある。急な斜面のため、山の斜面に張り付いている安定した氷から氷河の本体が引きちぎられた場所にできる。ベルクシュルントは不規則な形をしており、一つ一つが横に何百メートルも伸びている。ベルクシュルントはスノー・ブリッジがないと渡れないので、山頂を目指す登山者には大きな障害となる。

氷河のさらに高いところに、岸壁に沿って**ラントクルフト**（randkluft、ドイツ語由来）と呼ばれる別の裂け目がある場合がある。この裂け目は岸壁が日射を吸収して周りの雪を融かしてできるもので、厳密には本当のクレヴァスではない。

サージする氷河

1993年6月、アメリカ合衆国地質調査所の科学者たちは、グリーンランドを除いた北アメリカ最大の氷河、アラスカ南部のベイグリー氷原＝ベーリング氷河システムで異常な活動の兆候を認めた。氷河表面のクレヴァスが増加し、何年も続いた後退の後に氷河末端が前進し始めた。これがサージとして知られている、短期間のものすごく速い流動の始まりであった。その後の17か月間で氷河は約9km前進、氷山を大量に生産し、氷縁にあるヴァイタス湖を大量の土砂で埋め、水鳥やガチョウが営巣していた二つの島を乗り越えた。氷河の表面は氷体内の複雑な応力に反応して交差するクレヴァスが入り乱れ、上流はサージによって大量の氷が急激に流出したため沈降した。流動速度は最大で日88mに達した。

1994年9月にサージは止まったが、1995年4月には新たなサージが始まった。ヴァイタス湖に張っていた氷を押し曲げてアコーディオンのような褶曲を作り、氷河表

モン・ブランから流れ出るフランス・アルプスのボゾン氷河はこの地域で最も急な氷河の一つである。この標高の高い山に降る大量の雪に涵養され，氷河は急斜面を速い速度で流れるのでクレヴァスだらけになる。クレヴァスの多くはお互いに交差するので，セラックと呼ばれる氷塔を作り出す。セラックは傾いて最後には前倒しになる。

面には水を湛えた大きなクレヴァスや割れ目がたくさんできた。再びヴァイタス湖にはたくさんの氷山が浮かび，土砂が流れ込んで劇的に浅くなり湖の形も変わってしまい，多くの島が埋没した。流出河川からの浮遊土砂は大量に増加し，この多くは長さ6kmのシール川（Seal River）によって海に流出した。その結果，土砂プルーム（濃度流）ができ，1995年10月までに河口の西おおよそ100kmまで伸びた。

　1995年10月までに目に見えるサージ活動は全て終わったが，シール川から海に排出された大量の氷山が船の航行，特にヴァルデス港からの石油タンカーにとって危険

南極，マクマード入江にあるエレバス氷河末端の深いクレヴァスを探る。クレヴァスの空洞には周りの海氷の氷壁からトンネルを掘って達した。

である，という心配は残っている。ベーリング氷河はサージの歴史があり，以前の1965-67年，1957-60年，1940年，1920年のものは写真の記録が撮られている。このサージの歴史は細かく並んだモレイン群となって現れている。

　最も細かく観察されたサージは，やはりアラスカにあるヴェアリアゲイテッド氷河の1982〜83年のものである。大勢の雪氷学者からなるチームが，氷河の流動，氷厚変化，氷の構造，氷体内の水の流れ，土砂排出などを細かく研究した。実際，雪氷学者たちは，20世紀の初めに同じようなサージが四回あったので，サージを予測していた。科学者たちはサージの進行中およびその後の出来事を調べることができた。現

アラスカ，マタヌースカ氷河の消耗域の写真。クレヴァスができてもすぐに融けて表面が滑らかになることを示している。注意すれば歩くことは可能である。

シアトルからアンカレッジへ飛ぶ定期便から見た巨大なベーリング氷河。密に並んでいるメディアル・モレインは過去に何回もサージが起きたことを示している。最も最近のサージでは氷河は写真の下端にあるヴァイタス湖へ劇的に前進した。ベーリング氷河はその支流を併せて面積5200km^{2}を占め，北アメリカで最も大きな氷河の一つである。

氷河のサージは比較的稀な現象であるが，一旦起きると劇的な変化をもたらす。この写真はアラスカのヴェアリアゲイテッド氷河の1982～83年のサージの時のもので，日流動60m（時速2.5m!）に近い速度の影響で表面全体がクレヴァスだらけになった。

在までに，ヴェアリアゲイテッド氷河は他のどの氷河よりもサージに関する情報を提供している。

　サージの間，ヴェアリアゲイテッド氷河の表面は完全に破壊されて，クレヴァスと深みが入り乱れたものになった。氷河の流速は最大で日63mに達した。氷河の中頃の部分は，それ以前の17年間では1kmしか動いていないのに比べて，18か月におよぶサージで約2km動いた。1986年までにクレヴァスは融けて口が広がり，まだ氷の丘と谷が乱雑に入り乱れてはいたが，アイゼンを履いて注意すればサージによってできた構造の周りを歩いて調査することが可能となった。

サージする氷河はどこにあるのだろう？

　サージする氷河の地理的分布は不可思議ではっきりしたパターンがない。スカンディナヴィアとニュージーランドの南アルプスはサージする氷河がない地域と考えられている。ヨーロッパ・アルプスではオーストリアのフェルナークト氷河の歴史記録があるが，2002年にはイタリアのベルデベーレ氷河がサージのような動きを見せている。アラスカとユーコン地域でサージする氷河は，セント・エライアス山地，アラスカ山脈，ランゲル山地，チューガッチ山地に限られている。他では，北極高緯度のエリザベス諸島にある。けれども，カナダとアメリカの海岸沿いの山脈の南部やロッキー山脈にはない。その他では，サージする氷河はパタゴニア，アイスランド，グリーンランド，スヴァールバル，旧ソ連邦のいくつかの地域，カラコラム山脈などに見られる。このようにサージする氷河はさまざまな地形と気候のもとに分布しているが，地域単位でみるとその地域の全氷河のうち，ほんの少しの割合である。例外はスヴァ

5 流動する氷河 69

北極高緯度地方にある多温氷河はサージを起こしやすいが，その周期はアラスカのような温暖地域にある氷河よりも長い（おそらく100年以上である）。1996年のこの写真のように，西スピッツベルゲンのベル入江にあるフリチョフ氷河はサージを起こし，クレヴァスだらけになった。サージによる末端の急速な前進は，末端の氷崖を破壊し，氷河は崩落した氷のブロックを乗り越えて前進した。

スヴァールバルにあるサージ氷河の空中写真。バカニン氷河（BB）で起きたサージの1995年頃の末期を示している。サージ前線（SF）は急勾配となっていて，停滞氷と活動氷の境となっている。隣のパウラ氷河（PB）もサージ氷河であるが，静穏期にある。（写真提供：トロムソのノルウェイ極地研究所，写真番号 S90 6828）。

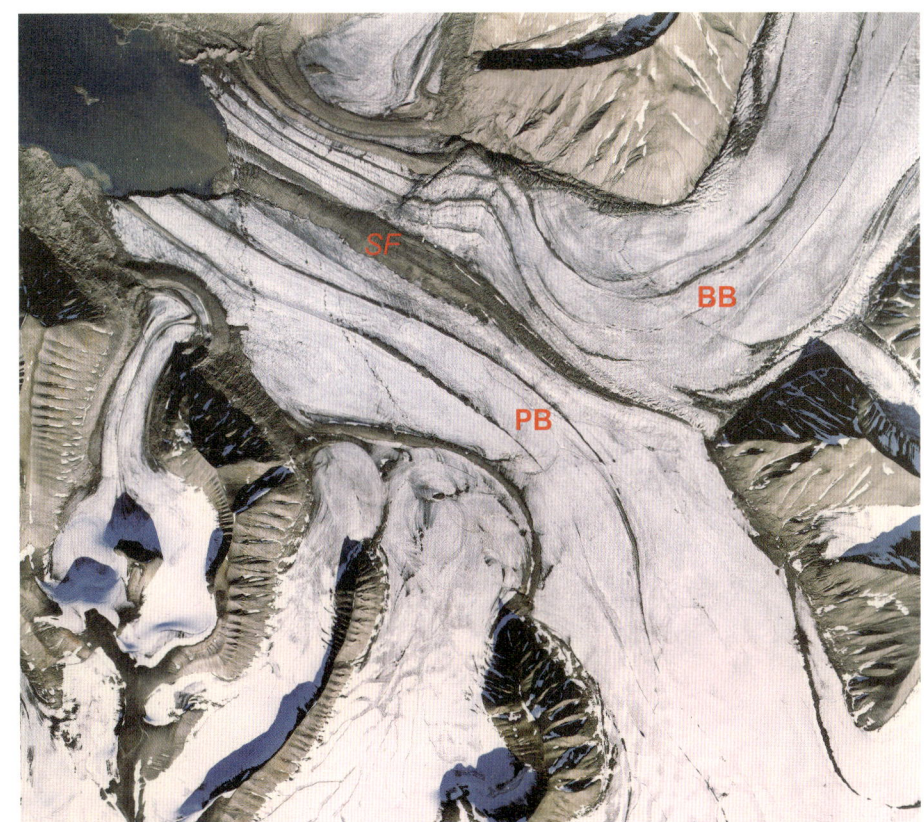

異なったタイプの氷河の流動速度の例

氷河	地域	中央での流動速度 (m/年)	コメント
ランバート氷河	東南極	347	南極最大の氷河流域の一部
エイメリー氷棚	東南極	1,200	同上
バード氷河	東南極	760	横断山脈を横切って極地プラトーから流れでている氷河
西ドローニング・モード・ランドの氷	東南極	1-15	氷床の流路となっていないゆっくりと流れる部分
ヤコブスハーヴン・イスブレ	北西グリーンランド	4,700（最大 8,360）	グリーンランド氷床から出ている最も速い溢流氷河
コロンビア氷河	アラスカ	15,000	タイドウォーター氷河の加速的に後退している末端部分（世界最速）
ホワイト氷河	アクセル・ハイバーグ島, カナダ	40	寒冷で底面すべりをしている谷氷河
グロッサー・アレッチ氷河	スイス・アルプス	200	アルプス最大の氷河の最も速い部分
グリース氷河	スイス・アルプス	40	小さな谷氷河
サスカチュアン氷河	カナダ・ロッキー山脈	117	谷氷河
チャールズ・ラボツ氷河	オクスティンダン, ノルウェイ	8	急傾斜で薄いサーク氷河

ールバルで，少なくとも全体の3分の1の氷河がサージの特徴を持つと考えられている。

　ある氷河，例えば北西グリーンランドのヤコブスハーヴン氷河は常に'サージ'の速度で流れているし，他にはニュージーランドのフォックス氷河やフランツ・ジョーゼフ氷河が時々非常に速い速度で前進する。けれども，これらの氷河には，静穏期がないので厳密な意味でサージする氷河とは言えない。

　雪氷学において未解決で大きな疑問の一つは，南極氷床が過去にサージしたかどうか，あるいはこれからするかどうか，である。一部の雪氷学者は，氷床の大きな流域の一つであるランバート氷河＝エイメリー氷棚システムがサージしつつあるかもしれない，と考えている。しかし，否定する雪氷学者もいて，現在の不十分なデータでははっきりとした答えは出せない。一部の雪氷学者の間では，西南極氷床が特に不安定であると考えられている。というのは，氷床は氷棚で押さえつけられて海面下で接地しているが，その氷棚が崩壊する危険性があるからである。

　ランバート氷河あるいは西南極氷床の南極海への大規模なサージは，世界の気候に劇的な影響をもたらすだろう。サージによって海に流れ出た氷河は崩壊し，大量の氷山となるので，大陸の周りの水温と気温が下がる。サージによって大量の氷が排出されると，大量の水が放出される。西南極氷床の場合は，海水位が地球規模で数メートル上がる。世界中の多くの大都市に加えて，オランダやバングラデッシュのような標高の低い国では，洪水に襲われやすくなるだろう。このような予想はそれほど突飛なことではない。地質学的証拠から，北アメリカのローレンタイド氷床は1万800～1万4000年前の最終氷期（ウィスコンシン氷期）の間，アメリカ中西部でサージを繰

アクセル・ハイバーグ島のアイスバーグ氷河はサージする氷河であるが、この写真は静穏期（1977）のものである。ねじ曲がったモレインや穿坑された表面からサージする氷河であることが分かる。縦穴はムーランあるいはポットホール（甌穴）と呼ばれるもので、停滞氷上の流水によって作られた。

り返したことが分かっている。同様に、一部の地質学者は、バレンツ大陸棚に発達した氷床が、ウィスコンシン氷期とほぼ同時代の後期ヴァイクゼル氷期に崩壊する前に、ヨーロッパの最北部にサージしたという学説を唱えている。

サージの性質

　一部のサージはかなり規則正しい周期で起きる。例えば、ヴェアリアゲイテッド氷河では、最近の2002年を含めて過去100年の間に7回のサージがあった。このことから、ほぼ14年の周期に基づいて、おおよそ1982〜83年にサージが起きることが予測されていた。上記で説明したように、この予測によって雪氷学者はサージの発生要因を調査する大々的な計画を立てることができた。同様に、ロシア（訳者注：実際はタジクスタン）のパミールにあるメドヴェズィー氷河では10年周期のサージの記録があり、やはり詳しく研究されている。けれども、他の氷河ではサージの周期はもっと長い。このようなわけで、サージがいつ起きるかの予測はあまり当てにならない。**サージ期**（surge phase）とサージ期の間は、氷河は何年もまたは何十年も不活発である。この時期は**静穏期**（quiescent phase）と呼ばれ、停滞している氷河あるいはゆっくりと流動する氷河は融け、氷体内部にたくさんの大きなポットホール（縦穴）を含む複雑な排水網が発達する。

　サージが始まる時の最初の兆候として、激しい流動が始まることを示す何千ものク

個々の氷河に占める3つの流動様式の割合

氷河	地域	内部変形（％）	底面滑り（％）	底質変形（％）
テイラー	南極	40	60	0
ブルー	アメリカ，ワシントン州	10	90	0
ブライザメルケル	アイスランド	0	12	88
トラップリッジ	カナダ，ユーコン準州	12	50	38
ウルムチ1号	中国	37	3	60
ストー	スウェーデン	23–43	57–77	0
ヴェアリアゲイテッド（静穏期）	アラスカ	100	0	0
ヴェアリアゲイテッド（サージ期）	アラスカ	5	95	0

Knight, P.J. *Glaciers*, Cheltenham: Stanley Thorne (Publishers) Ltd., 1999 による

レヴァスができる。この表面の破壊が下流へ素早く伝わっていき，サージしている氷体のゾーン（**サージ前線**，surging front）が通過すると，氷河流動の速度が日数センチから最大100mぐらいまで増加する。サージ前線が末端に到達すると，氷河は劇的な形で前進する。

多くの場合，サージによって氷河は2, 3か月間で数キロメートル前進するが，氷河によってはサージが終了するまでに何年もかかる。記録に残る最大のサージはスヴァールバルの氷原からのもので，溢流氷河の一つブロスヴェル氷河が，1936年と1938年の間のいつかはっきりはしていないが，幅30kmにわたって20km前進して海へ突っ込んだ。けれども，時々サージが氷河末端へ到達するまでに，活動氷体と不活動氷体の間に急な斜面や膨らみを残して，消えてしまうこともある。例えば，ヴェアリアゲイテッド氷河の1982～83年のサージは，末端から1kmの場所で終わった。

サージは膨大な融氷水を伴い，洪水と急激な氷河の前進が下流の谷にかなりの被害を与えることが知られている。サージが起きている間，氷河の上流から氷河末端へ氷が移送される。これによって上流部では50～100mも表面高度が低下する（そしてしばしば山腹斜面に氷塊を残す）。逆に，下流部では氷河の厚みが増す。

サージ氷河の多くは，静穏期のメディアル・モレインがねじ曲がって湾曲しており，谷の側壁とほぼ平行な線ではないので，見分けることができる。湾曲は，静穏期にある主流氷河に支流が合流してメディアル・モレインを形成し，その後主流氷河のサージによってメディアル・モレインが数キロメートル下流に流れることにより形成される。いくつかの支流でこのプロセスが繰り返されると，複雑にねじ曲がったモレイン群が作られる。

氷河はなぜサージするのだろう？

氷河のサージを説明するメカニズムがいくつか提案されている。最初は地震によって引き起こされるナダレが引き金を引くと考えられた。最近の研究では，サージを氷河の規模，形態，方位と傾斜，気候，基盤のタイプ，温度分布などと結びつけようとしている。けれども，これらの仮説のどれもが適切な説明とはなっていない。

近年，サージする氷河の詳しい観察からさらに二つの説が提案されている。二つとも氷河のベッドで何が起きているかに注目していて，一つは，固い岩盤ベッド上の水の分布である，もう一つは柔らかくて変形する堆積物の特性の変化である。一番目の

2回以上のサージの記録がある氷河

氷河	国	サージした年				
ブリューアール氷河	アイスランド	1625	1720	1810	1890	1963
キャロル氷河	アラスカ	1919	1943	1966		
コルカ氷河	USSR	1834	1902	1969		
メドヴェズィー氷河	USSR	1937	1951	1963	1973	
ネヴァド・プロモ氷河＊	アルゼンチン	1788	1934	1985		
ヴェアリアゲイテッド氷河＋	アラスカ	1906	1947	1964	1983	1994
フェルナークト氷河＃	オーストリア	1600	1678	1773	1845	

＊ 1788年～1934に2回かそれ以上サージが起きている可能性がある。1788年のサージは直接観察されていないが，氷河湖決壊洪水から推測される。
＋伝承によると恐らく1926年頃にもサージがあった。
＃ 1845年以前のサージは氷河湖決壊洪水から推測。

ものは，ヴェアリアゲイテッド氷河の1982～83年のサージの時の研究結果である。それによると，サージの前には氷河の上流域（**貯氷域**，reservoir area）が何年もかかって厚みを増す一方，下流域では薄くなる。その結果，氷河はだんだん急になり，貯氷域の氷河の下端での圧力が増加する。この結果，氷河底面の融氷水水路は狭くなりやすくなる。時間が経つにつれて水路は完全に押し潰され，水は氷河底面全体にわたって薄く広がる。これにより，基盤岩から氷が完全に分離されて摩擦が劇的に減り，氷河はかなり速い速度で滑るようになる。急速な滑りは普通は貯氷域から始まり，速く動く氷体が下流のゆっくり動く氷体へぶつかり圧力が非常に高くなってサージが広がり始める。その結果できる**サージ前線**（surge front）は，車の多い道路で速く動く車群と遅く動く車群のように，氷河の流動よりも速く動く運動波（キネマティック・ウェイブ，kinematic wave）として下流へ伝わる。

　サージの後は氷河の傾斜は緩くなる。これにより圧力は弱まり，氷河底面水路が再び形成されるので，氷河が滑らなくなり基盤へ接地する。新しく形成された水路は底に溜まった水を排水するので，最終段階に大きな洪水となる。サージによる一連の変化の中のこの時点において，ヴェアリアゲイテッド氷河の流動速度は24時間で日30mからわずか3mになったが，最後の洪水によりものすごい量の土砂が排出されて氷河の前面にあった多くの灌木を埋めた。

　別の，おそらくこれを補うような説がユーコン準州のトラップリッジ氷河の研究から得られた。この氷河は多温氷河で凍りついている部分があり，ヴェアリアゲイテッド氷河よりも複雑な温度構造を持つ。基盤岩ではなく柔らかい堆積物，主にティルのベッドに載っていると考えられている。静穏期には堆積物に刻まれた水路によって排水されているが，貯氷域で氷が増えるにしたがい，氷河底面では圧力が増加するので水路が閉じる。その結果，水は堆積物中を流れるようになり，堆積物は弱くなって急速に変形しやすくなる。変形する堆積物のクッション効果により，氷河流動の急激な加速が可能となる。トラップリッジ氷河は数十年の間，サージがいつ始まってもおかしくない状況にあったが，不思議なことにこの原稿を書いている時点ではまだサージが始まっていない。

　上記の研究からは，サージを引き起こす要因は氷河下ベッドの状態の変化であることが明らかであるが，他のメカニズムも除外するべきではない。なぜサージが起きる

か，まだまだ研究しなければならない。大きな氷床の気候に関連した前進とサージに関連した前進を区別するために，サージを解明することはとても重要である。

サージの人間活動への影響

サージの多くは人里離れた場所で起きるが，人々や施設が危険にさらされるような場所では，避難行動がとれるように，サージの予測ができるようならなければならない。アラスカでは，もしサージが起きるとアラスカ・パイプラインやリチャードソン道路に被害を与える可能性があるので，ブラック・ラピッズ氷河が監視されている。それには理由がある。この氷河は過去に一回，1936～37年の冬にサージを起こしており，その時リチャードソン道路の脇にある小屋の住人が幅3kmの氷河が小屋に迫

アラスカ南部，マラスピーナ氷河の巨大な山麓ロウヴを示しているランドサット赤外カラー画像。白と青が氷河である。見事な褶曲構造はサージと流動方向への圧縮によって作られた。赤は植生で，氷河の周りにも見られる（写真提供：NASA，2000年8月31日ランドサット7による撮像）。

ってくるのを見て驚いている。普段は滑らかな末端が高さ100mのクレヴァスだらけの氷壁となり，氷河は最大で日66mの速度で前進した。もしサージが続いていたら，大きな河川を堰き止め，道路を切断し，小屋を破壊していただろう。他の町との連絡にこの道路に依存していた小屋の住人とフェアバンクスの人々にとって幸いなことに，氷河は道路の少し手前で止まった。

　サージする氷河が最も少ないヨーロッパ・アルプスで，最近，イタリアにあるモンテ・ローザの東面にあるベルデヴェール氷河がかなり前進している。クレヴァスの増加を伴うサージのような流動の加速は2001～02年の冬に始まり，この原稿を書いている時点では続いている。これが意味する重大な危険性には13章で触れる。

　総合的に考えると，氷河サージはおそらく氷河現象の中で最もエキサイティングで謎に満ちたものである。サージのほとんどは文明からはるかに離れた場所で起きるが，人々に直接に影響を与える場所では注意深い監視が不可欠である。

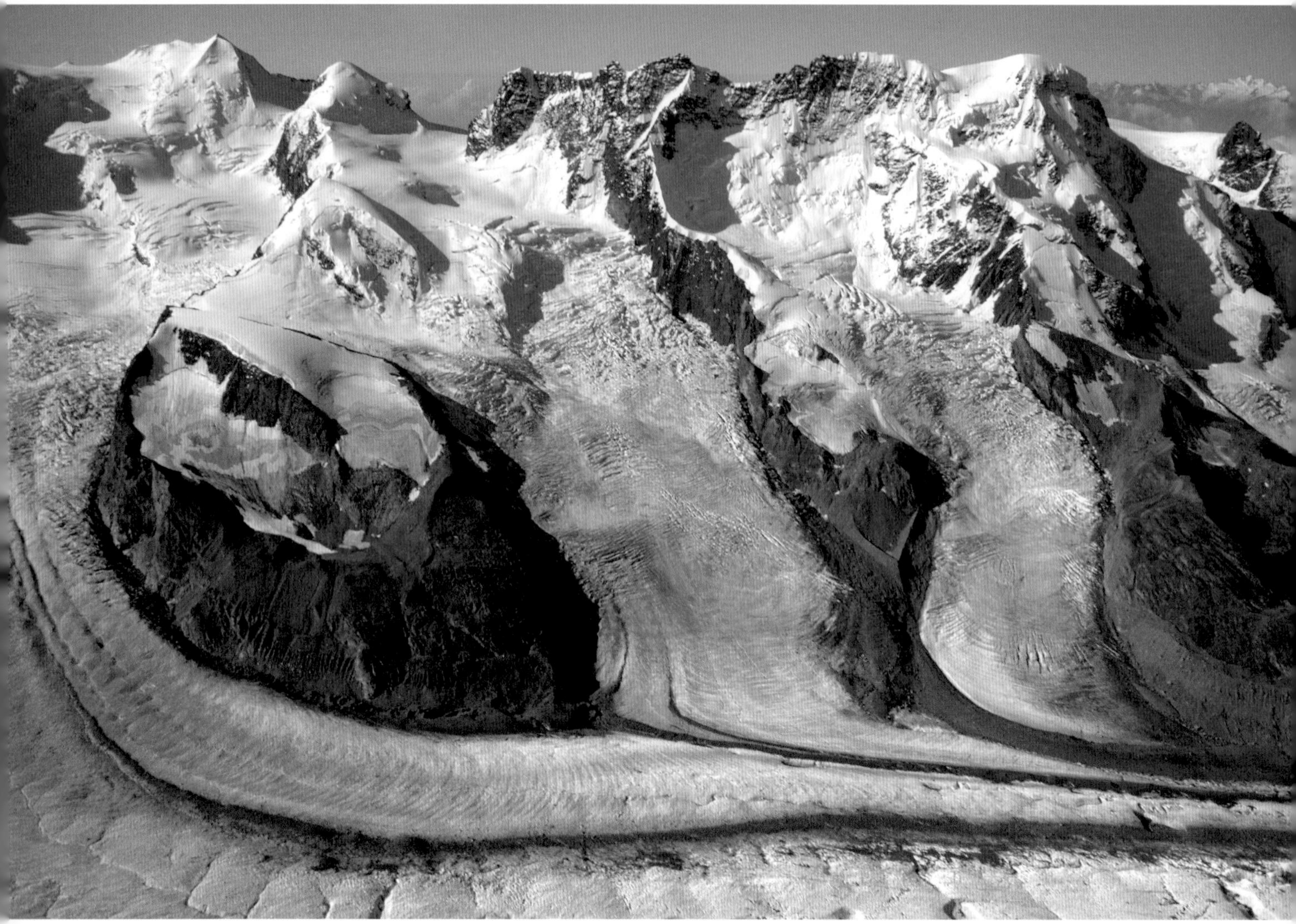

6 自然のベルトコンベヤー

76ページ：大量のデブリが谷氷河によって運ばれ堆積する。この写真はスイスのツェルマットの近くにあるブライトホルン（4164m）から流れ出るブライトホルン氷河（右）とシュヴァルツ氷河（中央）が、左から右に流れているゴルナー氷河に合流する様子を示している。氷河が合流するとラテラル・モレインがメディアル・モレインになることに注目。

　地球上で、氷河ほどデブリ（岩屑）を生産源から遠くに運ぶ自然のプロセスは少ない。実際、山岳氷河ですぐに目につく特徴の一つは、表面に散乱している岩片の量と大きな岩である。山岳氷河の消耗域はデブリに完全に覆われていることが多く、デブリ層の下の氷が融解して不規則で不安定な地形を作り出しているので、歩くのが大変である。このように、氷河は流域の隅々から物質を集めて末端へ岩屑を運ぶ一種のベルトコンベヤーと見なせるだろう。典型的に、この物質は表面で運ばれる（**氷河上（表面）デブリ、supraglacial debris** と呼ばれる）か、底面近くで底面氷の中（**底面デブリ、basal debris** と呼ばれる）で運ばれるかである。さらに大量のデブリが氷河表面と底面から**氷河内デブリ（englacial debris）**として取り込まれるので、氷河は汚く見える。氷河に取り込まれて運ばれるデブリに加えて、変形するベッドの一部がデブリとして運ばれる。

表面デブリ

　氷河が表面デブリに覆われるためには、普通は岩壁が周りから突出していなければならない。このようなわけで、山を覆ってしまう氷床や氷帽には表面デブリがほとんどないが、山岳氷河の下流にはたくさんの岩石がある。この表面デブリの供給源は、

氷河表面デブリの由来は通常落石であるが、時によっては大規模な斜面崩壊が起きる。この例はフランス・アルプス、モン・ブラン地域のプレ・ドュ・バール氷河の涵養域である。

スイスのベルナー・オーバーラントのグロッサー・アレッチ氷河に見られる平行な'市街電車軌道'はメディアル・モレインで，それぞれが二つの氷河が合流することによって形成されている。モレインとモレインの間にある湾曲した構造はフォリエイションで，氷体に見られる層状の変形構造である。背景の三つのピークは，左から右へ，ユンクフラウ（4158m），メンヒ（4099m），アイガー（3970m）である。

凍結破砕によって急な斜面を落ちてくる落石である。ほとんどの落石は小さいが，アラスカ，アンデス，ヒマラヤ，ニュージーランドの南アルプスのように，特に地震が起きやすい地域では，時によっては大崩壊が氷を広範囲に覆う。

　広く報道された大規模な落石は，ニュージーランドの最高峰クック山（現地語でアオラキ）の山頂の崩落である。1991年12月14日の真夜中を少し過ぎた頃，プラトー小屋（山小屋）で頂上アタックの準備をしていたクライマーたちは，大きな地鳴りを聞き，小屋が揺れるのを感じた。小屋が粉塵に包まれる前，暗闇に目を凝らすと明るいオレンジ色の閃光が見えたので，アタックするのはまずいと判断した。次の朝，落ちてきた岩石と氷が小屋から300mの位置まで来ていたのを発見し，山頂下の氷河が完全に剥ぎ取られているのが見えた。落石はグランド・プラトーの氷テラスを越えて，ホッホシュテッター・アイスフォールを下り，その下の幅2kmのタスマン氷河を横切って，対岸へ70m流れ上った。垂直距離で2.7km，水平距離で7.5kmの崩壊であった。ニュージーランド政府機関の研究者によって，2900万m^3の雪・氷・岩が落ちたと見積もられている。大部分がクック山の東面からであるが，頂上も崩れたので標高が10m低くなって3754mとなった。犠牲者や物的被害はなかったが，このニュースは世界を駆け巡った。また，500km離れたウェリントンの地震計にも記録されていた。クック山は断層の近くにあるが，崩落の原因は凍結融解プロセスによる亀裂のたくさん入った岩石の崩壊によるものと考えられている。

アラスカでは，地震による氷河上への目を見張るような落石が頻繁に発生する。1964年の地震によってシャーマン氷河の下流はデブリで覆われて消耗が減り，氷河は前進し始めた。最近では，デナリ断層による2002年11月3日のマグニチュード7.9の地震は風景を一変させた。こうした変化の中でも，ブラック・ラピッズ氷河を横切って覆った大きな岩石崩壊は，特に印象的である。この岩石崩壊はかなり大規模であるため，消耗域での氷の融解が減少した。このため，シャーマン氷河のように前進するかもしれない。

氷河が運ぶ岩石の大きさは，岩石の種類によって異なる。花崗岩のように抵抗力が大きく層がない岩の岸壁からは，しばしば小さな家ぐらいの大きさの岩塊が剥がれるが，頁岩や石灰岩のような柔らかい岩石からは，小さな岩しか崩れない。一般的には，表面デブリは砂より細かい物質をあまり含んでいない。

山腹斜面から落ちてくるデブリのほとんどは，氷河が谷壁に沿って流れる際に氷に取り込まれる。氷河の縁に線状に堆積するデブリと，氷河が後退した後に残るデブリのリッジは**ラテラル・モレイン**（側堆石，lateral moraine）である。二つの氷河の流れが合流すると，二つのラテラル・モレインが合流して一つの**メディアル・モレイン**（中央堆石，medial moraine）となり，氷河の中央を一条のデブリの線が末端へ伸びる。多くの場合，モレインには供給源の違いを反映してさまざまな岩石が見られる。氷河末端に近づいて消耗が増えると，異なった岩石組成を持ついくつかのメディアル・モレインがお互いに寄ってくるので，名が体を表すように名付けられたアラスカのヴェアリアゲイテッド氷河やアルプスのウンターアール氷河のように，氷河はさまざまな色の筋からなるように見えることがある。

この写真のアラスカのハバード氷河に見られるように，氷河の流れが遅くなりクレヴァスが多くなると，メディアル・モレイン同士がくっつく。その結果，デブリがくっついて広く覆うようになるが，個々のモレインは石の色の違いで区別がつくことがある。

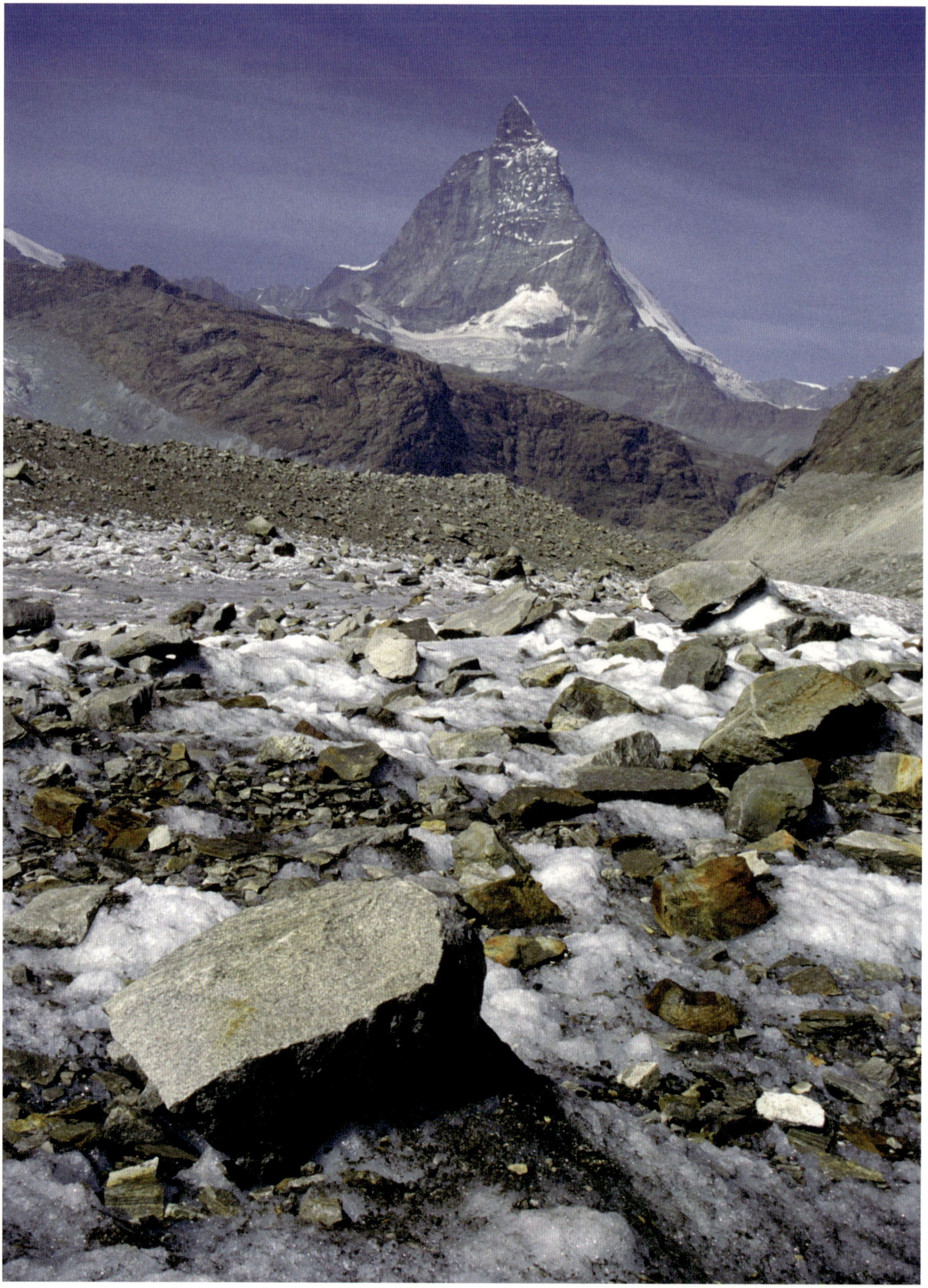

80ページ：落石が間を置いて起きる場合には，表面デブリは氷河上でばらばらに分布するだろう。この写真はゴルナー氷河をマッターホルン（4477m）へ向かって下流方向に見ている

氷河表面の黒っぽいデブリは，周りの氷より太陽日射をよく吸収する。デブリの部分は暖かくなるので周りの氷がよく融け，特にデブリの厚さが数センチ以下の場合はそうで，モレインが凹地に集中する。反対に，厚く一様にカバーしているデブリは普通，氷河の消耗を遅らせるので，デブリは周りの氷河表面より高いリッジとなる。

散在する大きな石も氷が融けるのを妨ぐので，氷の台の上に載っかっているようになることがある。これらの**氷河テーブル**（glacier table）は時間が経つと太陽の方向へ傾き，やがて滑り落ちる。これが繰り返される。

表面の水流は細かいデブリのほとんどを再循環させるが，一部を窪地に溜める。水流の流路が変わっても，周りの表面は融け続ける。けれども，窪地に溜まったデブリはその下の氷が融けるのを遅らせるので，やがて砂や礫は高まりの上に乗っかったようになる。周りの氷が融け続けると，これらの高まりは**ダート・コーン**（dirt cone）となる。ピッケルでダート・コーンを削ると，数センチの薄いデブリが円錐形の氷の上に被さっているだけであることが分かる。

デブリ・カバーの割合はほとんどの谷氷河では末端にいくにしたがって増える。デブリ・カバーの下の氷は一様に融けないのと，ゆっくり動いているあるいは停滞している氷河上の水流の作用によって，氷河は鋭く刻まれた谷と丘からなる数メートルの起伏を持つ不規則な表面となる。デブリは不安定なので，技術的には歩くのは難しくないが，危険な場合もある。消耗シーズンには，氷の斜面を薄く覆ったデブリは常に滑り落ちている。深く刻まれた水路，池や氷体内水流がある氷河表面は，石灰岩が侵食されてできた地形に似ているので，**氷河カルスト**（glacier karst）と呼ばれる。

気候温暖化で氷河が融けてなくなると，氷河表面デブリは地面に，あるいは氷河底

氷河表面で孤立している岩は下の氷が融けるのを防ぐ。特に日射が強い所では顕著で氷河テーブルとなる。これはスイス南部のパース氷河の例である。

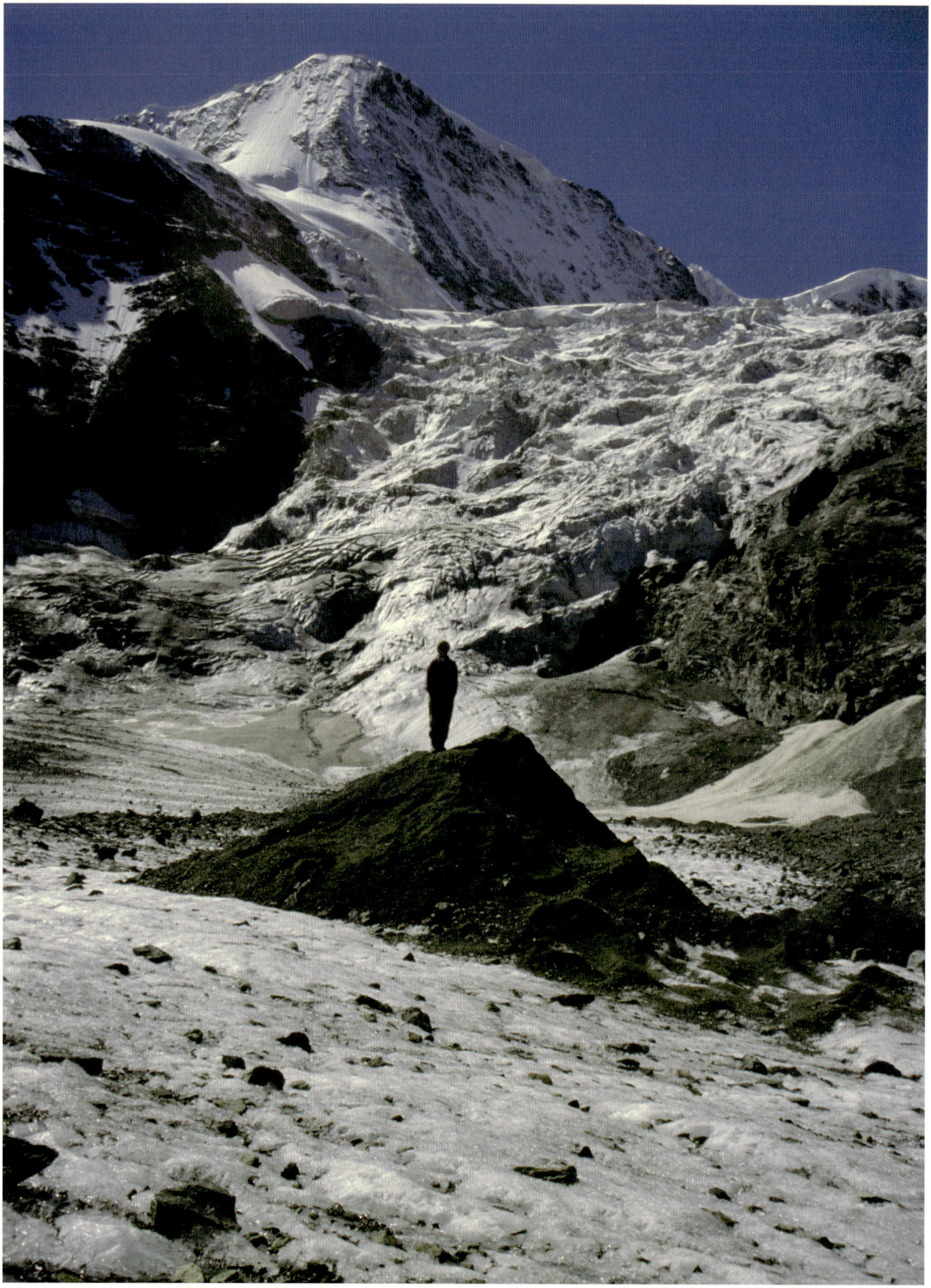

82ページ：氷河表面の水流はモレイン物質から細かいもの（砂，小石）を洗い流し，下流へ運ぶ。窪地に土砂が流れ込んだ後流水経路が変わると，下の氷は堆積したデブリによって融けないので氷河表面上の小丘，ダート・コーンが形成される。このスイスのアローラ山（3796m）の下にあるツシジオーリー・ヌーヴェ氷河に見られる高さ3mのコーンは，薄いデブリに覆われた典型的なものである。

ネパール，クンブ・ヒマールにあるチョーラ氷河の末端は完全にデブリに覆われている。厚いデブリ・カバーは現在の気候温暖化にもかかわらず後退を防いでいる。氷河の急傾斜の側面はラテラル・モレインに限られている。このモレインははっきりとは分からないがデブリ・カバーの下で氷河氷に繋がっている。

面が融けて堆積したデブリの上に堆積する。このような堆積物は**氷河上融出ティル**（supraglacial meltout till）と呼ばれる（ティルは氷河に直接由来する淘汰の悪い堆積物の学名である）。堆積物は地面を不規則に覆い，十分な植生が入って落ち着くまで常に滑ったり崩れたり，あるいは流水によって再堆積されたりする。

デブリ・カバー氷河

極端な場合，大量の落石は氷河の消耗域を完全にデブリで覆ってしまう。そのような氷河は，見た目には美しくはないが印象的である。デブリ・カバー氷河は通常，高い山に囲まれており，デブリの供給は主に氷／岩石ナダレである。ナダレによって涵養される氷河は，熱帯アンデスと一部のヒマラヤで大多数を占める。

デブリに覆われた氷河の表面は，数十メートルにも達する起伏や切り立った氷の斜面，池などででこぼこしている。このような氷河を歩く時は，大きな岩塊が前兆もなく動くので，細心の注意が必要である。

デブリ・カバー氷河は気候温暖化により後退し始めたので，特に注目されるようになった。デブリ・カバー氷河はデブリのない氷河とは全く異なった動きをする。第一に，デブリ・カバーにより氷河はデブリがない時よりも標高が低いところまで流れる。第二に，ネパールのクンブ氷河で日本の雪氷研究者が示したように，下流にいくにしたがってデブリが厚くなりその下の氷の融解が減少するので，消耗が下流で減る。氷河が後退するのにしたがい，中流部の融解が最も速くなり，凹地が形成される。融氷水が周りのモレインから流れ出ないと，小さな池が合体して湖となる可能性

高所山岳地域にある多くの氷河は下流がデブリで完全に覆われている。この写真は，ネパールのクンブ氷河のもので，ルーズなデブリに覆われた凹凸の激しい氷河表面と池を示している。

がある。最終的に，ルーズで未固結の氷河堆積物とその下に埋もれた停滞氷からなるターミナル・モレインの背後に，大きな湖が形成されることもある。ネパールやペルーではこの種のモレインの高さが100mを超すこともあり，モレイン・ダムが壊れれば悲惨な結果をもたらす危険性が大きい。モレイン堰止湖に関しては次の章で触れ，それと関連する災害については13章で言及する。

氷河底で運搬されるデブリ

　氷河底のデブリ（basal debris，**底面デブリ**）は，氷河が流れるにしたがい常に変化するので，表面デブリとは非常に異なる特徴を持つ。氷河がデブリを取り込むためには，深くまで凍っている地面が融けて，特に接地する部分で堆積物がルーズになっていることが必要である。そうすると，堆積物の塊やルーズなデブリが氷河の底に凍

図6.1　陸地に末端があって後退している氷河の下流を示す縦断プロファイル。デブリがどのように運搬され堆積するかを示している。

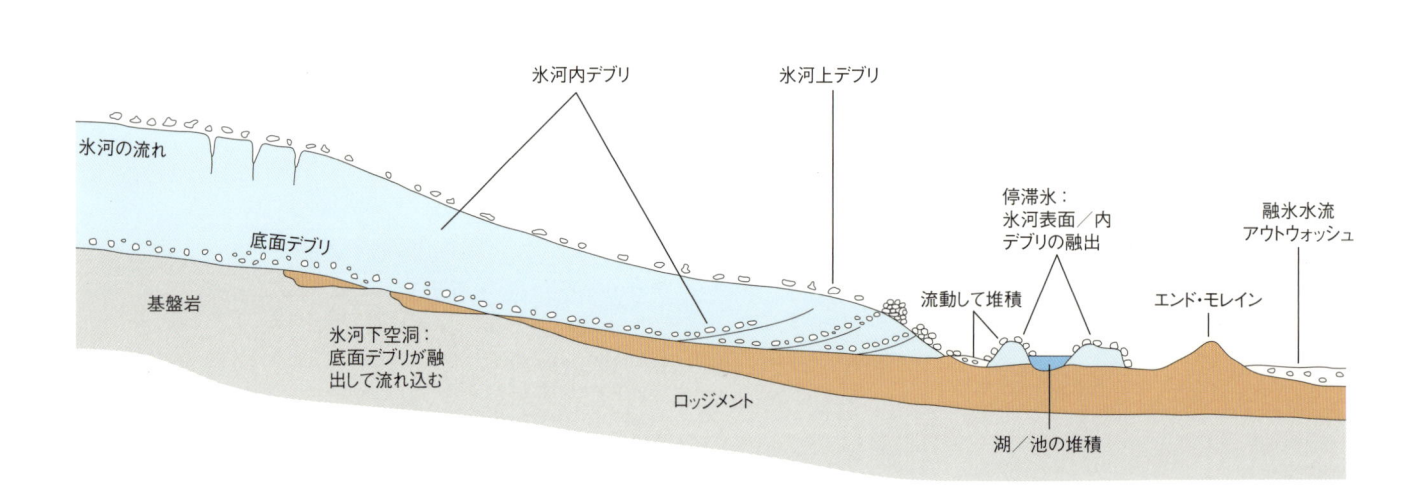

りつく。これに加えて，氷を融かして再凍結させる基盤岩の高まりによるわずかな圧力の変化によっても，デブリが氷河底に取り込まれる。氷河が障害物に乗り上げると圧力が増し，融点が下がる。そして滑り下りる時は圧力が下がり水が凍る。これによって**リジェレイション・アイス**（復氷氷<small>ふくひょうごおり</small>，regelation ice）ができる。

　石の塊りが基盤から剥ぎ取られると，それは基盤を削る強力な道具となる。氷の中にしっかりと取り込まれ，石片は基盤岩に溝を刻み擦痕をつける，同時に石片の尖った角も削れる。氷河の流動速度は上方にいくほど増すので石片は氷の中で回転し，石片の新しい部分が常に基盤と接する。このようにして，角張った石はだんだんと丸くなり，擦痕がつく。あるものはかなり丸くなる（流水による石ほどではないが）。氷河底面デブリの大部分は，氷河がより活発に動く涵養域あるいは谷の側壁下で取り込まれる。このようなわけで，この部分で氷河底の紙ヤスリ効果が一番大きく，基盤岩の侵食が大きくなる。流動速度が遅くなる消耗域では，運んだデブリの多くが**氷河下ティル**（basal till）として堆積される。これらの氷河下での擦り破砕するプロセスによって，氷河の流れをミルク色にする岩粉<small>がんぷん</small>（rock flour）と呼ばれる粘土やシルト*を含む細かい土砂が生産される。

　堆積のプロセスは複雑であるが，二種類の氷河下ティルがある。最初のものは，氷の急速な変形により氷河底が融けて底面滑りが速くなり，デブリが基盤にこすり付けられて堆積する**ロッジメント・ティル**（lodgement till）となる。ロッジメントは末端近くになると弱くなり，氷が融けてデブリが残る**メルトアウト・ティル**（meltout till，融出ティル）となる。どちらのタイプのティルも，粘土から大きい岩までが混ざっている。

* シルト　砂より細かく，粘土より粗い物質。

かなりの量のデブリが氷河底で運ばれる。数メートルの厚さにもおよぶデブリと再凍結氷が底に凍りつき，層状の汚れ氷となり底面氷層となる。この写真は南極のドライ・ヴァレー（Dry Valleys）にあるテイラー氷河の例で，底面氷層が見えるだけではなく，それが融けて堆積した明るい色の'ティル'も区別できる。

アラスカのチューガッチ山地（左端）とセント・エライアス山地（中央から右）は標高の高い場所で大きな氷原を形成している。この衛星画像はアラスカの海岸線約300kmをカバーしている。ここではたくさんの氷河がフィヨルドに流れ込み，あるものは外海の近くまで流れ出ている。これらの氷河は大量の浮遊土砂を排出するので，浮遊土砂のない海水の濃青色に対して，海岸線に沿った明るいグレイや明るい青の浮遊土砂流が見える。ここに写っている大きな氷河はこの本の他の場所でも言及されているが，長くて入りくんだ谷氷河はベーリング氷河（左），山麓氷河はマラスピーナ氷河（中央），ヤクタート湾に流れ込みラッセル・フィヨルドをほぼ塞いでいるのはハバード氷河（中央右）である。（写真提供：NASA，2003年8月22日撮像：出典：http://rapidfire.sci.gsfc.nasa.gov/gallery/?20032340822/Alaska.A2003234.2105.1km.jpg.）

ティルは北アメリカとヨーロッパの大部分を広く覆い，農業にとってミネラルに富んだ肥沃な土壌となっている。けれども，時によってはティルは建設産業にとってやっかいなものになることがある。というのは，普段はしっかりした基礎であるが，水分を含むと変形しやすくなり，斜面では地すべりを引き起こす可能性があるからである。

氷河内のデブリ

ある程度のデブリが**氷河内デブリ**（englacial debris）として氷河の内部に取り込まれる。涵養域の落石のデブリは雪に埋められるし，クレヴァスに落ちるデブリもあり，これらは消耗で氷が融けるまで氷河内に埋もれている。基盤から低い角度で上に伸びている断層であるスラスト沿いの氷体内にも，デブリがある。スラスト沿いのデブリの一部は氷河末端近くで表面に出てくることがあるが，その起源が氷河底であるのは，石が一部丸くなっていることと擦痕があることで分かる。

氷河の温度によって運ばれるデブリの量が違う。多温氷河には傾向として厚い氷河底ティルがあり，末端の近くでは全デブリ量の50%近くを占める。これはおそらくデブリが氷河底へ凍りつくのと，氷河底での褶曲によって一つのデブリ層が何層にもなるからであろう。これとは対照的に，表面デブリの量は少ない。温暖氷河はこれと正反対である。一般的には，温暖氷河は大量のデブリ・カバーを持つが，氷河底デブリの層は通常は2〜3m以下である。多くの雪氷研究者たちは，基盤に凍りついている寒冷氷河は景観に対する効果という意味では不活発であるが，滑動しないのに氷に入っている岩片が基盤をある程度侵食する，と考えている。さらに，北アメリカとヨーロッパの大きな氷床では，氷河が基盤に凍りついていた時でも大きな岩塊を剥ぎ取

ったという証拠がある。

　氷河のデブリには風によって運ばれた堆積物もある。多くの氷河には，氷河の下流に水流によって堆積した氷成岩粉が起源である風成シルトが，わずかではあるが堆積している。時によっては，デブリははるか離れたところから飛んでくる。例えば，だいたい2年ごとにサハラ沙漠の埃がアルプスの氷河に堆積し，色を変える。別の場所，特にアイスランド，アンデス，アラスカなどでは火山噴火によって火山灰が氷河に堆積している。噴火の年代が分かっていれば，火山灰層によって氷河の質量収支やダイナミクスなどのことがいろいろと分かる。

　氷の中の他のタイプのデブリは量的にはたいしたことないが，産業排出や森林火災による大気汚染，あるいは核爆発による放射能の降下を物語る物質などで，環境変化のカギとして重要である。実際の塵や灰が肉眼ではほとんど見えなくても，雪や氷の酸性の研究によって，過去の火山の噴火に関するさまざまな情報が得られている。

北西スピッツベルゲンのクローネ氷河は大量の氷山を生産する。多くの氷山は大量の底面デブリを持ち，コングスフィヨルデンに浮いているので，デブリはドロップストーン*となってゆっくりと海底へ放出される。濃いグレイの氷山は島と間違うくらい汚くて大きいので，背後の海岸に立っている人間が小さく見える。

ドロップストーン　氷山の底から融け出して水底に堆積した岩石。

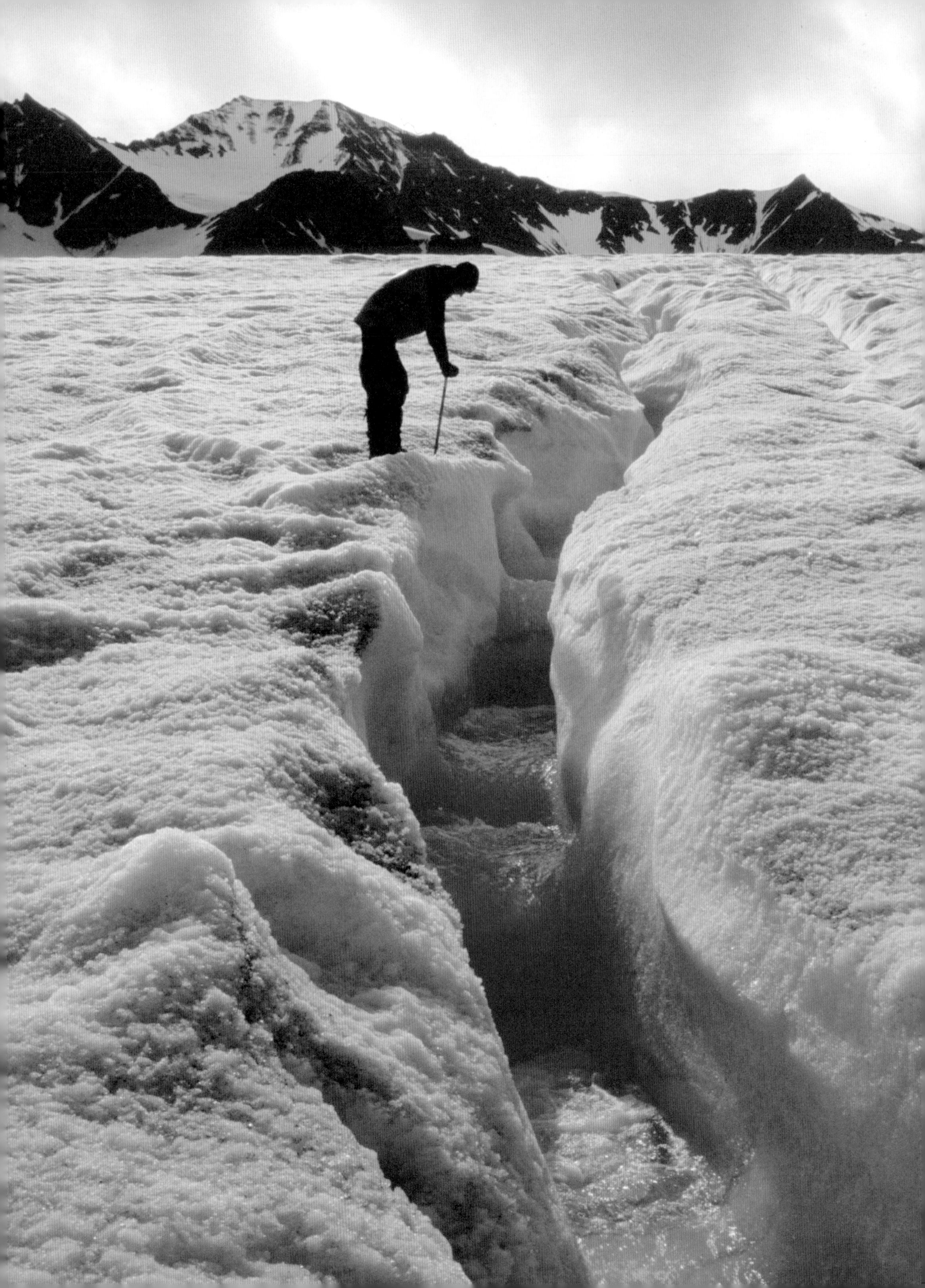

7 氷と水

　氷河の融解水は氷河の周辺の景観に対して重要な役目を果たすのみではなく，時にはその周辺に住む人々の命にとっても重要である。例えば，スイスのグロッサー・アレッチ氷河の下流では厚さにして最大15mもの氷が毎年融けるが，スイス鉄道の全面的電化のための水力発電源として役に立っている。中国北西部の乾燥地域やアルゼンチンでは融氷水が沙漠の灌漑に使われ，多くの人々の生活を支えている。ペルーのコルディレラ・ブランカでは，氷河融解水河川を水源としている複雑な灌漑水路網によって，急な山腹斜面でさまざまな穀物の耕作を乾期でも可能としている。リマやラパスといった主要都市は，何百万人もの住民を支えるのに氷河の融解水に依存している。

　融氷水は氷河景観を作り出すのにも大きな役割を果たしている。北極高緯度地域では短い夏の間，氷河周辺で調査する際，雨水に雪と氷の融水が加わり，うるさい音，りんりんと鳴るような音，がらがらする音，ほえるような音，といった風に聞こえてくる。石灰岩地域の河川のように，氷河表面，氷河内あるいは氷河底といった氷河のどこにでも，流水路システムが形成される。初夏の融解のピークには，氷河末端から流出する河川はすさまじい激流で，しばしば下流の谷で洪水を起こす。けれども，冬の流出はほんの少しとなり，世界中の多くの地域で水は——長ければ9か月間も——氷の固まりとなる。これら夏と冬の極端な違いが氷河上や周辺で驚くようなさまざまな融氷水地形を作り出す。

融解に関係している要素

　融解に影響を与える主な要素はもちろん気温であるが，氷点下でも快晴の日には日射が強烈なのでかなりの融解が起きる。南極以外の氷河地域では，日中，気温は数度ぐらいには上がる。晴れの日は日射により大量の氷が融解するが，普通は夜にはほとんど全部凍りつく。このようなことから，融氷水の量は昼と夜で，そして季節ごとに変動する。流出の日変動は極地域からは遠くなるほど大きくなる。日変動が実感できるのは，朝に徒渉できた融氷水河川が午後には渡れなくなってしまう時である。曇りの天気では，日変動はこれほど変化しない。日中の融解は少なくなり，夜も少ないが融解する。

　融解を促進するもう一つの作用は地熱，すなわち地球内部からの熱である。火山地域のような極端な例では，地熱は大量の氷を融かし氷河底湖を作るが，普通は氷河底を融かすのみである。しかしながら，このような氷河底の融解は北極高緯度や南極にある寒冷氷河の底では重要なプロセスである。氷の大部分はおそらく0℃以下で，地熱がなければ計測した地点の年平均気温を反映しているが，地熱があると氷河の底の方へいくにしたがい温度が上がる。実際，氷河が十分厚ければ，氷河底で融解が起き

88ページ：北西スピッツベルゲンの小さな谷氷河，オストレ・ローヴェン氷河の'氷河表面'融氷水流。北極域の氷河に発達する表面流は夏には下刻が激しく，渡るのが難しくなる。水流は毎年同じ水路を流れることが多い。

氷河の縁にある湖は一時的な現象で突然流出することがある。これはペルー・コルディレラ・ブランカにある氷原の一つパスタルーリで水が抜けた場所の写真である。滑らかな半円形のトンネルは湖が突然流出した時のものである。

る。このようなケースでは，氷河は地面に対して断熱効果を発揮するので，氷河周辺の地面は深さ数百メートルまで凍っていたとしても，氷河底は温和な温度となる。氷河がベッド（基底）の上を滑ったり，氷の結晶同士が互いに滑る際に起きる内部変形によって生じる摩擦熱によっても，融解する。

雪湿原

　寒冷氷河と温暖氷河では融解のパターンが異なる。一般的には，寒冷氷河は夏にはっきりとしたフィルン線がない。冬に降った雪が積もっている雪原は，寒冷氷には内部の排水網が発達しにくいので，初夏に水で飽和する。このような飽和した雪原のことを雪湿原と呼ぶ。表面は乾燥した雪のようであるが，下には何メートルにも達する水っぽい雪（スラッシュ）があったり，時には水路もあるので，この地域は油断がならない。雪湿原はしばしば不安定で，人が歩いたりするような撹乱によってスラッシュナダレや**スラッシュ流れ**（slush flow）を引き起こす。通常はこのような流れは小さいが，時々，大きな雪原が流れ動き，氷河の表面から雪を運び去って裸氷地帯となることがある。飽和した雪が停止して水が抜けると，スラッシュ塊は密度が高く非常に硬い雪の塊となる。もしも飽和した雪がそのまま残っている場合，融氷水の存在を示す一番の徴候は，実際より小さく見える漠然とした水路である。もし運悪くそこに落ちると，はい出すのは非常に困難である。

　温暖氷河ではフィルン線ははっきりと現れ，通常は狭い範囲でしか雪の飽和帯が発

フォルノ氷河のような山岳氷河では，水の流れは通常氷の構造に沿って発達する。ここに示すような縦長のフォリエイションでは，黒っぽい氷の層が白っぽい層よりも日射をより吸収するので溝となり，ここが融氷水の水路となる。

達しない。流水路は融解時期の初期からはっきりと刻まれるが，これは寒冷氷河や多温氷河と比べて融氷水が氷河底へ流れやすいからである。

氷河水路網

　氷河全体で融解が生じる温度にある温暖氷河では，氷の結晶の境界で筋状の組織が発達する。この特性により氷河氷はミクロ・スケールで水が浸透するようになり，時には表面より下で**帯水面**（water table）を形成することがある。けれども，水の多くは**水路**（channel）や**水管**（conduit）網によって氷河内部を移動する。氷河表面での融氷水路の発達は，融解の速さ，氷河変形の速さ，クレヴァスの発達やフォリエイションのような他の氷の構造パターン，そして気温に依存する。氷河表面の水路は停滞氷や多温氷河に一番よく発達するが，クレヴァスが多い氷河では消えてしまう。水路の大きさは幅数センチのとても小さい**リル**（rill）から，渡るのが不可能なほどの峡谷（深さと幅それぞれ数メートルから長さ数百メートルに至る）までさまざまである。平坦でクレヴァスのない氷河では，水路は木の枝と幹が織りなすような樹枝状パターンとなることがある。別の場合は，屈曲が激しいメアンダー（蛇行）となり，深くて湾曲の外側壁下部がえぐられた穿入蛇行水路となることもある。

　氷河上の水路は一般に表面デブリの分布やフォリエイションなどの氷の構造に影響

多温氷河で毎年水が流れる同じ水路は，氷河の構造に関係なく時間と共にゆっくりと変化していく。東グリーンランドのヴィーベッカ氷河にはとても見事な蛇行が発達している。この写真はヘリコプターから撮影した。

される。メディアル・モレインは大きな縦長の凹地の中ではしばしばリッジとして突出している。水路はフォリエイションに平行に流れることもあり，異なったタイプの氷の融ける早さは違うので，特徴的な「リッジと溝地形」（ridge and furrow topography）を作り出す。氷河の構造は垂直次元でも水路に影響をおよぼす。ある氷河構造，特に古いクレヴァスの跡やできつつあるクレヴァスなどは弱面となり，融氷水は石灰岩地域のポットホール（甌穴）に似た氷河水車（glacier mill），すなわち**ムーラン**（moulin）を作り出す。穴の直径は1m弱から10mぐらいまでさまざまである。ムーランによって氷河表面の融氷水のほとんどがベッドあるいは内部水路網に達するが，大きな水流が流れ込むムーランの縁から下を覗き込むのは強烈な印象である。

氷河表面流はしばしば渡るのが困難である。幅は狭くても，冷たい水や滑りやすい水路の縁と底のため，飛び越えるのが非常に危険であり，迂回するために何キロメートルも歩かざるを得ないことがある。普通の流れとは異なり，水流はムーランの中にしばしば消えるので，渡るためには下流に向かって歩く方が良いことが多い。

氷河が平らで表面がデブリや塵で黒くなった部分は日射を吸収して下の氷を融かすので，小さな池となることがある。最も小さい例で，**クライオコナイト・ホール**（またはクリオコナイト・ホール，cryoconite hole）として知られているものは，筒状で直径は数センチであるが深さは数十センチにもなる。これは，穴の底にあるデブリ

もしも氷河が寒冷であるならば，すなわち温度が0℃以下の場合，水は自由に流出しないので池が形成される。この例はカナダ北極圏アクセル・ハイバーグ島のトンプソン氷河である。

アルプスでは稀な多温氷河の一つはゴルナー氷河である。標高4000mより上から流れてくる氷は寒冷である。写真は氷河末端まで流れ下った寒冷氷の部分にある数個の池の一つである。後ろに見えるのはマッターホルン。

が氷を穿孔したかのような印象を与える。晴れた日には，たくさんのクライオコナイト・ホールができて氷河表面が蜂の巣状あるいはあちらこちら穿孔されたように見えることがある。穴は合体して大きな池となり，極端な場合は直径数十メートルにもなる。このような池は普通はほぼ垂直な壁を持ち，氷河内部の水路につながっている場合は水位は昼と夜で変動する。大きな池は主に寒冷氷河や多温氷河に発達するようである。

　氷河内部の水路網に関してはほとんど知られていない。けれども，染料をトレーサーとして使って，水がどれぐらいの速さで氷河内を流れるかの測定が可能となっている。例えば，ノルウェイ北部にあるオストレ・オクスティンド氷河では，500～1000mの距離を流れる水流は典型的に秒速0.6～0.8m（時速2.2～2.9km）である。けれども，一番速い時では秒速1.8m（時速6.5km）を記録した。スイス・アルプスのアローラ・オート氷河での研究によると，染料が水路網を通って流れ出てくる速さから，融解シーズンが進むにつれて氷河下の水路網が発達することが示されている。冬には内部変形によって水路は再び閉塞される。このように，水路網は夏の終わり頃に一番よく発達する。

　温暖氷河では，多温氷河と比べて非常に異なる内部水路網が発達する。温暖氷河ではほとんどの水が末端にいくまでに氷河底へ流れ，末端では一つの氷河流出口から流れ出る。これとは対照的に，多温氷河では水は凍結温度に近い氷河内部へ浸透しないので，ほとんどの融氷水は縁の方へ流れる。多温氷河では融氷水は側壁と氷河の間に深い水路を形成する。もし氷河がベッドに凍りついていたら，水は末端へ流れないので多温氷河には流出口がない。その代わり，氷河の両方の縁から融氷水は別々に流出

7 氷と水

温暖氷河では，水流は一般に氷河（融氷水）流出口と呼ばれる唯一の末端出口から流れ出る。水は一般的に浮遊土砂を含み，氷河流出口の天井は崩れやすいので氷塊が流れ出てくる。この写真は，ニュージーランド，南アルプスのフォックス氷河の末端である。

氷河末端の氷が入っているモレインにはたくさんの池や湖が発達する。この写真のネパール，クンブ・ヒマールのイムジャ氷河では，氷河からの流出水はモレイン上の湖の一つを経由している。この写真に写っている堆積物の下には全て氷が入っており，氷がゆっくりと融けるのにしたがって地形は常に変化している。

寒冷氷河から流れ出る水流は氷河表面のみからで，水は一般に澄んでいる。この光景は内陸湖に注ぐ南極最長のオニックス川の源頭である。何本かの氷河表面流が背景のドライ・ヴァレー地域のライト・ロワー氷河から流れ出ている。これらは風成・水成堆積砂を下刻して流れ，やがて網状に広がっていく。

し，下流で一つの川となる。一つの流れに集中する温暖氷河の場合と比べて，多温氷河の融氷水路の分布パターンは氷河上へのアクセスに障害となる。

氷河湖

氷河は氷河堰止湖，氷河前縁湖，氷河底湖といったさまざまな形で水を蓄える。**氷河堰止湖**（ice-dammed lake）は，側谷からの水流が谷を横切って堤防のようになっている氷河に遮られる場所，あるいは二つの氷河が合流する場所に形成される。氷河堰止湖は主に水が内部や底部を流れない寒冷氷河や多温氷河に形成される。けれども，温暖氷河で幅数キロメートルにわたる湖も知られている。この種の湖は融解期に水を蓄え，水圧が十分に高くなると洪水となって氷河底から流出する。一例として，スイスの最高峰モンテ・ローザの下方，ゴルナー氷河とグレンツ氷河が合流する地点に形成されるゴルナー湖がある。この湖は夏の盛りに高さ10mの氷のトンネルを通じて流出する。一度，これが下流の村，ツェルマットやランダで洪水となった。けれども，この問題は今では水を水力発電に利用したり，村を通る水路を補強したりして解決されている。このような洪水は一般にアイスランド語を使って**ヨクルフロウプ**（Jökulhlaup，**火山性氷河突発洪水**あるいは**氷河性洪水**）と呼ばれる。しかし，厳密にはこの用語は氷河下火山の噴火によって引き起こされた洪水に当てはめるべきである。

氷河表面流は氷の構造の弱い部分に発達し，基盤へ向かって下刻していく。流れはしばしばムーランという垂直の穴に落ちて氷河の深い部分へいく。この写真はフランス，メール・ド・グラス氷河のレ・ムーランという有名な場所で，典型的なムーランを示している。

氷河前縁湖（ぜんえんこ）（proglacial lake）には二つの形態がある。氷河と接している起伏の小さい地域にあるものと，高山地域で氷河が後退してできたモレインによって堰き止められたものである。前者の場合は通常問題ないが，後者の場合は大災害を引き起こす可能性がある。**モレイン堰止湖**（moraine-dammed lake）はターミナル・モレインからデブリ・カバー氷河が後退するとできるが，特にアンデスやヒマラヤで1750～1850年の小氷期に形成されたターミナル・モレインで顕著である。湖が大きくなり，中の氷が融けてモレインが沈下するにつれて，大洪水が起きる危険性が増大する。

7 氷と水

ほとんどの氷河の融氷水は通常堆積物を含んでいる。堆積物は氷河が基盤を削ることで生産される。細粒のものは粘土とシルトでかなり下流まで浮遊し続ける。写真の乳茶色の水はニュージーランド，南アルプスのタスマン氷河の前面にある湖からターミナル・モレインを侵食して流れ出ている。湖の流出口を一部ブロックしている黒い物体は汚い氷山である。

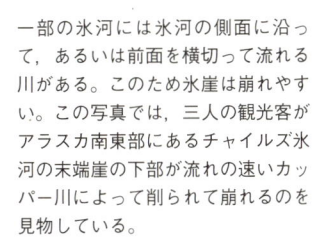

一部の氷河には氷河の側面に沿って，あるいは前面を横切って流れる川がある。このため氷崖は崩れやすい。この写真では，三人の観光客がアラスカ南東部にあるチャイルズ氷河の末端崖の下部が流れの速いカッパー川によって削られて崩れるのを見物している。

氷河堰止湖は氷河の側面に形成されるのが一般的である。水はこの例のように別の氷河から供給されることがある。アストロ湖は写真下方で左から右へ流れている大きなトンプソン氷河が左岸から合流する谷氷河の排水を堰き止めてできた氷河堰止湖で，谷氷河はこの湖でカービングしている。カナダ北極圏，アクセル・ハイバーグ島の例である。

99ページ：ビトゥイーン湖の二つの風景。これはアクセル・ハイバーグ島のホワイト氷河とトンプソン氷河の境界にできた一時的な湖である。上の写真は湖がほぼ満杯の時で，下は一気に水が抜けた後である。この湛水／流出は，流出路が冬に氷の変形で閉じられてしまうため，年一回しか起こらない。

モレイン・ダムが崩壊して引き起こした急激な大洪水はかなりの人命を奪っている。雪氷学者や技術者にとっての課題は，13章で説明するように人工的に水位を下げたりポンプで排水したりして，このような湖を少しでも安全にすることである。

アイスランドのヨクルフロウプ

氷河と接している大きな湖の一つに，地熱活動によって氷河底に形成される湖がある。この種の湖は火山地域，特にアイスランドで一般的である。氷河下火山が噴火すると，膨大な量の融氷水が生じる。その結果，南アイスランドのヴァトナ氷帽やミイダルス氷帽の周辺で典型的に起きる洪水のことを，アイスランドの人々は**ヨクルフロウプ**（jökulhlaup）と呼んでいる。この洪水は想像を絶するような規模で起きるので，地域のインフラ，特に島の周回道路は洪水が起きた時には破壊される。**サンダー**（sandar，単数では sandur，サンドゥー）と呼ばれる大きな洪水平野はヨクルフロウプによって大きく変化する。したがって，このような地域には構造物を作らないので，人間に対する影響は少ない。最大のヨクルフロウプはミイダルス氷河の底にあるカトラ火山の噴火によるもので，最大流量は毎秒10〜30万m^3と見積もられている。カトラ火山による洪水の最初の記録は1625年で，最近のは1918年である。後者の場合，流量は最大で毎秒20万m^3に達したが，これはアマゾン川の流量に匹敵する。2002年の時点で，地震計が氷帽の下での地震を観測したが，新たな噴火の予兆かもしれない。研究者たちはヨクルフロウプを予測して，洪水被害に対して予防策を講じ

7 氷と水

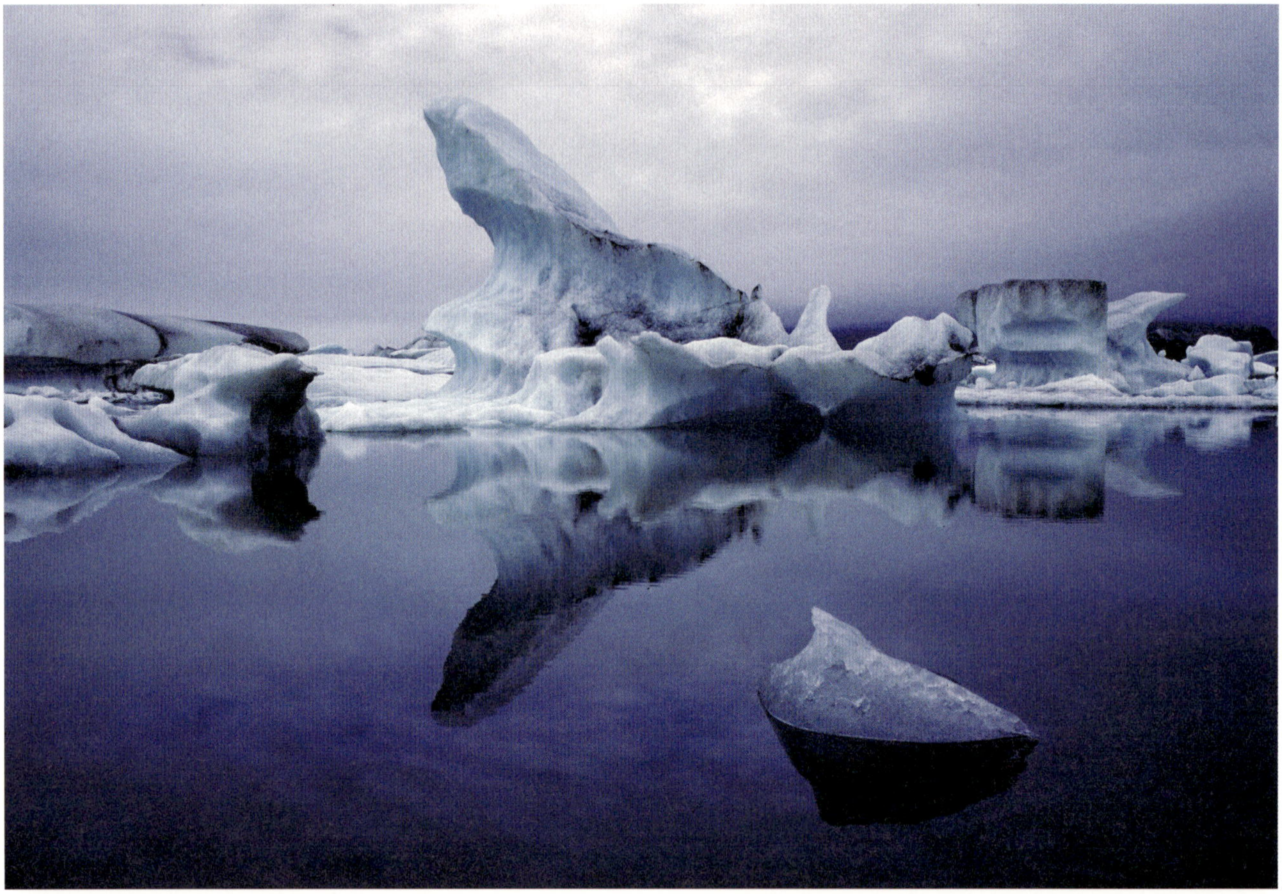

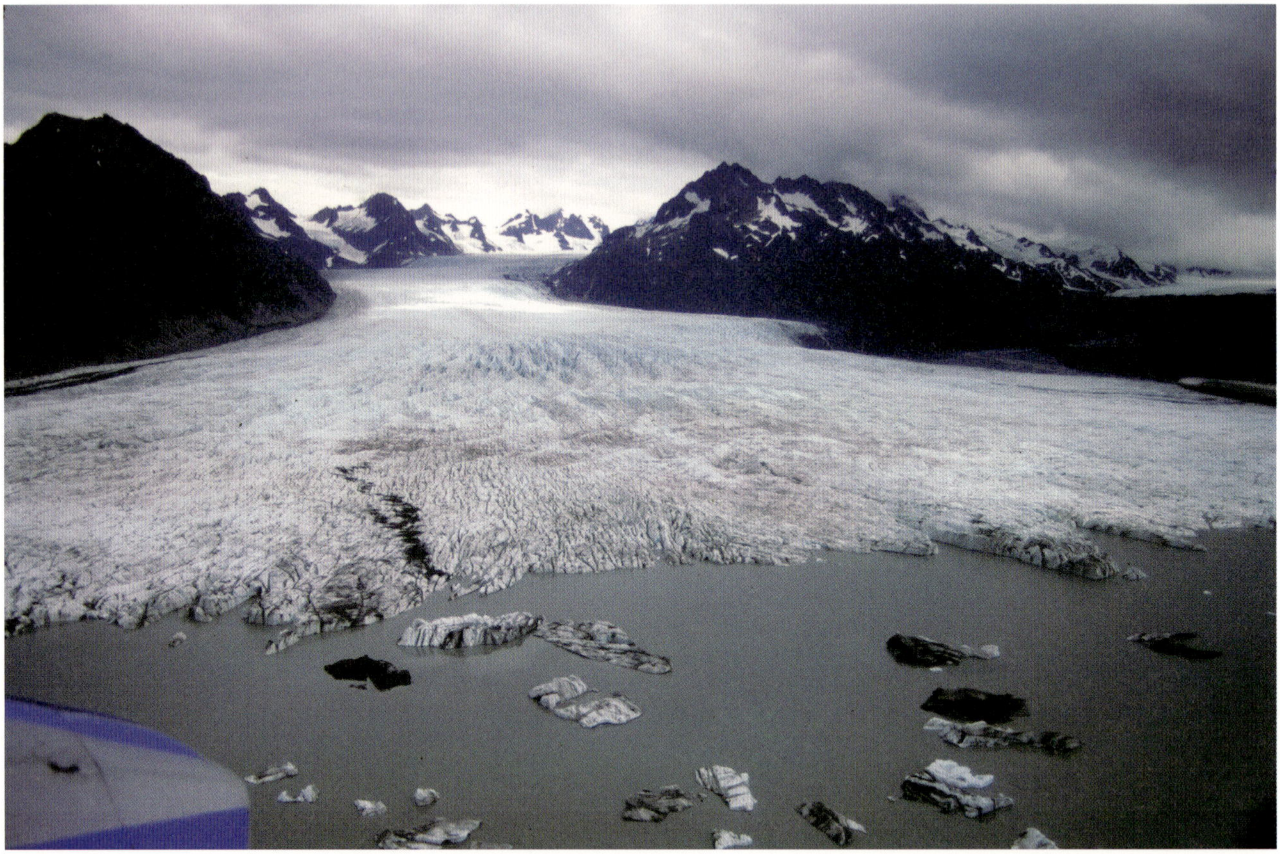

100ページ上：氷河はしばしば周りの地面より低くまで侵食するので，氷河が後退した後に大きな氷河前縁湖ができる。ここの例は，アイスランド南部・ブライザメルケル氷河の前にある湖ヨクルサーロンである。湖が深いほど氷山も大きくなる。この写真のように，観光客は雲が低くて霧であまり遠くまで見えなくても見事な眺めを堪能することができる。

100ページ下：地形が平らなところでは，氷河前縁湖は一般に氷河末端の周りにできる。このような湖では，このアラスカ，コルドバ近くのシェリダン氷河の例のように小さな氷山がカービングする。

るためにカトラ火山の活動を詳しくモニターしている。

　最も詳しく研究されたヨクルフロウプは，1996年のヴァトナ氷帽の氷河下噴火によるものである。噴火そのものについては9章で述べる。火山噴火は9月30日に始まり，融氷水は氷河底を流れて氷河下火山のカルデラ湖，グリームスヴォトゥンへ流れ込んだ。湖の水位が眼界に達した11月5日に溢流氷河スケイザラール氷河の下から噴出した。洪水は始まってから15時間程度で最大流量毎秒4〜5万 m^3 となり，湖から流出した水の量は40時間で $3.2km^3$ に達した。この流量はアマゾン川に次ぐもので，ライン川の河口での流量の20倍にあたる。洪水の結果は劇的であった。水は氷河末端の構造的に弱い部分から噴出して大規模な崩壊を引き起こし，氷縁を侵食した。バスよりも大きい，重さが1000トンもあるような大きな氷のブロックが下流へ流されて川の流路が大規模に変化したため，多くの氷ブロックが埋まった。洪水は $750km^2$ の地域に影響をおよぼした。砂礫の堆積により海岸線が800mも前進し，$7km^2$ の新しい土地が誕生した。この洪水により道路と橋が壊されて1500万アメリカ・ドル相当の被害を被ったが，人口27万人の国にとっては大きな額である。けれども，噴火とグリムスヴォトンの成長の密なモニターによって人的被害は免れた。

氷河融解水の人間への関わり

　氷河融解水は氷河システムの重要な構成要素である。氷河下での侵食に，さらにさまざまな堆積地形（10章）の形成にも大きく関わっている。このような地形は氷河景観の一部として重要であるだけではなく，融氷水堆積物は砂礫の資源としても大切である。融氷水は人間にとって他にも，例えば灌漑や水力発電（12章）用の水として多くの利益をもたらす。けれども，それは同時に過去に何千人もの命を奪った壊滅的な洪水をも引き起こしている（13章）。

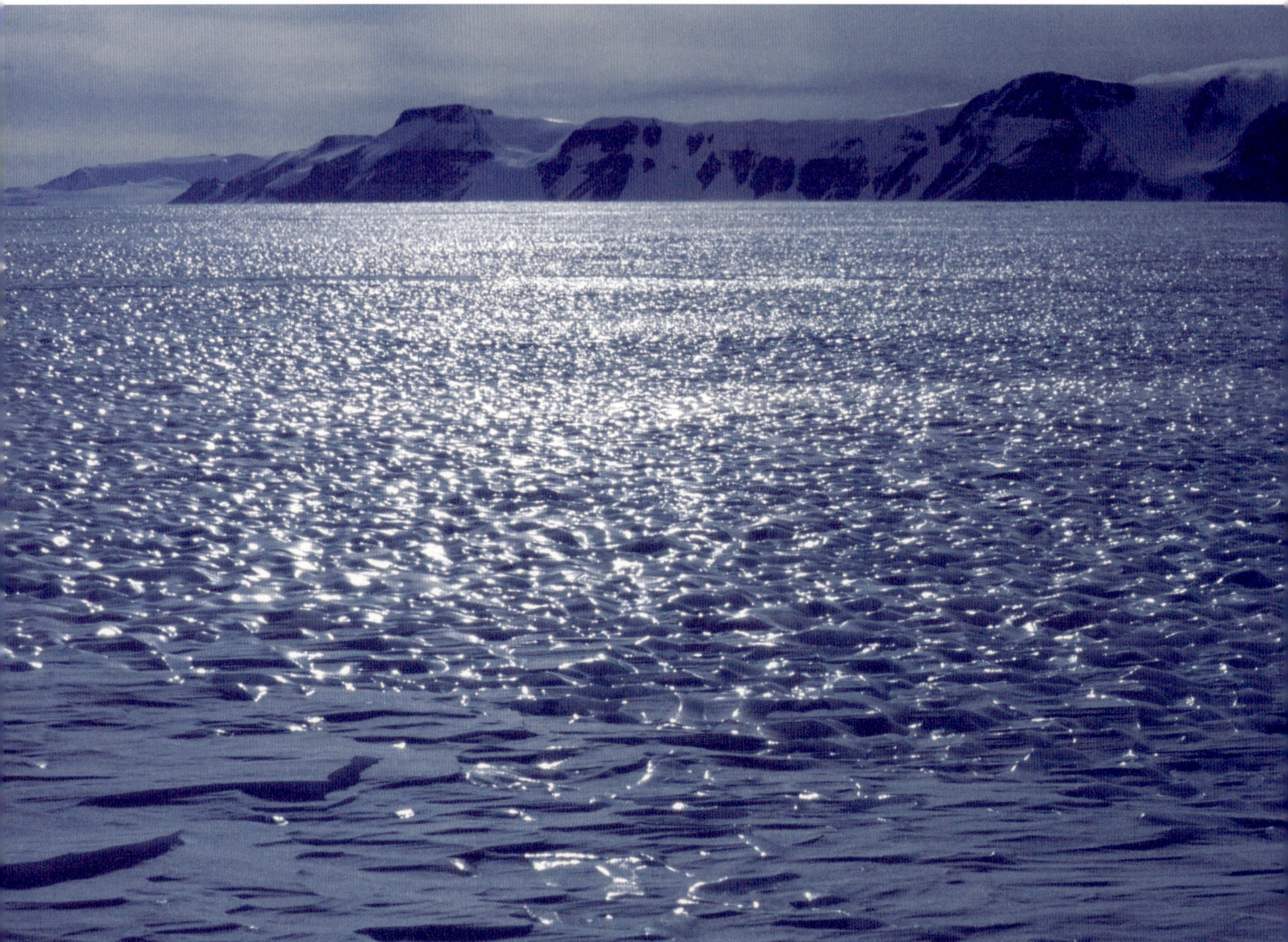

8 南極──氷の大陸

102ページ：ミル氷河はビアードムアー氷河の主な支氷河の一つで，風によって磨かれた氷の表面は，徒歩にせよスキーにせよ行動には技術が必要である。

南極横断山脈中央部にあるシャックルトン氷河の上を飛ぶアメリカ合衆国南極プログラムのヘリコプター。野外調査班をサポートしている。

南極概観

　多くの世界地図で一番下に描かれているのが，広大な氷に覆われた南極大陸である。ここには地球上に残っている二つの氷床のうち大きい方がある。南極大陸には，「最も」という最上級の形容詞がいつもつく。全ての大陸の中で最も寒い，最も乾燥している，最も風が強い，そして平均高度が最も高い。面積は約1400万km^2で，アメリカ合衆国とメキシコを合わせたのと同じ，あるいはオーストラリアの2倍，イギリスの58倍である。南極は地球規模での海流，気候，海水準に大きな影響力を持っている。

　南極大陸はわずか2.4％を除いた全ての部分が氷河に覆われているので，露岩は海岸沿いの'オアシス'，南極横断山脈，そして南極半島にしかみられない。氷河はほ

図 8.1　南極を構成している氷床。南極横断山脈によって分けられている東南極氷床と西南極氷床，南極半島氷床と主要氷棚を示す。

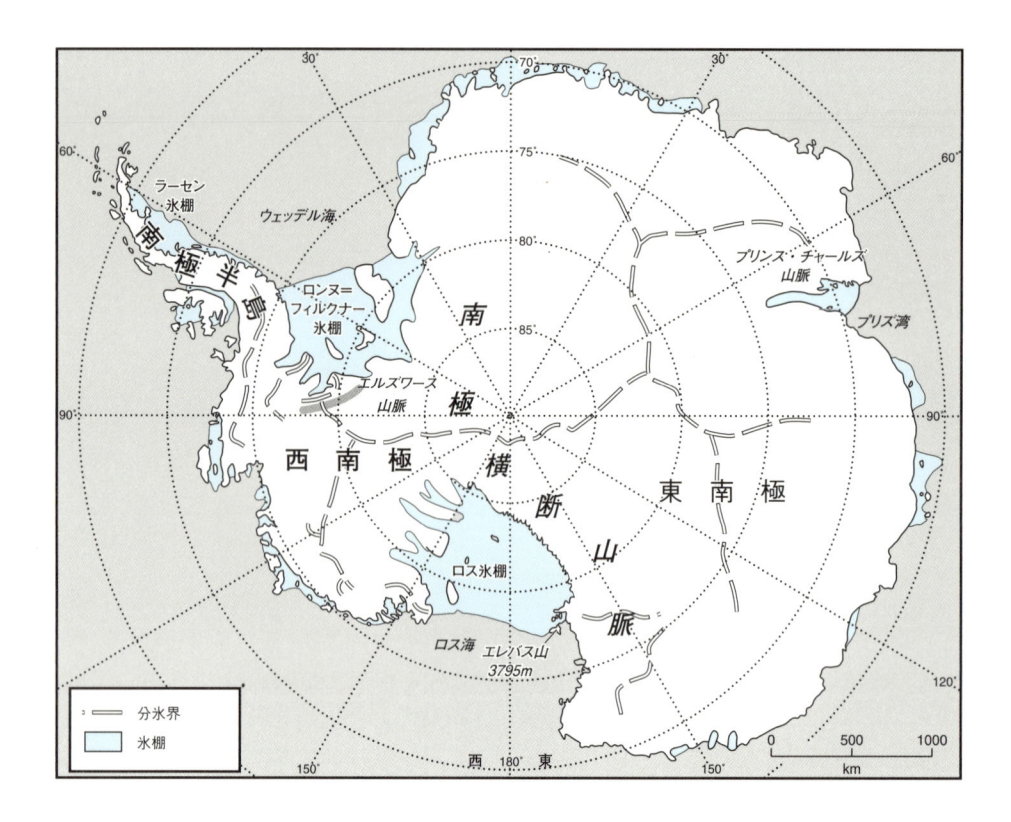

南極氷床とその流動速度分布を示す衛星画像。速度は黒（ゼロメートル）から白（年250m以上）まで色の変化で示している。灰色の部分は氷棚で解析から除いてある。速度は一様に分布しているわけではなく，白／青の色で示されているいくつかのアイス・ストリームに集中していることが歴然としている。黒は氷の流動が遅い分氷界である（画像はジョナサン・バンバーによる）。

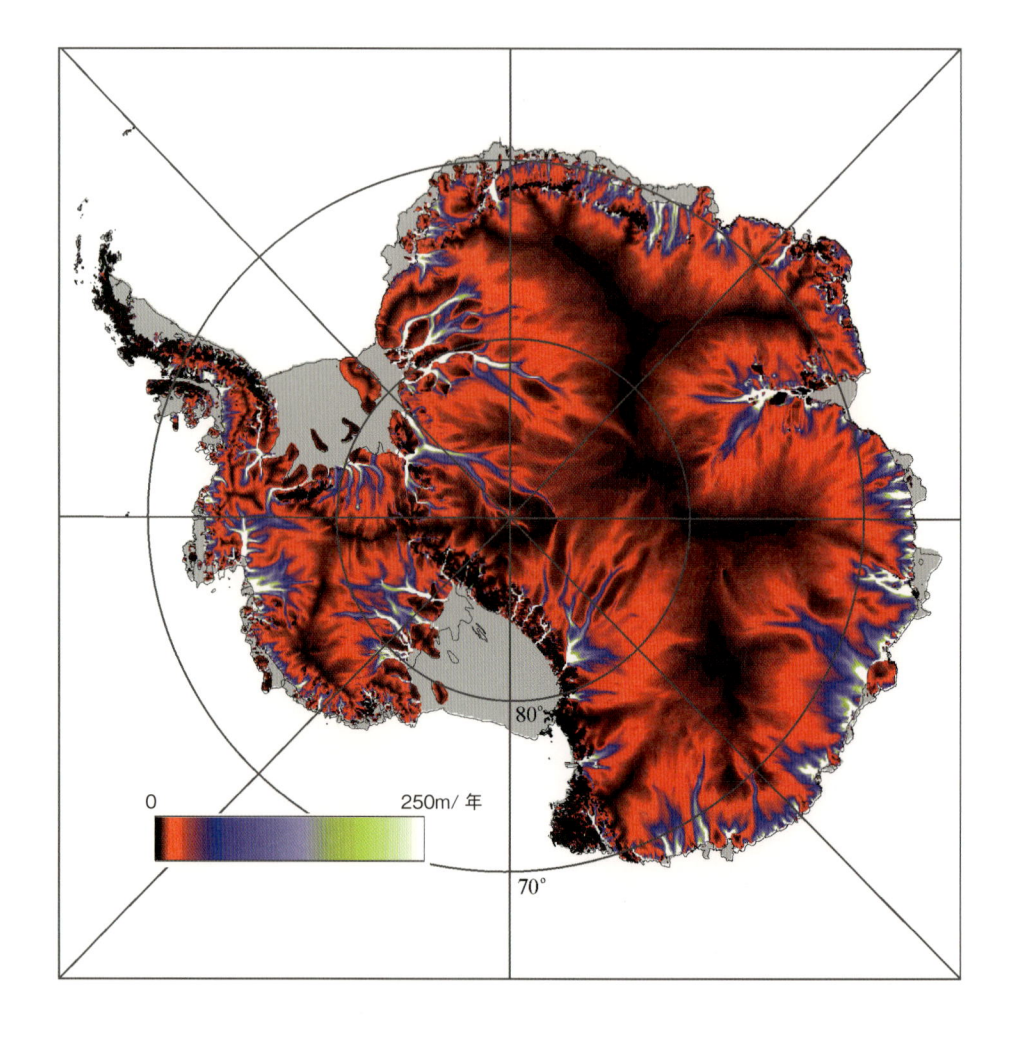

南極の海岸線の主なタイプとその長さ

氷河のタイプ	全長（km）	海岸線長に対する比率（％）
氷棚	14110	44
アイス・ストリーム／溢流氷河	3914	13
接地している氷崖	12156	38
露岩	1656	5
合計	31876	100

Drewry, D. j. 1983. *Glaciological and Geophysical Folio*, Cambridge: Scot Polar Research Institute

とんどの場所で海岸まで達していて，氷がない海岸線はわずか5％だけである。陸上では生物が少なく，まばらな地衣類，藻類，苔類が大陸にしがみつくようにして生息しているだけである。これとは対象的に周りの海は豊かで，たくさんのペンギン，大カモメ，ウミツバメのコロニーが短い夏に作られる。人間はといえば，南極を訪れた人は10万人以下で，南極で越冬するのは一部の勇敢な研究者とそれをサポートする人たちだけである。

　南極が他の地域にとっても重要である要素はいくつかある。第一に，南極氷床は3000万km^{3}の氷を保持しており，これは融けた場合，最近の推定では世界の海面を56m上昇させる量である。この量は地表の淡水の85％を占める。第二に，浮いている氷棚と**海氷**（sea ice）は冷たくて密度の濃い海流を発生させる。この海流は北へ流れ，世界の海流循環を引き起こすのに一役買っている。第三に，氷床は巨大な冷却体なので南半球の広大な地域の気候に大きな影響を与えている。

南極の氷河のタイプ

　南極氷床は，地上観測，ラジオ・エコー・サウンディング，アイス・コアの採取，衛星データなどによって研究されている。氷床は一様な氷のドームではなく，三つの異なった部分に分かれている。

- 東南極氷床：南極の氷の86.5％を占め，南極点から1000kmの地点にあるドーム・アーガスは標高4000mに達する。
- 西南極氷床：大陸氷（南極半島を含む）の11.5％を保持し，その平均高度は2300mで，いくつかの山脈によって分断されている。ここには，エルズワース山脈にある南極の最高峰ヴィンソン山（5140m）がある。
- 南極半島氷床：ここにはいくつかの複合した氷帽や広大な山岳地域・高所氷原，そして沖合に氷に覆われた島々がある。

　それぞれの氷床にはたくさんの氷河流域がある。議論の余地はあるが，面積100万km^{2}を持ちプリズ湾に流入するランバート氷河は，海に直接流入する氷河としては最大である。これらの流域の氷の流れは，速く流動する氷体である**アイス・ストリーム**（ice stream）に集約され，基盤の上を滑動して年間数百メートルの速度で流れる。アイス・ストリームと周囲のあまり動かない氷との間には，多くのクレヴァスがある**剪断ゾーン**（シアーゾーン，shear zone）が発達している。

東南極氷床から流れ出るアムンゼン氷河は，南極横断山脈中央部を侵食して標高3000m以上の所から海面にあるロス氷棚へ流れ出している大きな氷河の一つである。

シャックルトン氷河は東南極氷床に源を持ち，南極横断山脈を横切ってロス氷棚へ流れ込んでいる氷河の一つである。この写真では，クレヴァスの多い地域を下流側のウェイド山の方向に見わたしている。

エイメリー氷棚は浮いている大きな氷河氷の一枚板で，世界最大といわれているランバート氷河によって涵養されている。この写真では，ランバート氷河の西縁にある標高1700mのヌナタック，フィッシャー山塊から氷棚の方向を見ている。

　流れの速いアイス・ストリームや溢流氷河が海岸に達すると，合体して**氷棚**（ice shelf）を形成したり，海に突き出て**氷舌**（glacier tongue）となったり，あるいは湾入を氷で埋め尽くしたりする。一般的に氷棚は海岸沿いで100〜500mの厚さであるが，大きな氷棚の陸地側ではもっと厚いこともある。最大の氷棚は西南極氷床に接する。ロンヌ＝フィルクナー氷棚とロス氷棚で，それぞれが50万km^2の面積を持つが，南極の氷全体のわずか2％を占めるに過ぎない。氷舌は海岸線から数十キロメートルも突き出ることがあり，最長のものは西ロス海にある。南極の周りの海を特徴づけるテーブル状氷山は，ほとんどが氷棚と氷舌によって生産される。

　南極氷床のゆっくりと動く部分は，海岸では海底に接地している垂直の崖となる。崖は単純に**氷壁**（ice wall）と呼ばれる。氷壁では氷の小さな塊が崖から落ちて海氷の上に溜まったり，あるいは外海へ流れたりするだけなので，氷山はあまり生産されない。

　氷棚，アイス・ストリーム，溢流氷河，そして接地している氷壁が南極の海岸線の多くを占める。これらの氷体と比べると小さいけれど，南極には他にもさまざまなタイプの氷河があり，その多くは寒冷氷河で基盤に凍りついている。比較的湿潤な気候のもとで涵養される**氷帽**（ice cap）は南極半島に多く，沿岸の島々に良い例が多くある。高い山々を覆っている**高所氷原**（highland icefield）は南極半島と北ヴィクトリア・ランドにみられる形態である。**サーク氷河**（cirque glacier）は，一般的には氷帽が発達するのには低過ぎる丘や，比較的乾燥しているが風下でドリフト雪が溜まりやすい場所に見られる。サーク氷河は**谷氷河**（valley glacier）となって下ることもある。ヴィクトリア・ランドのドライ・ヴァレーの特徴の一つに，他では見られないような見事な谷氷河があることが挙げられる。その多くは高い末端壁を持ち，氷河に上がるのは容易ではない。雪氷学者がこのような壁の基部に何本かのトンネルを掘った結果，凍りつく温度（概して−15℃以下）でありながら，これらの氷河は基盤の岩石や凍結した堆積物を侵食し，岩屑を氷河の縁に運搬してモレインを形成していることを発見した。このことは，基盤に凍りついた氷河は景観を侵食から守っている，という一般的な見方と相反するものである。

南極氷床の厚さはどれくらいだろう

　電波によって氷床の表面・内部構造・基盤岩を識別することができる，航空機からのラジオ・エコー・サウンディングの技術は，氷床の理解にとって革命的であった。この技術は，低空飛行中の航空機が自機の飛行高度をレイダーでモニターしている際に，偶然に発見された。モニターしている人が，レイダーの電波は氷の表面ではなく，氷を通り抜けて基盤岩を記録していることに気がついた。大々的なラジオ・エコー・サウンディングは，ハーキュリーズ航空機の翼の下に取り付けた送受信機を使って，1970年代にイギリスとアメリカの研究者たちによって初めて行なわれた。今日ではもっと小さい航空機――主にトゥイン・オッター――が使われ，最新のGPS（全地球測位システム）を使った測定は数メートルの精度を持っている。

　ラジオ・エコー・サウンディングによる氷河断面観測は，南極氷床の大部分をカバーしている。これらの結果から，もし南極大陸に氷を均等に広げたら，その厚さは2160mになると算出された。最も氷が深いのはアストロレイブ氷河底盆地の4776mである。ベントリー氷河下トラフ（海溝）の氷も深く，基盤岩は海面下2555mにある。氷床は，東南極にある標高3000m級のガンバーツェフ氷河下山脈の例のように，山脈全体を覆うこともある。また別の地域では山の頂だけが氷床から突き出ていて，**ヌナタッタ**（nunatak，独立岩峰）となっている。これは海岸に近づくにつれて多くなる。南極大陸を特徴づけているものの一つは横断山脈と呼ばれる大きな山脈で，大部分は氷に覆われているが，この山脈は東南極氷床を堰き止め，東南極氷床が流出して大きな氷棚となるのを阻止している。南極点への氷上ルートとなったビアードムアー氷河やアクセル・ハイバーグ氷河といった，壮観で主要な氷河が山脈を横切って流出し，氷棚の持続に寄与している。この山脈で氷床を突き抜けている山々にはいくつかの4000m峰があり，最高峰はカークパトリック山（4528m）である。ヴィクトリア・ランドの海岸から見ると横断山脈はとても印象的であるが，氷床の上からではわずかなへこみにしか見えない。

東南極氷床の氷のほとんどはアイス・ストリームによって流出する。アイス・ストリームは基盤に凍りついている氷と氷の間にある流れの速い氷のゾーンである。周りのゆっくり動く氷との境にはクレヴァスがあり，アイス・ストリーム自体にも多くのクレヴァスが形成されている。アイス・ストリームは速い流れによって氷がどのように下流に引っ張られているかを示している。この写真に写っている二つの例はウィルクス・ランド沿岸のものである。

春に絶え間なく起きる凍結融解によって，この西部ロス海のマッケイ氷河の例のように大きなツララができる。海氷上の黒い塊はウェッデルアザラシである。

氷河が海に流れ出して浮かんでいる部分を氷舌という。鋸状のエレバス氷河舌端はエレバス山からマクマード入江へ流出している。雪に覆われた滑らかな海氷が氷舌の周りを囲んでいる。

氷棚は氷河氷が一枚板となって浮いているもので、一般に気候変化とは関係なく前進後退をする。氷棚はゆっくりと成長し何十年もかけて拡大していくが、やがて2～3か月間で巨大な氷山をカービングする。このプリンセス・エリザベス・ランドの氷棚は小さいけれど、どのようにしてとてつもなく巨大な氷山が生産されるかをミニアチュア・スケールで示している。

111ページ：東南極のエクストレーム氷棚の二つの光景。縁近くの表面は波浪の飛沫が表面に凍りつくので氷の小丘の連続となっている。下の写真は氷棚の縁で、水面から高さ30mの所から下がえぐられている。崖はさらに水面下200～300mまで続いている。

氷床のダイナミクス

　氷河はどこにあろうと降雪によって保たれ、氷の増加と減少のバランスによってどれぐらいの速度で流れるか、そして前進するか後退するかが決まる。通常、氷河は高度の高い涵養域から高度が低くて融解が卓越している消耗域へ流れ下る。南極での状況はこれとは少し異なる。氷床の中心地域では涵養はわずかで、年数センチしかない。標高が中程度から低い地帯では、風と昇華の組み合わせによって氷の損失の方が大きい。けれども、海岸に近づくにつれて一般に降雪量が増大するので、海抜0メートル付近では氷の増加となる。その結果、多くの氷棚は実質的には沿岸に降った雪によって涵養された氷によってできている。これに加えて、氷棚によっては棚の下側に海水が凍りつくことで成長する。このように南極の海岸に到達する氷のかなりの部分が内陸から流れてきた以外の氷である。さらに、南極での氷の消耗は通常の融解ではなく、氷山が海にカービングすることである。海洋に流出する氷の相対量は、氷棚が62％、氷壁が16％、そしてアイス・ストリームと溢流氷河が22％である。

　涵養と消耗がこのように複雑であることを考えると、氷床の流動ダイナミクスを解明することが困難であるのは不思議ではない。それでも科学者、は氷河流動のキーとなるいくつかの要素を見出した。科学者は多くのアイス・ストリームはベッド（基底）が柔らかい堆積物なので速く流れると考えている。ベッドが泥濘あるいは潤滑油のように作用するので、速く流れる。氷棚も重要な役割を果たしている。安定している氷棚は氷床を効果的に押さえ込んでいるので、氷河が海により速く流出するのを阻んでいる。心配なのは、氷棚がばらばらになると、内陸から海への急激な氷の流出を阻止するものがなくなり、世界の海面が上昇することである。このような観点から、大部分が海面下で接地している西南極氷床が最も危ない。もし氷床を押さえつけている氷棚がなくなれば、内陸の氷は浮き、海へ崩壊する。この運命の日のシナリオが現実的かどうかを確かめるためには、さらに多くの研究が必要である。

氷河底の地形

　ラジオ・エコー・サウンディングは、氷床下の基盤の標高に関する極めて重要な情報をもたらした。東南極氷床下の地面はほとんど現在の海面より高いが、多くは標高1000m以下である。例外として、いくつかの氷河に覆われた山脈、ドロニング・モード・ランドに見られるような壮観な山岳地形のヌナタックや、プリンス・チャールズ山脈に見られるような氷河で削られた崖に囲まれている孤立した高地などがある。いくつかの氷河底盆地――例えば、南極横断山脈の東側で南極を横切るように伸びているウィルクス＝ペンサコーラ盆地――が海面下にある。

　これとは対照的に、西南極の基盤は多くが海面下数百メートルであるが、エルズワース山脈のような山々があるので、凹凸が非常に激しい。南極半島の基盤は大部分が海面より上で、基盤から1500m以上も突き出ているヌナタックがたくさんある。

　このような氷は南極の地殻を押し下げている。もし氷が解けるとすると、何千年にもわたって地殻が隆起するだろう。東南極では地殻が1000mも上昇する可能性があり、氷河底盆地のほとんどが海面より高くなる。西南極では500mのリバウンド（上昇）が予想されているが、これだけ隆起しても西南極の大部分は依然として海面下で

8　南極——氷の大陸

ある。

氷山工場

　南極氷床は主にカービングによって氷を失う。カービング・プロセスの規模は，世界中の氷河のどのような消耗よりもはるかに大きい。氷山の生産は南半球の海洋の性質に影響を与えるので，一部の専門家は南極の氷床が崩壊したら南半球の気候が変わってしまうと考えている。

　南極の氷山の特徴は，テーブル状であることである。平頂で，厚いものは500mにもなる一枚氷であり，長さはしばしば数キロメートルにもなる。大陸棚の内側はとても深いので，氷山は自由に浮いて離れていく。厚さの10分の9が海面下なので，海氷とは異なり氷山の動きは風ではなく海流による影響を受ける。氷山が風向きとは全く異なる方向へ海氷をかき分けていくのがしばしば観察されるのは，このような理由からである。融けつつある氷山は，融けるにしたがって重心が移動するので予期できない動きをする。氷山は前兆なしに流れの方向を変えるので，航海者は常に警戒している必要がある。

　氷棚と氷舌は共にテーブル状の氷山を生産する。不規則な形をした小さな氷山は，

ラーセン氷棚の衛星画像。何十年にもわたる南極半島地域での気温上昇に伴って，氷棚は2002年2～3月に壊滅的な崩壊を起こした。テラ衛星搭載 MIRS（Multiangle Imaging Radio Spectrometer Instrument）画像（画像はNASAの好意による。http://visibleearth.nasa.gov/cgi-bin/viewrecord?12416.）

東南極氷床が山に遮られて海岸まで達していない所は，熱帯沙漠よりも降水量が少ないくらい乾燥している。ヴィクトリア・ランドのドライ・ヴァレーは乾燥寒冷沙漠で，この地域にはかつて氷河があったが今は砂だらけである。ドライ・ヴァレーの一つヴィクトリア・ヴァレーにある小さな氷河ヴィクトリア・ロワー氷河が，沿岸の氷原から内陸側のこの埃っぽい盆地へ流れ込んでいる。蒸発前の融氷水がわずかに流れている。

接地している氷崖や消耗しつつあるテーブル状の氷山から分離する。多くの氷山は浅瀬に引っ掛かり南極海の範囲で融けるが，あるものは自由に浮かんで南極周縁の大陸棚の外へ流れ出る。一般的に氷山は，東南極沿岸の周りを西へ動いていく。けれども，南極半島がウェッデル海域の氷山の動きをブロックするので，氷山はいわゆるウェッデル海渦の中で北へ向きを変え南極海から離れるまで流れる。19世紀には氷山がホーン岬（南アメリカ）や喜望峰（南アフリカ）で遠望できたのは珍しいことではなかった。

テーブル状の氷山は消耗するにつれて傾き始め，縁に数々の喫水線の跡を残す。多くは完全に横倒しになるので，氷山の厚さが分かる。一方，氷棚の海に面した崖では全体の厚さの1/10程度しか見ることができない。あるものはひっくり返って，氷河のもともとの底面が露出する。**グロウラー**（growler）という高密度の小さな氷山はほとんど見えないことがあり，船の安全な航行を脅かす。氷山が崩壊すると**氷山片**（bergy bits）となる。

大きな氷山の生産は――本当はちがうのだが――氷床の消滅の予兆としてメディアの注目を引くことがある。氷棚は大きな氷山を生産し，南極の氷棚から分離したものは何キロもの長さを持つ。1987年，800kmの幅を持つロス氷棚から長さ約160km，面積6250km^{2}を超す巨大な氷山が分離する様子が衛星画像によって観測された。アメリカ合衆国の全米科学財団によると，ロスアンジェルスに675年分の水を供給することができる量である。これまでに記録された最大の氷山であるB15が，2000年3月にロス氷棚から分離した。長さ295km，厚さ100〜350m，面積1万1000km^{2}で，ジャマイカあるいはアメリカ合衆国のマサチューセッツ州の半分と同じ大きさであ

ドライ・ヴァレーの氷河のほとんどは寒冷氷河であるが，ベッド（基底）の堆積物や岩石を再堆積しわずかな融氷水によって水流侵食を行なう。ヒューズ氷河はボーニー湖の上方高くにある独立した山岳氷河で，表面は凍っていて塩化している。この地域にある氷河融解水によって涵養されている多くの湖と同様，この湖からは水の流出がない。

注1，注2：ウィスコンシン大学マディソン校南極気象研究センター

る。この氷山が氷棚の別の部分に圧力を加えたので，さらに長さ110kmの氷山が分離した。B15氷山は7週間後に二つに割れた[注1]。

最近カービングしたいくつかの他の大きな氷山の合計面積は，1万3000km²に達する。1986年のフィルクナー氷棚からの氷山分離，1996年のラーセン氷棚からの面積9000km²の氷山分離，そしてロンヌ氷棚から2000年5月に長さ250kmの史上二番目に長い氷山分離，などがある。大きな氷山は近年の衛星画像の発達によって初めて見つけられ，追跡できるようになっただけなので，B15氷山が史上最大である可能性は少ない。1927年にまで遡ると，長さ180kmの氷山がスコシア海付近で観察されているが，おそらく数年前のものであり，短くて500km，長くて2000kmの距離を漂ってきた[注2]。

航行中の船はどんな氷山にも近づくべきではない。氷山は前兆なしにひっくり返ったり割れたりするだけではなく，キールと呼ばれる海面下の氷山が突出しており，これに衝突するとサンゴ礁に衝突したときと同様に船体に穴が開く。

南極の氷山はかなりの量の岩屑を南極海とそれ以遠に運ぶ。南極海の海底堆積物は多くは泥質であったり，珪藻のようなミクロな生物に富むが，ところどころに大きな岩石や小石，粗粒のデブリの塊が見られる。岩石の種類が分かると，それがどこから来たかが推定できることがある。しかし，南極の氷山でデブリが見えるものは限られている。というのは，テーブル状氷山ではデブリは氷河底面のものだからである。け

れどもいくつかの例外があり，特に南極半島の北部に由来する氷山が例外である。この地域の氷河はかなりの氷河表面デブリを持っており，時によってはメディアル・モレインの残骸が氷山に載っていて融ける前に運ばれることがある。

氷山は休憩場所として動物に頻繁に利用される。動きの激しいアデリー・ペンギンは水から飛び出て羽を使ってかなり高い氷山に登る。アザラシは海氷の方を好むが，時には薄くて平らな氷山に乗り上がることもある。カモメ，アジサシ，アホウドリなど飛行中の鳥が氷山で一休みすることもある。

氷河底湖

驚くことに，南極氷床の下には人類が直接観察していない湖が数多くある。全体的に緩く傾斜している氷床に広大な平地があることから，氷河底湖があるのではないかと予測されてはいたが，それが確認できたのは1970年代初期のレイダー探査による。アメリカ，イギリス，ロシアの研究者たちがレイダーのデータを詳しく解析して，氷床内部層の構造を明らかにしただけではなく，いくつもの小さな氷河底湖を発見した。そして1977年，東南極氷床の中央にあるヴォストーク基地の真下に湖を発見した（ヴォストーク湖）。現時点で，南極氷床の下に70以上の氷河底湖が見つかっている。ヨーロッパ宇宙機構のERS-1衛星の高度計を使った正確な図化とレイダーのデータによりヴォストーク湖の大きさが計測された。それによると，長さ230km幅50km，面積は約1万4000km^{2}であり，驚くほど大きい。湖の深さはヴォストーク基地の真下で約500mであるが，その上に3700mの氷が被さっている。

東南極氷床上にあるヴォストーク基地は，さらに重要なことで有名になった。ここ

南極での初期の雪氷学的研究の一つは，20世紀初頭のスコットが率いた英国遠征隊が行なったものである。スコットの二回目の悲劇に終わった遠征隊は，写真に写っている基地をマクマード入江のエヴァンズ岬に建設した。この写真はブリザードの終わりに撮ったものである。背景のバーンズ氷河は海底に接地していて側面は崖となっている。

で得られたアイス・コアから，世界で最も長期間にわたる高解像度の気候記録（15章で触れる）が得られたことである。氷河底湖に関して言えば，コアによってその年代やそこに住む生物に関する情報が得られた。ヴォストーク基地で得られた一番古い真の氷河氷は約50万年前のもので，これは湖の水が少なくとも50万年前のものであることを意味する。実際には，湖氷の層が氷床の底に凍りついているので，湖はそれよりもかなり古い可能性が大きく，一部の科学者は数百万年前の可能性を考えている。この湖で完璧に密閉された空間で進化した生物を発見する可能性に，科学者と一般の人々は興奮した。そこでの状態は高圧（35.46メガパスカル，すなわち350気圧），低温（−3℃）そして常に真っ暗闇なので，明らかに生物にとって好ましいものではない。けれども，氷河氷から出てきた酸素はあるだろうし，一方では化学物質が生物プロセスを推し進めるかもしれない。（費用に加えて）汚染の可能性の心配から，ヴォストーク湖を含めどの氷河底湖もまだボーリングをしていない。しかし，ヴォストークのコア・アイスの底付近の湖氷層で生物がいるかどうか調べたところ，少しではあるがバクテリアが発見されたので，新しい生物の発見に期待がもたれている。

氷河底湖の生物に関する情報を探ることは，特にアメリカの宇宙機関であるNASA（アメリカ合衆国航空宇宙局）が，木星の衛星の一つであるエウローパ（Europa，ヨーロッパのこと）に探査機を送ることとの兼ね合いで興味を持っている。エウローパには数キロメートルの厚さがある氷殻があり，その下には水があるので地球外生物がいる可能性がある。したがって，ヴォストーク湖のような湖で科学的な試みをすることは妥当であろう。場所をしっかりと調べることは当然だが，ヴォストーク湖を調査するうえでの大きな課題は，水を汚染しないでサンプルを採ることである。計画では湖の上200mまでは熱水ドリルを使って穴を開け，そこに氷床の表面に固定した測器をつけたプローブを降ろす。この深さでクライオボット（cryobot，cryo〈冷凍，雪氷〉とrobot〈ロボット〉の合成語）が放たれ，氷を融かしながら下がっていくが，下がるにしたがい上が再凍結して穴を塞いでいく。この過程の初期段階で機器を無汚染状態にする必要がある。湖面に達すると，機器はデータを収集するためのリモート・コントロールとなる。別の機器，ハイドロボット（hydrobot，

南極横断山脈を横切っているビアードムアー氷河は，ロス氷棚から南極点への主な陸路の一つである。ルートは1908年，シャックルトンによって開拓され，スコットが1911〜12年に使った。キフィン山（1604m）が氷河の入り口の目印である。この写真の氷河は氷棚と合流する所のものでたくさんのクレヴァスがあり，初期の探検家たちが直面した厳しいチャレンジの場である。

ジェイムズ・ケアード（James Caird）号のような小さくて小回りのきく船は，氷山がたくさんある海域での水路調査や海洋調査を行なう船HMSエンジュアランス（Endurance）号のような大きな母船の補助としてしばしば使われる。背景は北南極半島のスノー・ヒル島である。

東南極マック・ロバートソン・ランドのモーソン基地沖に見られる消耗初期のテーブル状氷山。氷山の一つには，波によって水面の所に二つの洞穴が作られている。氷山の周りの海氷は新鮮なもので3月の冬の到来を告げている。

東南極氷床は大量のテーブル状氷山を生産するが，あるものは小さな国と同じサイズである。この東ウェデル海，コーツ・ランド海岸沖の斜め空中写真には，数多くのカービングしたばかりの氷山が写っている。一つ一つが長さ数百メートルである。表面には交差しているクレヴァスがたくさんあるのが歴然としている。周りは滑らかな海氷と氷山同士がぶつかり合って崩れた氷山のデブリが漂っている。氷山が傾いているのに注目。これは氷山が分解する兆候である。

hydro〈水〉と robot の合成語）がクライオボットによって放たれ，その動きは4000m上の氷床からコントロールされる。ハイドロボットは水や堆積物のサンプルを採りながら湖を探査する。サンプルは，クライオボットを氷床の表面に回収するまで湖と同じ程度の高圧の下に保つ必要がある。このような技術の開発はサイエンス・フィクションの世界の物語のようだが，クライオボットの試作機による最初の実験が2001年11月スヴァールバルの小さな氷河で行なわれている。

現実的には，ヴォストーク湖はあまりにも遠く，大きすぎるので，最初に探査する対象としては理想的ではない。他にも同じように生物がいる可能性を持つ氷河底湖があるということを踏まえて，施設の整った基地の近くにある小さな氷河底湖を探査するという計画が議論されている。例えば，ロス海沿岸にあるマクムード基地から頻繁なフライトによってサポートされている，新しい南極点基地の近くである。

南極氷床は拡大しているのだろうか？ 縮小しているのだろうか？

この質問に対する単純な解答は，南極調査からは両方の可能性が得られているので，まだない。南極半島では1947年以来10年ごとに0.5℃温度が上昇している。同時に，ウォーディー氷棚とラーセン氷棚を含むいくつかの大きな氷棚が分解している。北部のジェイムズ・ロス島は，最近プリンス・グスタフ氷棚の崩壊により大陸と離れ離れになった。さらに，特に半島北部で顕著であるが，内陸から流れ出る氷河がかなり薄くなって後退している。一部の人は，これらの現象が氷床全体の崩壊の前兆

であると考えている。

　氷棚の場合，過去に消滅したことがあることが知られている。例えば，かつてのプリンス・グスタフ氷棚の下の堆積物には，数千年前に氷棚が崩壊した証拠がある。科学者たちは氷棚は時間をかけてゆっくりと成長するが，カービングは短時間で起きることを知っている。例えば，ロス氷棚の西端は近年では最大に拡大している。

　その他の場所では，ヴィクトリア・ドライ・ヴァレーの例のように，たくさんの氷河が降雪量の増加に応答してゆっくりと前進している。ここに氷床の未来の動向のヒントがある。氷縁地域では氷河が後退し続けるだろうが，内陸地域では成長するかもしれない。南極高緯度地域での温暖化は最初，温度を0℃以上に上げるほどではないので，上がるにつれて降雪量が増えるであろう。コンピューター・モデルによると，南極は温度が5℃ぐらい上がって始めて縮小傾向に向かう。しかし，地球規模の気候変動傾向によると，次の世紀にかけてこの程度の温度上昇はありうる。

未来の予測

　現時点では，他の小さな氷河とは対照的に，南極が海面上昇にどれほど寄与するかは，はっきり分かっていない。全体として氷床が成長しているのか縮小しているのかが，分かっていない。氷床が変化しているかどうか，どちらにせよはっきりとさせるためには，研究者たちは数十年にわたって質量収支のデータを集める必要がある。このためには，衛星データは欠かすことができないもので，氷床の表面高度の変化をセンチメートルの精度で捉える性能が要求される。

南極の海岸線を離れて南氷洋に漂ってきている氷山には，消耗のさまざまな段階がみられる。あるものはテーブルの形状を保っているし，別なものはひっくり返って不規則な形になっている。

けれども，強力なコンピューターを使えば，数値モデルによって気候変化に対する氷床の応答を予測することが可能である。モデル研究者は，現在の気候，氷床のダイナミクス，氷山のカービング活動，底面地形の特徴などさまざまな雪氷データを使ってモデルを動かす。しかし，モデル計算は使ったデータの質に左右される上に，明確な解を出すわけではない。とは言うものの，モデルは地質時代の記録で検証できる。モデル計算結果が地質データに合うように操作すれば，氷床のありうる未来の変動が得られる。この方法はすでに北半球の消滅した氷床の分析に使われ，成功している。現在では，南極氷床の未来を予測するために使われている。

　温室効果ガスによる温度上昇に応答する氷床変化の規模を予測する方法は，我々の手の内にある。例えば，与えられた気候の下ではどれくらいの規模の氷床が安定しているか，ということは言える。重要な課題は，地質時代には例がないくらい速い温暖化に，氷床がどれくらいの速さで応答するかを見極めることができるかどうかである。

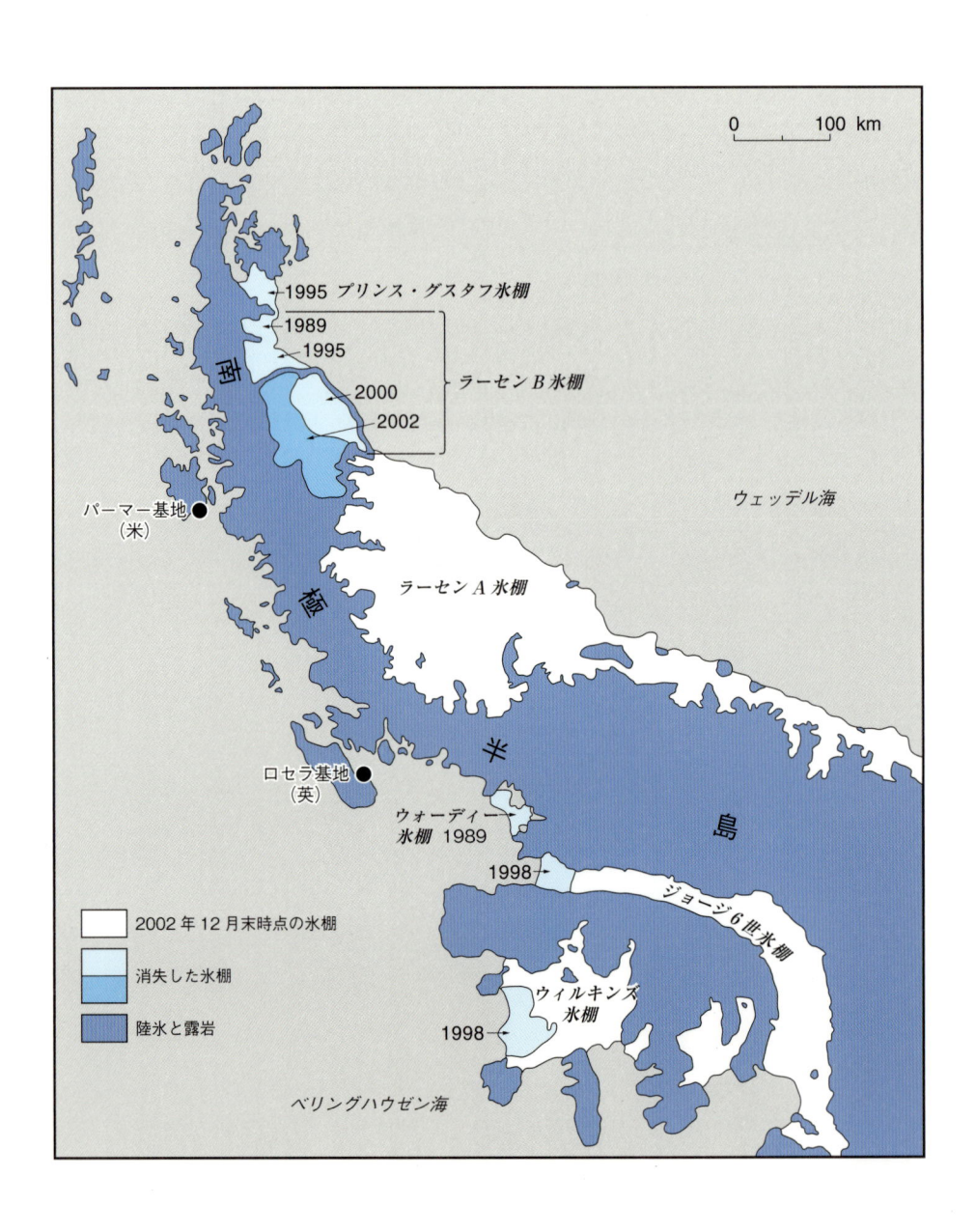

図8.2　南極半島。20世紀終わり頃から21世紀初頭の氷棚の崩壊を示す（J. Kaiser 著，Science, 297の論文，p.1495の図を加工）

南極ドライ・ヴァレーの極地沙漠にあるライト・ロワー氷河の末端。消耗しつつある尖塔となっている。

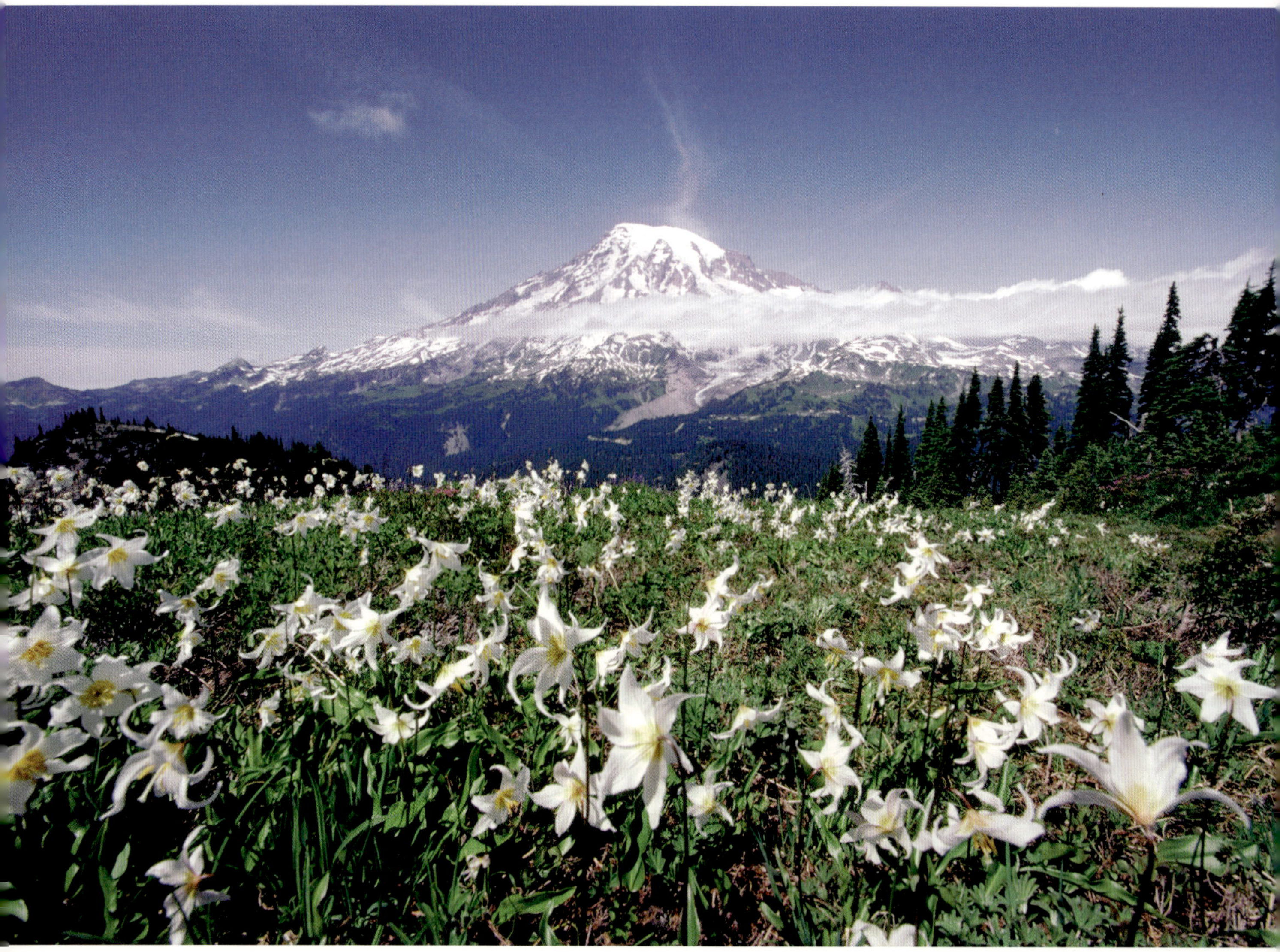

9 氷河と火山

122 ページ：アメリカ合衆国ワシントン州のレイニアー山（4392m）はアメリカ本土で最大の氷河域と量を持つ。もし将来火山活動が活発化したら，この大量の氷は火山の西に位置する都市を脅かす。この写真は南側から撮ったもので前景の花はナダレリリーである。

　火山はほとんどがテクトニック・プレートの境界，すなわち大陸プレートの下に海洋プレートが潜り込むような破壊的なプレートの縁，あるいは新しい海洋プレートが誕生するような建設的なプレートの縁に位置している。太平洋は破壊的なプレート境界で囲まれており，その縁にはたくさんの火山がある。このいわゆる「火の環」はアンデスを通り，太平洋を越えてニュージーランドへ渡り，日本，ロシアのカムチャッカ半島を通り，再び太平洋を越えてアリューシャン列島，アラスカへ渡り，西部コルディレラから南下してメキシコ，そしてアンデスへと走っている。これとは対照的に，大西洋は大西洋中央海嶺に沿う島々に火山があるに過ぎない。

　氷河と火山が結びついている場所は，熱帯アンデスのように高度の高い地域，あるいはアイスランド，ヤン・マイエン，南極のように緯度の高い地域である。高山の氷河は一般に薄いが，火山噴火は壊滅的な被害を与えることがある。というのは，融けた氷が未固結の堆積物を巻き込んで，**ラハール**（lahar）と呼ばれる予測のつかない非常に速く流れる泥流を引き起こす可能性があるからである。アイスランドのように氷河の厚さが数百メートルもあるところでは，氷河下噴火によって大量の融氷水が発生する。南極では岩石から氷河下噴火があったことが明らかにされているが，これらの噴火は人間活動にほとんど影響しなかった。かつての氷床は今日の小さな氷帽と比べてはるかに大きかったと推測されている火星では，氷河下噴火の可能性が示唆されている。

チリのほぼ円錐形のオソルノ火山。記録に残る最後の噴火は 1869 年である。ラハールは泥から巨石までの火山物質を含んでおり，噴火によって氷雪が融けたりあるいはこの写真のように夏の激しい融解によって流動化する。

氷河に覆われた火山の生成物

　氷河の下では時に劇的な噴火が起きて洪水が引き起こされるにも拘わらず，そのプロセスや，噴火によって氷河堆積物や火山岩がどのように形成されるかについてあまり知られていない。厚い氷河の下での噴火に関しては，特に知られていない。氷河に覆われた標高が高いアンデスの火山の生成物は，氷河のない火山での激しい噴火の生成物と似ている。破壊的プレートの境界での火山噴火による典型的な堆積物は，噴火地点からはるかに離れたところにまで堆積する火山灰，粘性の高い熔岩（andesitic, **安山岩質**），ラハール，溶結岩の破片などである。もしこのタイプの火山が氷河に覆われていたら，氷河がない火山と比べて，融氷水によって引き起こされるラハールの量が多くなる。

　建設的プレートの縁での氷河下火山噴火の生成物は，比較的流動性の高い，黒い**玄武岩**（basalt）である。厚い氷河の下では融氷水はしばしば池となっているので，玄武岩の熔岩デルタが形成される。この時，水に注入された玄武岩が直径 1m ぐらいの

氷河下で噴火した火山は頂が平らまたはややドーム状の独特の形態を持つ。アイスランド北部のヘアードゥブライズは，最終氷期に島の大部分を覆っていた氷床の下で噴火した。氷床の厚さは崖の高さと同じである。写真手前の融氷水の激流はアイスランドで現存している最大の氷帽ヴァトナ氷河からの河川である。

枕を重ねたような構造になることがある。熔岩がばらばらになるとさまざまな大きさの角張った岩片になり，数十メートルの厚さを持つ**ハイアロクラスタイト**（hyaloclastite）と呼ばれる角礫(かくれき)のベッドが形成される。火山岩が氷河の底から融け出した**ティル**（till）と呼ばれる氷河堆積物を取り込んでいることがある。また，噴火と噴火の間に起きた氷河侵食によって熔岩に擦痕がついているかもしれない。典型的な火山の円錐形に比べると，氷河下火山は急な側壁と平らな山頂を持っている。アイスランドで**スタピ**（stapi）と呼ばれるこれらの例は，昔氷河で覆われていた地域に見られる。似たような火山形は，カナダのブリティッシュ・コロンビアでは**トゥーヤ**（tuya）として知られている。

　一番良く知られている氷河下火山はアイスランドのものであるが，南極にも数多くあり，主に南極半島地域，西南極氷床下，そして一部はロス海の西端にも見られる。大きな氷河下噴火は氷床を不安定化させ，南氷洋への急激な氷の流出を引き起こすかもしれないので，氷床下にある火山は地球規模で文明に対する脅威となる可能性がある。氷床の完全崩壊は世界の海面を 6m 引き上げる結果となりうる。

「火の環」に関係している氷河

　1986 年，コロンビアのネヴァド・デル・ルイースが噴火した。地質学的なスケールで見れば，この噴火は小さなものであった。ほんのわずかな火山灰が主に火山の東側に堆積し，自然の被害はほとんどなかった。しかし，氷雪に覆われたネヴァド・デル・ルイースは 20 世紀最悪の火山大災害を引き起こし，3 万人近いコロンビア人が犠牲となった。噴火が始まると氷河が融け，融解水は新旧の大量の火山灰を押し流してラハールを引き起こした。このラハールが山腹をものすごいスピードで流れ下り，人口の密集している谷に流れ込んで，数分でアルメロの町を完全に埋没させた。

　アンデス山脈があるコロンビア，エクアドル，ペルー，ボリヴィア，チリでは火山と氷河の組み合わせによって，非常に壮観ではあるが潜在的に危険な地形が作り出されている。現在の氷河の分布は，気温と降水量で決まる雪線高度の結果である。コロ

南極半島の北端近くにあるジェイムズ・ロス島での過去の氷河下噴火の証拠は，ウィスキー湾近くのこの写真の火山岩に記録されている。1000 万年前に遡るこれらの火山岩（ハイアロクラスタイト呼ばれる）は，熔岩が融氷水と混わり爆発して粉々に砕けてできた。

ンビアとエクアドルにある火山の湿潤熱帯ゾーンでは，標高5500m以上でしか氷河は見られない。ペルー全域とチリ北部では気温が下がるにもかかわらず雪が降らないので，雪線高度は上がる。南回帰線の周辺，チリのアントファガスタの東では，火山は標高6000m以上あるが氷河は全くない。チリの首都サンティアゴの南では，気温が下がり降水量が増えるので雪線高度が急激に下がる。南アメリカ南部の火山はヴァルディヴィアとプエルト・モントの東にあり，ここでは標高2500～3000mの火山全てに氷河がある。

　議論の余地はあるが，これらの火山の中で最も美しいのはオソルノ火山である。その輝く白い氷河と見事な円錐形は，チリ南部に数多くある氷河湖の一つであるトードス・ロス・サントス湖の暗緑色の水に映し出されている。その近辺にある火山の一つ，ヴィジャリカ火山は重要な観光資源で，穏健な噴火活動がずっと続いているので何千人という観光客を集めている。観光客はガイドが頂上へ案内するツアーに参加すると，火口を覗き込むことができる。また，時には小規模の噴火が見られることもある。頂上への道は小さいけれど急な氷河を渡っていく。山での遭難が多かったので，現在は素人がガイドなしで頂上火口へ登ることは禁止されている。

　ヴィジャリカ火山は常に現在のようなおだやかな火山であったわけではない。最近では1984年12月に頂上火口から熔岩が流れ出し，氷河を融かしてラハールを発生させた。前史時代には高温の火砕流が3000km^{2}もの地域を覆った。このような大噴火の時は，おそらく全ての氷河が融けてなくなったであろう。

　氷河を頂く南アメリカの火山は地球上でおそらく最も見事なものであるが，太平洋

長期間活動していない火山は氷河などの侵食にさらされる。これはアルゼンチンとチリの国境にあるトロナドールの例で，サーク氷河や谷氷河によって火口がかなり侵食され，かなり前に成層火山の典型である円錐形ではなくなった。

ニュージーランド北島，ルアペフ山（2797m）の周りの氷河。アイス・ダムの決壊は大きな土石流（ラハール）となり，橋を流して1953年のクリスマスの列車事故の惨劇を招いた。ルアペフ山の噴火（1995年のように）の最中は，湖も多くのラハールを引き起こした。

に沿った別な場所にも印象的な火山がある。ニュージーランド北島にはいくつかの印象的な山があるが，その最高峰ルアペフ山（2797m）には島でも最高級のスキー場がある。ルアペフ山の冬の降雪量は多く，火口の中とその周りには小さな氷河がある。1953年のクリスマス・イブ，火口湖からの決壊洪水は融けた雪と氷を巻き込んでラハールを引き起こし，ウェリントンとオークランドを結ぶ急行列車が通過する少し前に鉄道橋を押し流した。機関車と5両の客車が激流に落下し，151人が犠牲となった。火口湖は常に危険なので，今日ではルアペフ火山は注意深く監視されている。この火山の最近の噴火は1995年9月24日に始まった。この時，火山の西側斜面にある二つのリゾートでは春のスキーシーズンの真っ盛りであった。ルアペフ火山が火山灰の雲を吹き上げ，氷河氷や岩石の大きな塊を空中に数百メートルも放出する様子を，スキー客たちは驚がくの目で見ていた。この時もラハールが山の斜面を流れ下ったが，幸運にも犠牲者は出なかった。降下した火山灰はやがてスキー場のコースを破壊し，結局この噴火によって現地の観光業者は経済的に破綻した。

　西太平洋で「火の環」に沿って北に行くと，ロシアのカムチャッカ半島にある，標高4500mに達する氷河を頂いた火山に達する。ぐるっと東へ行くと，アリューシャン列島やアラスカ半島南部などに，さらに多くの氷河を頂いた火山がある。これらの多くは，人口が密集している地域からは遠く離れている。

　アメリカ合衆国ワシントン州のカスケイド山脈には，氷河を頂いた火山が多くある。おそらく，ここのセント・ヘレンズ山ほど集中的に噴火の結果が研究された山は他にないだろう。1980年の5月17日の大爆発は山の高さを2949mから2549mに減

アメリカ合衆国ワシントン州のセント・ヘレンズ山は，1980年の噴火によってほぼ完全な円錐形が壊れ，斜面にあった氷河が壊滅した。さらに山の高さが2950mから2549mになった。20年後，火口の中央丘の周りに新しい氷河が形成されつつある。氷河は火口壁からの火山灰を被り灰色である。背景は氷河に覆われたレイニアー山。

じ，氷河のほとんどが消滅した。噴火は数日間の地震の後の1980年3月27日に始まり，小規模な火山灰・蒸気爆発が頂上の氷帽を突き破り，火山は123年間の眠りから覚めた。4月から5月の間，以前は対称的であった山腹斜面にマグマが上昇し，北側斜面が顕著に膨らんだ。この時は，斜面が急になったが氷ナダレがわずかに発生したのみで，氷河はほとんど変化しなかった。

5月17日の大噴火は膨らんだ北側斜面が崩れることによって始まり，大規模な斜面崩壊となった。この時の連続写真によると，噴火によって空中へ放り出されたフォーサイス氷河の涵養域の氷のほとんどが，巨大な氷ナダレとなって斜面を下った。噴火によって山体にあった氷河の体積の70％が消滅し，現在ではセント・ヘレンズ山の外側の斜面に小さな氷河の残骸が残っているに過ぎない。けれども，通常とは異なる，小さな氷河が火口内に形成されている。これは，主に火口内の急な谷壁からの雪崩によって涵養されている。地面が埃っぽいので氷河はとても汚く，ほとんど目につかない。

セント・ヘレンズ火山には，1980年の噴火以前でも数平方キロメートルの氷河しかなかったが，その北にある堂々としたレイニアー山（4391m）には90km^{2}以上の氷河があり，アラスカを除くアメリカ合衆国で最大の氷河，イーモンズ氷河はここにある。大きな氷河の侵食力は大きいので，レイニアー山の円錐形は噴火前のセント・ヘレンズ火山と比べるとやや劣る。過去数千年の間，レイニアー山は噴火を繰り返したが，1800年代の中頃から活動を休止している。これは幸いだが，過去1万年間に起きたラハールの分布によると，将来大きな噴火が起きると広い範囲を荒廃させる可能性がある。ラハールの長さは数キロから110km（タコマ市の郊外まで届く）までにもおよび，あるものは谷を数十メートルの厚さで埋めている。

もう一つの火山，カリフォルニアのシャスタ山には，合衆国で最南となる氷河が載っている。メキシコには，標高がそれぞれ5452m，5700mと高いポポカテーペトル火山とシトラルテーペトル火山に氷河がある。現在（2003年），ポポカテーペトル火山は1996年に始まった活動が続いている。そこの氷河には火山灰や火山弾が降り注いでいるが，驚くことにいくらかの氷河がまだ残っている。

9 氷河と火山 | 129

アイスランドの新しく命名された火山，グヤールプの1996年秋の氷河下噴火は，1990年代の雪氷学的現象で最も劇的なものの一つであった。火山は最初はヴァトナ氷帽の下で噴火し（写真a），大きな湖を形成して火山灰を空中に吹き上げた。氷河底湖はその後氷河底から噴出し溢流氷河スカイザラール氷河の末端から流出して大洪水となった（b）。氷河の縁には洪水によって刻まれた巨大な水路が残った。氾濫原にいる人間がちっぽけに見える（c）。（写真はマグナス・グドゥムンドソン氏（a,b）とアンドリュー・ラッセル氏（c）の好意による）。

131ページ：世界で最南の活火山はエレバス山（3795m）で，頂上には熔岩湖があり時々水蒸気を吹き上げる。火山はほとんど全体が氷に覆われている。上の写真はニュージーランドのスコット基地から，下は空から見たものである。

ホットスポット　プレートの境界に関係なく溶けたマントル（マグマ）が上昇し，噴火して火山を形成している場所。

大西洋中央海嶺の氷河

　南大西洋から北大西洋へと延びている大西洋中央海嶺は，何か所かで海面より上に出て火山島を形成している。これらの島々のうちの二つ，アイスランドとヤン・マイエンはそれぞれ亜北極，北極にあり，広大な氷河がある。

　アイスランドは氷河下火山活動とそれに付随した洪水に関して記録が一番よく残っている地域である。この国の10%が氷河に覆われていて，その大部分が火山活動が活発な地溝帯をまたいで分布している。ここでは地殻が年数センチの速さで拡幅している。アイスランドは特殊な場所である。というのは，火山活動が非常に活発で，大西洋中央海嶺のどこよりも熔岩を豊富に流出させているからである。これは，いわゆるホットスポット*が地球のマントルからの熱の流れを増大するからである。

　アイスランドで最大の氷帽は，面積8100km^2，厚さが400〜700mあるヴァトナ氷帽である。中央の近くに広い氷帽を頂いたカルデラを持つグリームスヴォトゥンという火山があり，最近は1998年に噴火しているが，歴史時代には頻繁に噴火している。氷河から火山灰が吹き上がっているのを見つけるのは普通，定期航空路のパイロットである。けれども最近では，アイスランドの研究者たちは広域の地震計網によって氷河に覆われたものも含めて火山をモニターしている。

　これらの地球物理学的な方法によって，グリームスヴォトゥンの北側約5kmにあり，その後グヤールプと名付けられた場所で，1996年9月30日に通常よりも大きな氷河下火山噴火の始まりが記録された。マグニチュード5.4の地震が噴火の開始であった。何千回もの地震がヴァトナ氷帽の北西部で起きた。10月1日に二つの大きな凹みが氷帽の表面に形成された。氷河底での融解により覆っていた厚さ550〜750mの氷河がゆっくりと陥没し，新しい凹地が形成され，長さ6kmにわたる割れ目噴火であることが分かった。同時に，噴火地点からの融解水がグリームスヴォトゥンの下にある氷河底湖に流れ込み，その上を覆っている厚さ200〜250mの氷河を押し上げた。10月2日，火山は氷河を突き破って噴火した。火山灰の柱は上空9kmに達し，見事な稲光を発生させた。凹地同士がくっついて氷河底の融解水路のコースに沿う浅い溝となった。10月4日には爆発的な噴火が50mの水深を突き抜けて起きたとみられている。

　爆発的な火山活動は10月13日に止んだが，その時までに噴火した割れ目は二つの大きな蒸気を吹き出す凹地となっていた。水は150mの壁を持つ氷の峡谷の中を急流となって流れ，大きなトンネルの中に消えた。この時までに，火山灰の薄い層が氷帽の大部分に堆積した。大量の融解水が明らかに氷河下火山噴火によって生じた。グリームスヴォトゥン・カルデラは4〜6年ごとにヨクルフロウプ（氷河性突発洪水）を引き起こすことで知られているので，アイスランドの科学者たちはカルデラの水位をモニターしていた。以前の経験に基づいて，ある水位に達するとヨクルフロウプが予告された。けれども，今回は水深が前代未聞の120m，通常より55mも高くまで上がった。最終的に，ヨクルフロウプは11月5日に発生し，南部の溢流氷河スケイザール氷河の下を流れ，4.7km^{3}の水が海岸近くのアウトウォッシュ・プレイン（氷河流出堆積物平原）に吹き出した。一時は世界第二位の川の流量に匹敵したこの洪水のスケールとその影響については，「氷と水」（7章）で解説した。

9 氷河と火山

南極の火山

　南極では火山は二か所の氷河域にみられる。火山の一つのグループは薄い氷河（150m 以下）に覆われている。氷河の侵食が激しいので，残骸からは火山の原形が分からない。このような火山が噴火すると，融解水は斜面をすぐに流れ出し，**火砕流堆積物**（pyroclastic deposits），**火山噴出物**（ejecta—火山灰，火山弾，**テフラ**〈tephra〉），熔岩などが生成される。氷食面と互層になっている氷河堆積物はそれぞれの噴火時期と関係している。亜南極地域にあるサウス・シェットランド諸島のディセプション島は，1969 年に大きな噴火があったが，最近大規模な噴火の兆候を示している。

　ロス海西部にある標高の高いエレバス山（3794m）は実際，地殻が割れる場所に形成されていて，玄武岩質の熔岩と火山噴出物が多い。ロス海にはいくつかの断層による地溝盆地があるが，ロス海の西縁は地溝システムの「肩」にあたる南極横断山脈がそびえている。エレバス山はほとんど氷河に覆われているが，頂上火口には熔岩湖があり，ここでは狭い範囲（数メール以内）での自然の温度差が地球上で最も大きい（熔岩は約 1000℃，冬の気温は −60℃ 以下）。1841 年にジェイムズ・ロスによって発見されてからは，大きな噴火は目撃されていない。火山灰が短期間放出されることは

南極半島地域には多くの火山があるが，ほとんどのものは完全に氷河に覆われており，活火山ではないと考えられている。高い山の一つはジェイムズ・ロス島のハディントン山（1500m）で，その形は数百メートルの厚さの氷に覆われているので滑らかになっている。この写真に見られる夕日によるシルエットが美しい。もしこの火山あるいは他の火山が噴火したら大量の融解水が発生する。

何回かあったが，普段は水蒸気を吹き上げている。

　南極では円錐形をした火山よりも，厚い氷の下に形成されている火山の方が多い。その多くは南極半島と近辺の島々，そして西南極にある。けれども，ほとんどが氷に埋もれており，実際に噴火した報告はない。南極半島の北端の東にあるジェイムズ・ロス島は，例外的にさまざまな時期の氷河下噴火の岩石が豊富にあり，氷河が現在は薄くなったので火山の形と堆積物が分かる。

氷河に覆われた火山の環境復元への利用

　氷河変動は地球の気候変遷の重要な局面を代表するものだが，その堆積物の年代測定は難しいことが多い。これとは対照的に，火山岩は放射線年代測定に非常に適しているから，氷河堆積物と火山岩が隣り合って分布していると，詳しい環境変化が分かる可能性が非常に高い。アイスランドやジェイムズ・ロス島のように，この研究が行なわれた場所では，氷期は数百万年前まで遡ることが研究者たちによって明らかにされている。

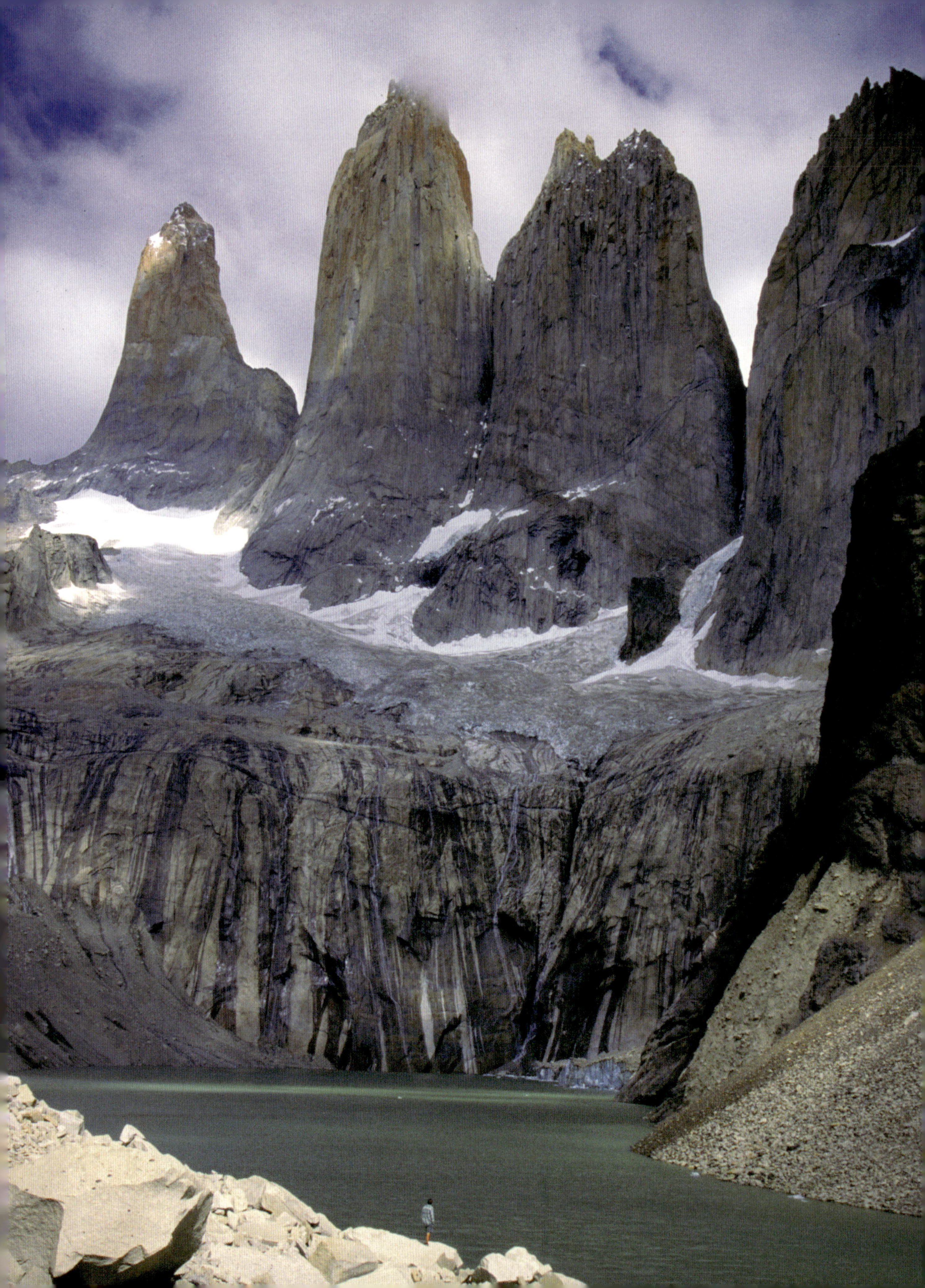

10 地形景観の形成

134ページ：モレイン堰止湖とモレインの巨大な岩の上に立っている人間の上にそびえているのは，トーレス・デル・パイネの見事な花崗岩のピークである。氷河は200年足らず前まで湖全部を埋めていたが，現在残っているのは湖のすぐ上の台地と，右側の崖の下のデブリに覆われてカービングしている塊だけである。

美しい山岳地域の多くでは，いたるところに氷河の侵食や堆積の痕跡がはっきりと見て取れる。現在は氷河がないが，アメリカ合衆国ロッキー山脈の大部分で，あるいは英国の島々では高地地域で氷河現象の豊かな遺産が見られる。鋭いピークと急な谷壁を持つ谷底が平らな谷は，氷河の侵食力を如実に映し出している。一方，氷河による堆積作用は，砂礫を始めさまざまなものが混ざっている堆積物の山を作り出した。山麓にある低地や，最終氷期の氷床の周りにあった平野には，さらに多くの氷河堆積物が分布している。

氷河侵食地形

侵食の効果は，基盤岩の小さな露頭から，世界で最も高い山々や広大なカナダの盾状地の削剥されて岩が露出している低地に至るまで，大小さまざまなスケールで見ることができる。氷河によって残された独特な地形によって，私たちは何千年，何百万年もの間氷河によって覆われなかった地域でも，昔氷河があったことが分かる。

小規模の地形

数センチメートルから数メートルの小さなスケールの氷河侵食は，擦痕のついた磨

スコットランド，スカイ島の斑れい岩にある三日月型のチャターマークと擦痕。これらの形態はデブリを含んだ氷河が基盤岩の上を滑動する時，滑らかにではなくがたがたと動くので形成される。氷河は写真の上から下へ流れた。

スカンディナヴィアでは青銅器時代の人々がロシュ・ムトンネーを広く利用した。滑らかな石の表面は人とか船，動物などの岩絵に理想的であった。この見事な絵はメラレン湖（スンドビーホルムの近く）の南岸の近くにあるもので，かなり後の11世紀の初頭に作られた。地元ではシガーズリストニングとして知られ，シガードが龍と戦っている絵である。

氷河による削摩（条痕をつける）と高圧のかかった氷河底融氷水流の組み合わせによって，水路状の地形（ナイ水路）が基盤岩に刻み込まれて作られる。この例はスイスのツァンフレロン氷河脇の石灰岩の基盤で，氷河側から見たものである。向こうはヴァライス・アルプス山群（中央右がヴァイスホルン）。

氷食のスケールの小さなものは条痕（細かい擦り傷）で，デブリを含んでいる氷河が基盤岩の上を滑動する際にこすってできる。ここに示している'クジラの背中'（whaleback）地形はストックホルム諸島のサンダム島にあるロシュ・ムトンネーである。氷河によって左の上流側が擦られ，右側がむしり取られた。

かれた条溝がある岩石の表面に認められる。これらは氷河の底面にあるデブリを含んだ氷が岩の上を滑る際に形成される。これらと関連しているのが，氷に包含された石が岩盤上で繰り返しこすった結果できた**チャターマーク**（chattermark，細かいぎざぎざ）や**三日月型えぐり**（crescentic gouge）といった，より小さなスケールの地形である。これに加えて，氷河は岩盤をむしり取って，小さな岩盤突起の下流側の表面をぎざぎざにする。その他に，圧力のかかった氷河底水流の影響による侵食でできる，プラスティック成型地形，すなわち**P型体**（p-form）と呼ばれる基盤岩に刻まれた小さくて不規則で滑らかな溝がある。これは堆積物を含んだ水流，粘性の高い氷河堆積物，氷河削摩などの侵食で作られる。硬い基盤岩に刻まれた不連続な流水路は，この形成を最初に数値的に考察したイギリスの物理学者の名前をとって，**ナイ・

氷河が複数の側壁から侵食すると急なアレートが突き上げている鋭いピーク，'ホルン'が形成される。クンブ谷から見たアマ・ダブラム（6856m）はその見事な例である。

チャネル（Nye channel）と呼ばれる。

中規模の地形

　小さな地形と同じような形態のものが，しばしば数十メートルから数百メートルのスケールの地形に見られる。例えば，削剥された起伏の小さな地域に見られる，幅と比べてはるかに長い大きな**条溝**（groove）の形は条痕に似ている。他の大きな地形に，上に凸で滑らかであるが上流側に擦痕があり，下流側が不規則でぎざぎざとなっている基盤岩の突起がある。これらの突起（丘）は，18世紀に流行したフランスの波打ったカツラに因んで**ロシュ・ムトンネー**（roches moutonnée）と呼ばれ，氷食谷の底や脇によく見られる。大規模で見事な例はカリフォルニアのヨセミテ国立公園に

カリフォルニア，ヨセミテ国立公園のレムバート・ドームは他に例をみないくらい大きなロシュ・ムトンネーである。氷河が右から左へ流れたのがはっきり分かり，削摩された斜面を登れば簡単に頂上に行けるが，むしり取られた左側は難しい岩登りとなる。

ペルーのコルディレラ・ウァイウァシュを射す夕日によって，ネヴァド・ヒリシャンカ（6019m）の複雑なアレートの細部が強調されている。

トゥリファンから見たウェールズ，スノードニアのグリダーアイ山地の北側斜面にあるサーク群。中央左のピークがイ・ガーン（943m）で，下の湖はスリン・イドゥウォールである。1842年にチャールズ・ダーウィンが初めて氷河侵食の証拠を認めたのが，この湖があるサークである。

あるレムバート・ドームである。岩丘の下流側に堆積物が溜まると，**クラグ・アンド・テイル**（crag-and tail，岩丘と尻尾）と呼ばれる地形となる。スコットランドのエディンバラにあるロイヤル・マイルが古典的な例である。このような大きな地形は次に述べる。

大規模な地形

　山岳地域の大規模な地形は，氷河によって形成された地形の中でも最も印象的なものである。氷食地形は，スコットランド高地，イングランド湖水地方，ウェールズのスノードニア，北アメリカではロッキー山脈の一部とシエラ・ネヴァダ，ヨーロッパ大陸ではピレネー山脈，スカンディナヴィアの大部分とアルプス，アジアではウラル山脈やシベリアの山脈と日本アルプスなどに見られる。低緯度では，ヒマラヤとその周辺の山脈，さらにアフリカやニューギニアの最高峰の頂近くにも多く見られる。北半球と南半球にまたがるアンデスには大規模な氷河地形があるし，ニュージーランドの南アルプスやオーストラリアのタスマニア高地にもある。

サーク，アレート，ホルン（ホーン）

　起伏がそれほど大きくない山岳地域の高所では，小さな氷河が背面と底を削って形成した岩石の窪地がしばしば見られる。これらの窪地は国際的に**サーク**（cirque，フランス語；圏谷{けんこく}）と呼ばれる。英国では**コーリー**（corrie，スコットランド語）あるいは**クム**（cwm，ウェールズ語）も広く使われている。サークは一般的に幅，長さが数キロメートルで，起伏は長さの半分から1/3程度である。例えば南極のウォルコ

スイス，ベルナー・オーバーラントのラウターブルネン谷。この谷は横断型がほぼU字の形をしている典型的な氷食谷の代表例である。しかし，このように本当にU字型に近いのはめったにない。非常に急な谷壁には高い滝がたくさんかかっている。この写真の，ラウターブルネン村の上から見たシュタウブバッハ滝はその一つである。

スコットランド，グランピア高地のグレン・コー（コー谷）は英国にある見事な氷食谷の一つである。ザ・スタディから下流を見た景観はU字よりももっと一般的に見られる放物線の断面を示している。左側の岩峰はスリー・シスターズで，谷氷河によって切断された山脚を持つ。

一部の氷食谷では氷河によって侵食されたほぼ垂直の壁が特徴となっている。カリフォルニア，ヨセミテ谷のエル・カピタンは花崗岩の壁で，北アメリカで最も有名な岩場の一つである。

海面より低くまで侵食された氷食谷はフィヨルドと呼ばれる。東グリーンランドの海岸は長さが100km以上もある見事なフィヨルドがたくさんあるのが特徴である。カイザー・フランツ・ジョーゼフ・フィヨルドは最も長い例の一つで，標高2000mに近い山々に囲まれている一方，フィヨルドの水深は場所によっては1000mを超す。

143ページ：マイター・ピーク（1692m）はホルンの一つで，ニュージーランドのフィヨルドランド国立公園の人気観光スポットであるミルフォード入江の奥にある。この写真では山頂の左側に懸垂谷が見える。

ット・サークのように長さ数十キロにおよぶ例もあるが，大きいものでも，エヴェレスト山のウェスターン・クムのような中規模のものでも，あるいはイングランド湖水地方に見られる小さなものにしても，長さと起伏の比はだいたい同じである。サークは背後に急でほぼ垂直に近い壁を持ち，多くの場合，深くえぐられた底には**ターン**（tarn）と呼ばれる小さな湖がある。非常に急な山岳域では，氷河による背壁と底面の侵食がターンを形成する程十分ではなく，サーク床は外側へ傾いている。

もし山の反対斜面にあるサーク同士が圏谷壁を全部侵食すると，**アレート**（arête，フランス語；岩稜）あるいは**グラート**（Grat，ドイツ語）と呼ばれる両側に急な斜面を持つ岩稜が形成される。英国ではウェールズのクリブ・ゴッホ，湖水地方のストライディング・エッジ，スコットランドのアナック・イーガックとクーリン・リッジといったアレートは登高や登攀の人気ルートとなっているし，アルプスや北アメリカ・西部コルディレラでは見た目にも美しい，頂上への難しいルートとなっている。マッターホルンやヴァイスホルンのようなアルプスの山々の初登頂は，大抵アレートを経由して行なわれた。

3～4個のサーク氷河が圏谷壁を侵食し尽くすと，二つの氷河に挟まれたいくつかのアレートが頂上に突き上げる鋭い尖ったピークが形成される。これは**ホルン**（horn，ホーン）と呼ばれる。スイスとイタリアの国境にあるマッターホルンが一番良く知られた例である。ネパールのアマ・ダブラム，カナダ・ロッキー山脈のアシニボイン山，ニュージーランド南アルプスのアスパイアリング山，パキスタンのカラコラム山脈のK2なども良く知られた見事な形のホルンである。英国ではアラン島のキ

10　地形景観の形成

面的擦削は，比較的広くて起伏があまりない地域を氷河が激しく侵食した結果である。基盤岩が不規則なので小丘と湖が複雑に分布している景観となった。この写真の面的擦削例は，東南極ヴェストフォールド・ヒルズの古い結晶岩（黒い岩脈を含む）地域で，海岸の近くから氷床の方を眺めている。

ーア・ヴーアが一番良い例の一つである。

氷食谷

かつて山から流れ下っていた本流氷河が占めていた**氷食谷**（glaciated valley）は，独特の形態を持つ。その横断型はしばしばＵ字と形容されるが，側壁はめったに垂直ではなく，むしろ放物線の形に近い。スイスのラウターブルネン谷とカリフォルニアのヨセミテ谷は，まさにＵ字の形をしていると見なせる見事な例である。垂直の壁はロック・クライマーたちにとって極めて困難な登攀ルートとなっている。これとは対照的に，典型的な放物線の形は，ブリテン島ではいたるところに例がたくさんあるが，スコットランドのグランピア高地のグレン・コーが良い例である。

強力な侵食によって，多くの氷食谷では湖を湛えている一連の岩盤盆が，支流氷河が本流氷河に合流する地点に形成されている。時間が経つとこれらの湖は堆積物で一部あるいは全部が埋まる。氷食谷は，谷の横断方向に伸びている**リーゲル**（riegel, ドイツ語由来の学術用語）と呼ばれる一連の岩盤の高まりによって，段々になった縦断型を持つことが多い。

谷氷河が侵食した高さは，かつての氷河表面より上には山陵が残っていて，斜面の傾斜が変換する地点である。氷食前には存在していたであろう山脚は切断されているので，通常，侵食された高さまで氷食谷の側壁は滑らかな一つの斜面となっている。侵食レベルより上では氷食以前の地形や風化した基盤岩が残っていることがある。支流氷河によっては侵食力が弱くて本谷のレベルまで谷を掘り込むことができず，見事な滝がかかっている懸垂谷となることがよくある。別の例では，氷河が分氷尾根の低

英国で一番良く知られている融氷水の流路はニュートンデイルで、最終氷期の時に氷河堰止湖であったピッカリング湖から流れ出た水流によって掘られた。現在は谷の規模に比べてとても小さな川しかない。この谷に沿って観光用に蒸気機関車を走らせているノース・ヨーク・ムアーズ鉄道がある。

い鞍部を乗り越えて反対側の谷へ流れ込んで流域範囲を変えることがあり，**結合谷**（**breached watershed**）が形成される。

フィヨルド

フィヨルド（fjord）は深く侵食された氷食谷が溺れた（浸水した）ものである。谷氷河は谷の中央を深くえぐるが，海にまで伸びている場合は海面下深くまで侵食するのでフィヨルドが形成される。フィヨルドという用語はノルウェイ語で（北アメリカでは fiord と綴る），ノルウェイには世界で最も美しいフィヨルドの海岸線の一つがある。海岸線のほとんどはフィヨルドによって入り組んでおり，最長かつ最も深いものはソーネフィヨルド（長さ 200km，深さ 1300m）である。フィヨルドは他にも中緯度から高緯度にある国に分布している。スコットランド西部にあるものは**シー・ロッホ**（sea loch，**海湖**）として知られているが，世界の標準からは小さい。これとは対照的に，現在でもフィヨルドが形成されているグリーンランドには世界で最長のものがあり，東海岸のノルドヴェストフィヨルドとスコアーズビー入江を組み合わせたものは 350km もある。南北アメリカでは，アラスカ南部，ブリティッシュ・コロンビア，チリ南部にフィヨルドが良く発達した海岸線があり，これらの多くでは今でも氷河の影響を受けている。北極高緯度にある島々には小さなフィヨルドが数多くあり，南半球ではニュージーランド南西部にどこにも負けないようなよく発達したフィヨルドがあり，南極半島には今でも氷河に埋もれているフィヨルドが，亜南極のサウス・ジョージア島には今でも氷河がある短いフィヨルドが，数多く存在する。

氷食谷と同じように，場所によってはいくつかの岩盤盆があるものの，フィヨルド

スイス・プラトー，ツークの北にあるこのエラティック（迷子石）は，氷河時代のロイス氷河によって運ばれたもので，19世紀初頭にルイ・アガシーのような科学者たちが氷河はかつてもっと広く分布していたという仮説を立てる根拠となった。

の最も単純な形は，谷頭で一番深く，海側へいくにしたがい浅くなるというものである。多くのフィヨルドには，外海に出るところには浅瀬あるいは一部海面から露出している岩盤があり，ほぼ垂直な岸壁を持つものもある。谷と同じように，U字あるいは放物線の形を持ち，時間が経つと堆積物で埋まる。**懸垂谷**（hanging valley）や滝はフィヨルドの側壁には普通に見られる。

起伏の小さな掘りえぐられた基盤岩

　緩やかに起伏しているカナダ盾状地，バルト盾状地の一部，グリーンランド氷床，南極氷床の周りなどの広大な地域には，景色としてはそれほど素晴らしくないが，大規模な氷食地形が分布している。これらの地域の基盤岩である硬い結晶質の先カンブリア紀の岩石には，侵食の跡が基盤岩の構造組織に沿って長い線状の侵食地形として残っている。多くの場合，細長い湖や湿地は基盤岩の構造に平行に侵食された結果である。このような地域は**面的擦削**（areal scouring）を受けたと考えられる。北西スコットランドの一部には，擦削プロセスは不完全であったが同じような景観が見られる。ここには，激しく擦削されて小丘と小さな湖が点在している古い結晶岩の上に，独立した砂岩の頂きが堂々とそびえ立っている。このような地形を**岩丘＝湖地形**（ノック・アンド・ロッカン地形，knock-and-lockan topography）と呼ぶ。

融氷水路

　融氷水が豊富だった最終氷期の終わり頃に形成された，一般に長さが数十キロ，幅が1～2kmのさまざまな水路のような地形は氷河景観の特徴の一つである。ある水路は普通の河川の谷のような縦断型を持ち，氷河湖の水が堰き止めた地形の低いところから溢れ出していた**溢流水路**（overspill channel）と解釈されている。英国での良い例は，ヨークシャーにある昔のピッカリング湖からの溢流である。融氷水路によっては，氷河底で形成された「上方へ流れて乗り越える」縦断面を持つ。氷河底では水に

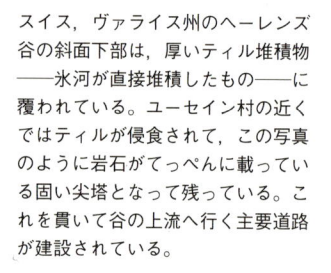

スイス，ヴァライス州のヘーレンズ谷の斜面下部は，厚いティル堆積物──氷河が直接堆積したもの──に覆われている。ユーセイン村の近くではティルが侵食されて，この写真のように岩石がてっぺんに載っている固い尖塔となって残っている。これを貫いて谷の上流へ行く主要道路が建設されている。

道路脇の採石場に露出しているティル。スコットランド高地北西にあるトリドン湖北岸。大きな岩石から粘土までありとあらゆる物質が混在している組織がはっきりと見て取れる。赤っぽい色はこの地域の特徴である古い砂岩に由来する。

圧力がかかっており，水頭圧が十分に高ければ上方に流れる。イングランド北部とウェールズにはそのような水路が多くあるが，氷河があった地域ならほとんどどこでも独立した水路や水路網を見ることができる。

氷河堆積地形

おそらくこの項は，聖書からの引用で始めるのが適切であろう。というのは，ヨーロッパに広く分布する未固結の堆積物の起源に対する初期の考えの基となっているからである。

七日が過ぎて，洪水が地上に起こった。ノアの生涯の第六百年，第二の月の十七日，この日，大いなる深淵の源がことごとく裂け，天の窓が開かれた。雨が四十日四十夜地上に降り続いたが，……水は勢いを増して更にその上十五アンマ（訳者注：1アンマは約45cm）に達し，山々を覆った。地上で動いていた肉なるものはすべて，鳥も家畜も獣も地に群がり這うものも人も，ことごとく息絶えた。……地の面にいた生き物はすべて，人をはじめ，家畜，這うもの，空の鳥に至るまでぬぐい去られた。彼らは大地からぬぐい去られ，ノアと，彼と共に箱舟にいたものだけが残った。

創世記7章10-12節，20-21節，23節（新共同訳）

これが19世紀初頭に広く普及していた，北ヨーロッパのいわゆる**ドリフト**（drift）堆積物—未固結の堆積物（今では氷河と融氷水起源であると知られているが）の分布を説明する説であった。当事は，聖書の話を文字通り受け取ってよいかどうかの論争が激しく，特に地質学者たちに影響を与えた。北ヨーロッパの広い地域に散在していて，今は**エラティック**（erratic，迷子石）と呼ばれる多くの大きな岩石は，例えばスカンディナヴィアの山々からデンマークまで長距離運ばれてきた。当時は氷河の影響について知られていなかったので，その時代の地質学者たちは，この大

氷河堆積物（ティル）はさまざまな粒径からなるが，融氷水河川が再堆積して淘汰するので砂と礫になる。ウェールズのカーディガンの近くのバンク＝イ＝ウォーレンにあるこの例は，堆積物の周りの氷が融けるにしたがって生じた断層を示す。このような堆積物は建設産業にとって貴重な資源である。

きな岩石は壊滅的な洪水によって運ばれたと考えざるを得なかった。このように，「ノアの洪水」はディルヴィアム（Diluvium，洪積，洪水あるいは浸水という意味のラテン語）と名付けられたこのような堆積物を説明するものとして広く受け入れられていた。

実際には，スイスの博物学者たち，特にルイ・アガシー（Louis Agassiz）の18世紀終わりから19世紀の始めにかけてのアルプスでの仕事によって，大きな岩石は氷河によって運ばれたという考えが広まりつつあった。しかし，この考え方が広く受け入れられ，適用されるのには時間がかかった。

侵食地形と比べるとそれほど強烈な印象を与えないが，氷河堆積物と融氷水堆積物はさまざまな興味深い地形を構成していて，独特の景観を形づくる地形となっている。ヨーロッパの中央部・北部やアメリカ合衆国の北中西部の低地に特徴的である，肥沃な畑や森林に覆われた丘が緩やかに波打っている地域にはこのような地形が多くみられる。堆積地形はかつて大陸氷床に覆われた低地に最もよく発達しているが，侵食が卓越していた高山地域にも分布している。

モレイン

堆積地形の中で最も分かりやすいのがモレインで，氷河が前進している時に積み上げられたティルと他の堆積物からなる，一般的には長くて，尖ったリッジとなっている。谷では，氷河が最も前進した位置は，通常は氷河末端の形状を反映して湾曲している**ターミナル・モレイン**（terminal moraine，端（終）堆石）によって分かる。モレインは通常，高さが数メートルから50mあるいはもっと高いこともあるが，氷河が後退する時の激しい融氷水流によって，残骸しか残っていないこともある。低地では氷床の前進が時によって数百キロメートルにわたって延びる大きなリッジ群を形成したが，後退する氷河から流出した大流水によって，ところどころが破られている。これらのターミナル・モレイン群の背後には湖が形成されることが多い。北アメリカの五大湖やスイスのチューリッヒ湖はその代表的な例である。場所によっては，ター

氷河は大量の泥も運ぶが，これも融氷水で洗われて凹地に溜まる。北西スピッツベルゲン，コングスヴェイゲン近くのこの例にみられるように，乾燥すると，'乾燥クラック'が形成される。北極グマの足跡（長さ約30cm）で大きさが分かる。私たちは30分後にこのクマに遭遇した。

氷河が前進する時，前面にある大量のデブリを押していく。その後，氷河が後退するとルーズなデブリからなる大きなリッジすなわちモレインが後に残る。この例はネパールのクンブ・ヒマールにあるイムジャ氷河のもので，ラテラル・モレインがターミナル・モレインと繋がって前面に湖を形成している。急激な後退によって，急で不安定な面が露出して時折湖に崩れ落ちる一方，細砂とシルトは風に吹き飛ばされて他の場所に再堆積する。このようなモレインの崩壊は湖からの突発洪水を引き起こす可能性があるため，高山地域では関心がもたれている。

ミナル・モレインは単に氷河の末端で堆積したものではなく，氷河末端とその上流での氷河変形（特にスラスト，押し上げ）が組み合わさってできたものである。氷河変形が氷河末端から上流へ伝播していくことは，ターミナル・モレインは実際には末端から数百メートル上流で形成されたかもしれないことを意味する。

ラテラル・モレイン（lateral moraine, **側堆石**）は谷の側壁に沿ってできるが，斜面での土石の動きや落石などにより破壊されるので，残っている可能性は少ない。けれども最近氷河が後退した地域では，現在の氷河の末端のはるか上方や下流に1650～1850年頃の「小氷期」（Little Ice Age）に形成された不安定なリッジがかなり残っている。リッジは一般に谷壁から離れており，主谷の谷底よりかなり高い場所の谷壁とリッジの間に，いわゆる**アブレイション・ヴァレー**（ablation valley）を形成していて，ここには水流と池がある。このようなモレインの氷河側は，粘土によって一時的に保持されている岩石を多く含んだティルの急斜面となっており，雨による侵食で襞状になっている現在では，ここの登り下りは予想以上に難しくまた危険である。これとは対照的に，モレインの谷壁側の斜面は氷が中にある時でも植物の成育が可能なので，落ち着いている。氷が融けると，リッジは急速に潰れる。

谷が開けるところでは，ラテラル・モレインは谷壁を離れてターミナル・モレインに繋がっていることがある。モレインと後退する氷河の間には小丘と水溜まりの凹地が集合している。ここには**ハンモック状モレイン**（hummocky moraine）があり，今までは氷河が停滞していた時の産物と解釈されてきた。しかし，ハンモック状モレインには氷河末端に平行に並んでいるものがあり，これは活発な後退と氷河変形，特にスラストによる産物である。できてからまだ新しいと見えるハンモック状モレイン

1万2000年前に形成されたスコットランドの北西，グレン・トリドン（トリドン谷）のコーリー・アコイド・クノイク（百の丘のサークの意味）のハンモック状のモレインは，英国で最もよく保存されている氷河堆積地形の一つである。氷河の流れは右上から中央左である。モレインの前にある小さな白い小屋と比べると，モレインの大きさが分かる。

10 地形景観の形成 | 151

アラスカのマタヌースカ氷河の白くてきれいな末端は，その前面にある灰色のデブリと大きなコントラストをなす。デブリはほとんど氷河底から出てきたものである。氷河の残骸がデブリで埋もれ，氷がゆっくりと融けると水が溜まっているケトル・ホールという小さな凹地が形成される。このミネラルが豊富な氷河の前面地域の堆積物に植生が急速に進入してきていてまもなく濃い森となる。

は，英国の約1万年前の最後の氷期の影響を受けた高地に見られる。その他では，ローレンタイド氷床の後退に伴うものがあるが，アメリカ合衆国中西部のデモイン・ロウブのものは良く知られた例である。

　上に記述したそれぞれのモレインには，最初に形成された時に内部に氷が入っていて，デブリの量は少なかったかもしれない。不安定なデブリに黒っぽくて湿った部分があるのは，氷が中に入っている証拠である。これらのアイス・コアード（氷核）・モレインは何十年，時には何世紀も，特に極域では，残ることがある。

　現存の氷河によって作られる，高さが数メートル程度の別のタイプのモレインがあるが，これらは数年で消滅することが多い。氷河の消耗がなくなる冬，氷河が数メートル前進して小さな**年成プッシュ・モレイン**（annual push moraine）が形成されることがあり，もし氷河変動傾向が長期的に後退の場合，何本も平行したこのようなモレインが発達することがある。時によっては，ティルが堆積した平地を氷河が流動すると，**フルート状モレイン**（**溝状モレイン**，fluted moraine）が形成される。これは，氷河の流動方向に平行な，長くてまっすぐで互いに平行で滑らかな円頂となっているリッジで，氷河の末端が止どまらないで連続的に後退すると現れることがある。

融氷水は通常は氷河の底にある水路を流れる。融氷水は天井の氷を削るが，水路が堆積物で詰まることがある。この結果，氷河が後退すると砂礫からなるくねくねと続く上端が平らなリッジが残ることがある。これはスピッツベルゲン北西部のタイドウォーター氷河，コンフォートレス氷河の例である。

5章で述べたように，定期的に急激に前進するサージ氷河では特別なモレインの組み合わせができる。サージしている時に，スラストによってデブリが氷河底から氷河表面に運び上げられて，末端に平行な高さ数メートルの湾曲したリッジ群を形成することがある。サージの終わりには氷河の大規模な停滞が生じ，表面はスラスト・リッジが載っているハンモック状で穴がたくさん開いたデブリの多い地形となる。モレインがサージによるものかそうではないかを区別することは，特定の氷河の前進が気候変化によるものか，周期的な氷河の不安定さによるものかを評価するのに重要なことである。

もし氷河や氷床がティル平原やモレインの小丘を乗り越えていけば，堆積物はどろどろになって形態が簡単に変わったり，侵食されたりする。このプロセスの一つにドラムリン（drumlin）の形成がある。これはティルが流線型の小丘になったもので，基盤岩の高まりを覆っていることもある。ドラムリンはスプーンを裏返したような形で，急な方が上流で長軸の方向は氷河の流動に平行である。ドラムリンは長さが100mあるいはそれ以上で，高いものは比高（起伏）50mにも達し，しばしば広大な地域に**卵が入ったカゴ地形**（**basket-of-egg topography**）と呼ばれる景観となって分布する。イングランド北西部のイーデン谷がその良い例であるが，広大なドラムリン平原がアメリカ合衆国のニューイングランド地方や北アイルランドに広がっている。

氷河による運搬は上記の地形によってよく示されているが，散在するエラティックも氷河が拡大した範囲と流れの方向をよく示している。氷河表面に落ちた大きな岩塊や氷河底に埋まっている岩石は，起源の場所から数百キロメートルも離れた地点に運

最新 基本図書目録
2009年4月～2010年4月

この目録は、ここ一年間に発行された商品のうち、特に図書館様の基本図書と思われる商品を厳選しました。ぜひ、お取揃え下さい。

㈱原書房
〒160-0022 東京都新宿区新宿1-25-13
TEL 03-3354-0685 FAX 03-3354-0736
http://www.harashobo.co.jp

※Ⓣは、TRCマークです。価格はすべて税込

本当のことを知ろう。世界の「リアル」を知るワン・テーマ・ブック

「1冊で知る」シリーズ 全4巻

1冊で知る 地球温暖化
シェリー・タナカ／黒川由美訳
地球温暖化とは何か？さまざまな現象、温暖化のメカニズム、原因、影響。個人レベルでできること、考えるべきことも述べた地球温暖化が初歩の初歩からわかる入門書。
四六判・164頁・1470円　ISBN978-4-562-04524-2　Ⓣ09062511

1冊で知る 虐殺 ジェノサイド
ジェーン・スプリンガー／石田勇治解説／築地誠子訳
虐殺は、遠い過去の特別な事件ではない。誰が・なぜ・どこで・誰を殺すのか。殺さないため・殺されないために何をすべきか。歴史の真実と人が生きる権利を知る。
四六判・184頁・1575円　ISBN978-4-562-04523-5　Ⓣ10010364

1冊で知る ポルノ
デビー・ネイサン／松沢呉一解説／沢田博訳
人間にとってポルノとは一体何か？起源は？歴史は？インターネットとポルノ、性犯罪との関係、ポルノ産業、検閲の危険……ポルノについてあらゆる角度から光を当てる。
四六判・220頁・1575円　ISBN978-4-562-04521-1　Ⓣ10017311

1冊で知る ムスリム
ハルーン・シディキ／堤理華訳
9・11以後、ムスリムが受けた未曾有の差別。嫌悪と誤解の実際を検証しつつ、信仰、生活、女性の処遇など、ムスリムをまず理解し、物議を醸す数々の問題への回答を探る。
四六判・220頁・1575円　ISBN978-4-562-04522-8

イスラーム学の権威があらゆる疑問に答える決定版!

イスラーム世界の基礎知識
今知りたい94章
ジョン・L・エスポジト／山内昌之監訳

「イスラーム教とはなにか？」から、政治、経済、文化、日々の習慣まで、いま知りたい質問に歴史的変遷も含めて高名なイスラーム学者がわかりやすく解説。分野別の7部構成で、巻末に用語解説、詳細索引を完備した決定版！
Ａ５判・336頁・2310円　ISBN978-4-562-04240-1　Ⓣ09045554

「医学」を文化史の側面でとらえた希有な1冊

医学の歴史
ルチャーノ・ステルペローネ／小川熙訳／医学史監修 福田眞人

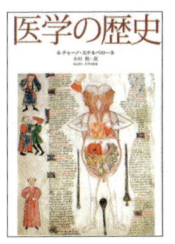

原始、病は神と悪魔の戦いにたとえられ、人類の歴史とともに祈祷・薬草・解剖などで治療に挑み続けてきた。医療技術の進歩のみならず、哲学的理念の変遷をたどることで医療の重要性を知る、画期的な総合史。
四六判・328頁・2940円　ISBN978-4-562-04514-3　Ⓣ09062424

知の巨人が豊富な図版と共に語る愛と性の過去・現在・未来

図説「愛」の歴史
ジャック・アタリ、ステファニー・ボンヴィシニ
樺山紘一 日本語版監修／大塚宏子訳

生命の誕生から現在、そして未来にいたるまで、愛の歴史とその変遷を、218に及ぶ豊富な図版とともに描く名著。各時代によって男と女がどのような理由から、どのような形で結びついてきたのか、豊富な事例を引きながら壮大なスケールで解説。
Ａ５変型判・274頁・3990円　ISBN978-4-562-04504-4　Ⓣ09050590

豊富なカラー図版で解説する「香水」のすべて

フォトグラフィー 香水の歴史
ロジャ・ダブ／新間美也監修

古代までさかのぼる香水の歴史や原料、抽出法、調香術、伝説の名香、語り継がれる有名ブランド、香水瓶の意匠まで、豊富なカラー図版とともに解説。香水の愛好家はもちろん、ファッションの一分野としての香水を知るためにも最適な一冊。
Ａ５判・280頁・3990円　ISBN978-4-562-04548-8　Ⓣ10014312

書き継がれるホームズ物語の王道!
シャーロック・ホームズの大冒険 上・下
エドワード・D・ホック他／日暮雅通訳

「身元を隠そうとする依頼人ほど興味をかきたてるものはないね」キーティング、ホック、バクスターら一流の作家たちが書き下ろした正統派ホームズ・パスティーシュ集の傑作「マンモス・ブック」がついに邦訳!

四六判・平均440頁・各1890円
上巻・ISBN978-4-562-04503-7 ⓣ09040228
下巻・ISBN978-4-562-04537-2 ⓣ10001314

すべてを語り尽くした遺作
スタッズ・ターケル自伝
スタッズ・ターケル／金原瑞人・築地誠子・野沢佳織共訳

「アメリカの良心」と尊敬を集めるピュリッツァー賞作家がおよそ100年の人生を振り返った遺作。大恐慌、第二次世界大戦、冷戦、公民権運動、ベトナム戦争、文学、音楽…赤裸々に、ときにユーモラスに語り尽くした回顧録。日経・中日・東京（10.4.11）書評

四六判・458頁・3570円
ISBN978-4-562-04507-5 ⓣ10011044

庶民の姿を活写した19世紀の文豪がガイドする真実のロンドン
図説 ディケンズのロンドン案内
マイケル・パターソン／山本史郎監訳

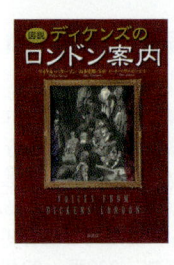

街の様子や人びとの暮らし、娯楽や犯罪など、19世紀ロンドンのすべてを豊富なカラー図版とともに生き生きと甦らせた、魅力あふれる新ロンドン案内! 地名ガイド・詳細索引付き。朝日（10.3.28）書評

A5判・428頁・3360円
ISBN978-4-562-04552-5 ⓣ10010522

ベルリン在住の同胞を容赦なく摘発した美貌の悪魔の物語
密告者ステラ ヒトラーにユダヤ人同胞を売った女
ピーター・ワイデン／小松はるの、米澤美雪訳

ヒトラー政権下のベルリンで育ったステラ。アーリア人の容姿をそなえたユダヤ人美少女は民族意識も希薄なまま、ベルリンに隠れ潜むユダヤ人を摘発しつづけ「ブロンドポイズン」と恐れられた。ゲシュタポの操り人形となって、大虐殺への片道切符に加担した女性の比類ない悲劇。

四六判・500頁・2520円
ISBN978-4-562-04549-5 ⓣ10017594

海外の最新作＋神宮訳の名作を厳選した充実の1冊!
ほんとうに読みたい本が見つかった!
4つのキーワードで読む児童文学の【現在（いま）】セレクト56
上原里佳・神戸万知・鈴木宏枝・横田順子

海外児童文学の最新作から選びぬいた41点と、初掲載の世評高い神宮輝夫の名訳から15点をあわせた全56点を厳選、ほんとうに「読んでおもしろい」傑作を、幅広い視野と鋭い視点から、作品の核心に迫る待望の最新刊! 年齢別ブックリストやシリーズ総合索引付き。

四六判・268頁・1995円
ISBN978-4-562-04291-3 ⓣ09028691

ホロコースト文学の新たなる名作
わたしはホロコーストから生まれた
バニース・アイゼンシュタイン作・画／山川純子訳

ホロコーストをどう受け止め、生きてゆけばよいのだろうか――アウシュビッツ収容所で出会い、結婚した両親のもとに生まれた著者が「生きのびた人々」の人生と「2世」である自分の人生とを重ね合わせ個性あふれる挿画とともに描きだす。

四六判・212頁・1680円
ISBN978-4-562-04508-2 ⓣ09043498

金原瑞人さん推薦! ユニークで新しいスタイルの事典
「もの」から読み解く世界児童文学事典
川端有子・こだまともこ・水間千恵・本間裕子・遠藤純

世界の創作児童文学作品に登場する「もの」に焦点をあて、「もの」から読み解く作品案内。食べもの、道具など8つに分類、見開き1項目、計200項目を図版・書影と共に紹介した、読む事典。巻末にタイトル・人名・「もの」の索引を掲載。日経（09.12.13）書評

A5判・456頁・6090円
ISBN978-4-562-04520-4 ⓣ09049493

独裁が市民を変える。あの時代の社会と国民の記録
写真で見る ヒトラー政権下の人びとと日常
マシュー・セリグマン他／松尾恭子訳

ヒトラーが生み出した第三帝国での市民生活やさまざまな抵抗や迎合、徹底した管理教育とスポーツ政策、産業の発展や景気振興策とともに行われたユダヤ人虐殺やジプシー、黒人差別主義……。さまざまな局面を写真とともに紹介する。

A5判・354頁・3990円
ISBN978-4-562-04560-0 ⓣ10014668

ヴィジュアル版 世界幻想動物百科

ファンタジー世界の動物たちをイメージ豊かに物語る決定版

トニー・アラン／上原ゆうこ訳

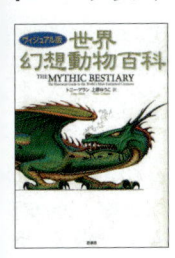

人類の想像力が生み出した古今東西の不思議な生き物たちを美しいカラーイラストで紹介する幻獣図鑑。「本書に登場する怪獣たちは空想の風景にしっかりと根をおろし、多くがその起源をきわめて古い時代にまでたどることができる」（本書「はじめに」より）

Ａ５変型判・262頁・3360円
ISBN978-4-562-04530-3 Ⓣ09060695

図説 古代仕事大全

最古のハローワークへようこそ！

ヴィッキー・レオン／本村凌二 日本語版監修

わき毛処理師に競走馬ブリーダー、速記奴隷に夢治療師、仮面デザイナーにモザイク作家、告げ口屋から葬式の泣き女まで、150を超える古代の仕事を、ウィットに富んだ文章と多数の図版とともに紹介したユニークな１冊！　浮かび上がる古代庶民の生活。

Ａ５判・380頁・3990円
ISBN978-4-562-04525-9 Ⓣ09056649

ルネサンス 料理の饗宴
ダ・ヴィンチの厨房から

イタリア料理誕生と発展の秘密

デイヴ・デ・ウィット／富岡由美・須川綾子訳

ダ・ヴィンチの手稿を中心に、ルネサンス期イタリアの食材・レシピ・料理人から調理器具まで、料理の歴史と発展をさまざまなエピソードとともに綴る！　イタリア料理の大転換期となったルネサンスの「味」と「食文化」。当時のメニューをありのままに再現した美食のレシピ付。朝日（09.5.31）書評

四六判・318頁・2520円
ISBN978-4-562-04242-5 Ⓣ09020691

碑文が語る古代ローマ史

碑文を基本から理解するための初めての手引書

アンジェラ・ドナーティ／小林雅夫監修／林要一訳

古代ローマにおいて碑文は、諸民族を文化的に同化してゆくための主要な手段のひとつだった。また碑文を読むことは、市民にとって自分がその中に生活している政治的、文化的そして社会的な現実を知るためのきわめて効果的な手段でもあった。本書は、碑文を基本から理解するための手引きである。

Ａ５判・156頁・2625円
ISBN978-4-562-04564-8 Ⓣ10017972

図説 蛮族の歴史
世界史を変えた侵略者たち

歴史に与えた蛮族の衝撃を網羅した初めての書

トマス・クローウェル／蔵持不三也監訳／伊藤綺訳

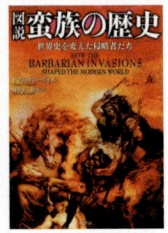

そのとき世界が変わった！──イギリスやフランス、ロシア、中国は蛮族の侵略がもとでできた。ローマ帝国の滅亡から巨大な帝国を築いたチンギス・ハーンまで、世界を揺り動かした衝撃の歴史をたどる。朝日（09.8.30）書評

Ａ５変型判・356頁・4725円
ISBN978-4-562-04297-5 ⓉＯ9035068

大英博物館 図説 古代エジプト史

古代エジプトを本格的に学ぶ人々に最適の入門書

Ａ・Ｊ・スペンサー／近藤二郎監訳

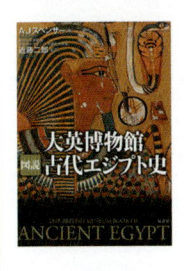

大英博物館が総力をあげて編集した、古代エジプトの全貌──未公開を含む200以上におよぶ最新カラー図版・地図を駆使し、最新の研究成果を反映した決定版！　王朝一覧、エジプト王名のヒエログリフ表記、詳細索引付き。

Ａ５変型判・354頁・6090円
ISBN978-4-562-04289-0 ⓉＯ9032203

毒殺の世界史 上・下

毒による暗殺のすべて──妖しく彩られた抹殺の物語

フランク・コラール／吉田春美訳

上：アレクサンドロス大王からリチャード獅子心王まで
下：教皇アレクサンデル６世からユーシェンコ大統領まで
政治的な毒殺はいつから始まり、どのような理由で行われてきたのか。古代ギリシア・ローマ時代から現代まで、西欧における政治的毒殺の歴史を、年代を追って詳細に検証するテロルの年代記。

四六判・平均290頁・各2520円
上巻・ISBN978-4-562-04298-2 ⓉＯ9039241
日経（09.9.20）書評 下巻・ISBN978-4-562-04299-9 ⓉＯ9039243

現代人口辞典

人口学がわかる最新の用語辞典

人口学研究会編

人口減少、少子化、高齢化など社会の根幹にかかわり、自然科学、社会科学、政治経済が複雑にからみあう人口問題の用語や概念をわかりやすく正確に解説。専門用語やマスコミに頻出する最新の言葉も平易かつ正確に説明したハンディな辞典。

Ａ５判・402頁・3150円
ISBN978-4-562-09140-9 Ⓣ10003542

80年近く埋もれた幻の伝記公刊！

板垣退助君伝記 全四巻

滄溟・宇田友猪／公文 豪 校訂／安在邦夫 解説

板垣を師父と仰いだ滄溟・宇田友猪の執筆中の死去（昭和5年）で未刊となった膨大な毛筆書きの原稿を発掘・解読し、校訂を加えた、歴史研究家・公文豪氏の努力が出版への道を開いた。板垣の家系、幼少期から幕末・維新、自由民権運動を経て、大隈重信と隈板内閣を組織する直前までの伝記が、様々な貴重資料を引用しながら詳述される。板垣退助の生涯と思想の究明に必読の詳細な史料。

A5判・ケース入り・平均550頁・各9975円

ISBN 第一巻978-4-562-04509-9 Ⓣ09047259／第二巻978-4-562-04510-5 Ⓣ09057120
第三巻978-4-562-04511-2 Ⓣ09063766／第四巻978-4-562-04512-9 Ⓣ10008725

〜各巻目次〜

〔第一巻〕
- 滄溟・宇田友猪の生涯と業績……公文豪
1. 世系と誕生
2. 荒武者乾猪之助
3. 吉田東洋と君
4. 免奉行
5. 時勢の急転と階級的軋轢
6. 東洋の横死
7. 天誅の流行
8. 攘夷勤使の東下と容堂の斡旋
9. 極印事件
10. 臨時組の成立と容堂の上洛
11. 攘夷期限決定、京都の政変、君と中岡の会見
12. 勤皇党獄と君、各地の反変
13. 兵学の修行、浪士の隠匿
14. 四候会議
15. 討幕の盟約、挙兵の準備
16. 大政返上の建白
17. 迅衝組の備勢と中岡、坂本の横死
18. 王政復古の号令、御前会議の論争
19. 主戦党と平和党の抗争
20. 戊辰揚局の第一劇
21. 山道三軍の先鋒
22. 千代田城下の風雲
23. 安堵の接続と日光の掃伐
24. 今市の孤軍墜守
25. 棚倉、三春、本宮、二本松の攻略
26. 会津総進撃
27. 若松城攻囲と降伏、東征軍の凱旋
28. 王政維新の精神、四民平等の先駆
29. 征韓論の破裂

〔第二巻〕
30. 民撰議員設立の建白、愛国公党の結成
31. 立志社の創立と愛国社の結成
32. 大阪会議と乙亥の改革
33. 高知の大騒乱及び国会開設の建白
34. 愛国社の再興
35. 自由党の大成
36. 岐阜凶変
37. 政党離任の前渦及び外遊問題の内訌
38. 自由党側の刷新、反抗的惨劇の続出
39. 朝鮮改革運動と君、自由党の解体
40. 欧化戦略の蹉跌、辞爵の顛末
41. 批政弾劾の封事、三大事件建白運動と君

〔第三巻〕
42. 大同団結の分裂、条約改正問題の沸騰
43. 愛国公党の再興
44. 立憲自由党の成立、初期議会の乱戦と君
45. 自由党の改造及び藩閥との決戦
46. 選挙大干渉
47. 元老院閣との接戦
48. 政界擾動と二大党対立の動向

〔第四巻〕
49. 日清戦役の旋風と政局の回転
50. 憲政の一躍進及び自由党と伊藤内閣の提携
51. 恒なかる内務大臣時代
52. 憲政の逆転と自由党の受難
53. 革命的政変と政党内閣の幻滅

【付録1】板垣退助研究覚え書き……安在邦夫〜研究の現状と「板垣退助君伝記」刊行の意義
【付録2】板垣退助研究参考文献・史料……安在邦夫
【付録3】板垣退助年譜……安在邦夫・公文豪

1000年におよぶ、中国最大の奇習のはじめての通史！

図説 纏足（てんそく）の歴史

高洪興／鈴木博訳

身分の高い女性を中心に10世紀頃からはじまり、19世紀の清朝で禁止されるも、いまなお各地にその痕跡を残している「纏足」という習俗。その成り立ちから手順、嗜好、衰退のすべてを資料から克明にたどった唯一の通史。

A5判・402頁・3990円
ISBN978-4-562-04250-0 Ⓣ09022156

異能の軌跡を丹念に検証する

出口王仁三郎　帝国の時代のカリスマ

ナンシー・K・ストーカー／井上順孝解説／岩坂彰訳

明治から昭和前期、京都の小さな新興宗教団体を国際的宗教複合体に成長させたカリスマの評伝。帝国の時代に突入する変動期の社会と、宗教者、企業家、社会運動家、芸術家ほか多くの才を開花させた異能の軌跡を丹念に調べて重ね描く。

読売（09.7.26）・日経（09.8.9）書評　四六判・386頁・3570円
ISBN978-4-562-04292-0 Ⓣ09035032

【貴店・番線】

㈱原書房　〒160-0022　東京都新宿区新宿1-25-13
FAX 03-3354-0736　TEL 03-3354-0685

注文書　FAX 03-3354-0736

書　名	定価(税込)	ISBNコード	TRCマーク	注文数	書　名	定価(税込)	ISBNコード	TRCマーク	注文数
1冊で知る 地球温暖化	1,470	978-4-562-04524-2	09062511	冊	写真で見るヒトラー政権下の人びとと日常	3,990	978-4-562-04560-0	10014668	冊
1冊で知る 虐殺	1,575	978-4-562-04523-5	10010364	冊	ヴィジュアル版世界幻想動物百科	3,360	978-4-562-04530-3	09060695	冊
1冊で知る ポルノ	1,575	978-4-562-04521-1	10017311	冊	ルネサンス 料理の饗宴	2,520	978-4-562-04242-5	09020691	冊
1冊で知る ムスリム	1,575	978-4-562-04522-8		冊	図説 古代仕事大全	3,990	978-4-562-04525-9	09056649	冊
イスラーム世界の基礎知識	2,310	978-4-562-04240-1	09045554	冊	碑文が語る古代ローマ史	2,625	978-4-562-04564-8	10017972	冊
医学の歴史	2,940	978-4-562-04514-3	09062424	冊	図説 蛮族の歴史	4,725	978-4-562-04297-5	09035068	冊
図説「愛」の歴史	3,990	978-4-562-04504-4	09050590	冊	毒殺の世界史（上）	2,520	978-4-562-04298-2	09039241	冊
フォトグラフィー香水の歴史	3,990	978-4-562-04548-8	10014312	冊	毒殺の世界史（下）	2,520	978-4-562-04299-9	09039243	冊
シャーロック・ホームズの大冒険（上）	1,890	978-4-562-04503-7	09040228	冊	大英博物館 図説 古代エジプト史	6,090	978-4-562-04289-0	09032203	冊
シャーロック・ホームズの大冒険（下）	1,890	978-4-562-04537-2	10001314	冊	現代人口辞典	3,150	978-4-562-09140-9	10003542	冊
図説 ディケンズのロンドン案内	3,360	978-4-562-04552-5	10010522	冊	板垣退助君伝記　第一巻	9,975	978-4-562-04509-9	09047259	冊
スタッズ・ターケル自伝	3,570	978-4-562-04507-5	10011044	冊	板垣退助君伝記　第二巻	9,975	978-4-562-04510-5	09057120	冊
密告者ステラ	2,520	978-4-562-04549-5	10017594	冊	板垣退助君伝記　第三巻	9,975	978-4-562-04511-2	09063766	冊
ほんとうに読みたい本が見つかった!	1,995	978-4-562-04291-3	09028691	冊	板垣退助君伝記　第四巻	9,975	978-4-562-04512-9	10008725	冊
「もの」から読み解く世界児童文学事典	6,090	978-4-562-04520-4	09049493	冊	図説 纏足（てんそく）の歴史	3,990	978-4-562-04250-0	09022156	冊
わたしはホロコーストから生まれた	1,680	978-4-562-04508-2	09043498	冊	出口王仁三郎	3,570	978-4-562-04292-0	09035032	冊

背景にクック山が見えるタスマン川は典型的な網状河川である。水源はこの写真では左側のミュラー氷河とフッカー氷河，そして右側のタスマン氷河である。網状河川は流量の変動が非常に大きいのが特徴で，流路がすぐに変わるので植生は進入しにくい。

ばれることがある。

　時にはモレインに貴重な鉱物が含まれていることがある。仮にモレイン自体は経済的に価値がなくても，流れた経路をたどって元の岩石を突き止めれば，採算のとれる鉱物資源を見つけることが可能である。この鉱物探査の方法はカナダとフィンランドで最も広く使われている。

堆積営力としての融氷水

　氷河内部，縁辺，あるいは前面の融氷水も地形を作り出すが，夏と冬の水量変動が大きいので河道は流れと水路が頻繁に変わる「網状」となる。流れは氷河のデブリを変形，淘汰，再堆積し，ターミナル・モレインの下流や後退する氷河の前面に**アウトウォッシュ平原**（outwash plain）を形成する。このような網状水路はニュージーランドやアラスカの見事な例にみられるように，通常は平らな底を持つ谷の幅一杯に広がる。低地では数十キロメートルの幅となることがある。これらの平原はアイスランド語を使って**サンダー**（sandar，単数型は sandur）とも呼ばれる。サンダーとは，アイスランド南岸沿いに広く分布しているヴァトナ氷帽と海に挟まれた細長い平原である。

　氷河流出河川（アウトウォッシュ）堆積物（glacial outwash deposits）は，しばしば氷河氷の残骸を埋める。埋積された氷がゆっくりと融けるにつれて，ケトルあるいは**ケトル・ホール**（kettle hole，ケルト語；お釜）と呼ばれる急斜面に囲まれた水が溜まった凹地ができる。氷河の下では水流が氷を侵食してトンネルを形成し，やがてデブリが溜まる。氷河が融けると，**エスカー**（esker，ケルト語）と呼ばれる砂礫

からなる細長いリッジが，アウトウォッシュ平原の上に残される。高さは数メートルから数十メートルで，何百メートルもうねうねと続く。フィンランドにはエスカーが数多くあり，湖が点在している地域で道路建設に格好の平らなリッジとなっている。

　流水堆積物は氷河のすぐ脇に集積することが多く，氷河が融けると独立した小丘となって残る。このようにして形成された氷河末端に平行な触氷融水堆積物（ice-contact meltwater deposits）を**ケイム**（kame，古スコットランド語）と呼ぶ。**ケイム段丘**（kame terrace）は氷河の脇に形成されたもので，特に支流が主谷に流入する場所に形成される。氷河が融けるにつれて，平坦で緩やかに傾いている段丘が斜面に張り付いて残る。水流による堆積に加えて，ケイムとケイム段丘は湖成堆積物からなる場合もある。

　氷河作用によって作り出される，景観を構成する顕著な要素の一つとしての特徴に加えて，アウトウォッシュ，エスカー，ケイムなどの堆積物は，世界の中緯度地域，特にヨーロッパや北アメリカでは道路や建築に必要な砂礫の，重要な供給源となっている。

沖合の堆積地形

　高・中緯度では，氷期にはたくさんの氷河や氷床が大陸棚まで前進していた。人工地震断面探査やサイドスキャン・ソーナー（音波掃査）など精巧な地球物理探査技術を使って，海底に地上と同じような堆積地形を見つけ出した。例えば，堆積物上にある一連の溝やモレインである。さらに，**トラフ口（溝口）扇状地**（trough-mouth fan）として知られている大規模な堆積地形もある。これはアイス・ストリームによって大量の土石が大陸棚の縁まで運ばれて堆積したものである。トラフ口扇状地はノルウェイの海岸，バレンツ棚の西端，南極のプリズ湾でよく研究されており，幅が100km以上あるものもある。

　氷河景観は氷河侵食や堆積だけによってできるのではなく，流水，風，マスムーブメント*など氷河と関連したプロセスによってもできる。従って，氷河景観を作り出したプロセスを理解するためには，かなり綿密な研究が必要なのは当然である。この章は，氷河景観の構成要素をごく簡単に要約したに過ぎない。

マスムーブメント　重力によって物質が動くこと。地すべり，山崩れなどの総称。

スイスのツガー湖とチューリッヒ湖の間にある氷期の遺産はドラムリンである。氷河によって作られた流線型の堆積地形は氷河堆積物からなり，近くの集落にきれいな飲料水を供給している重要で信頼のできる帯水層となっている。

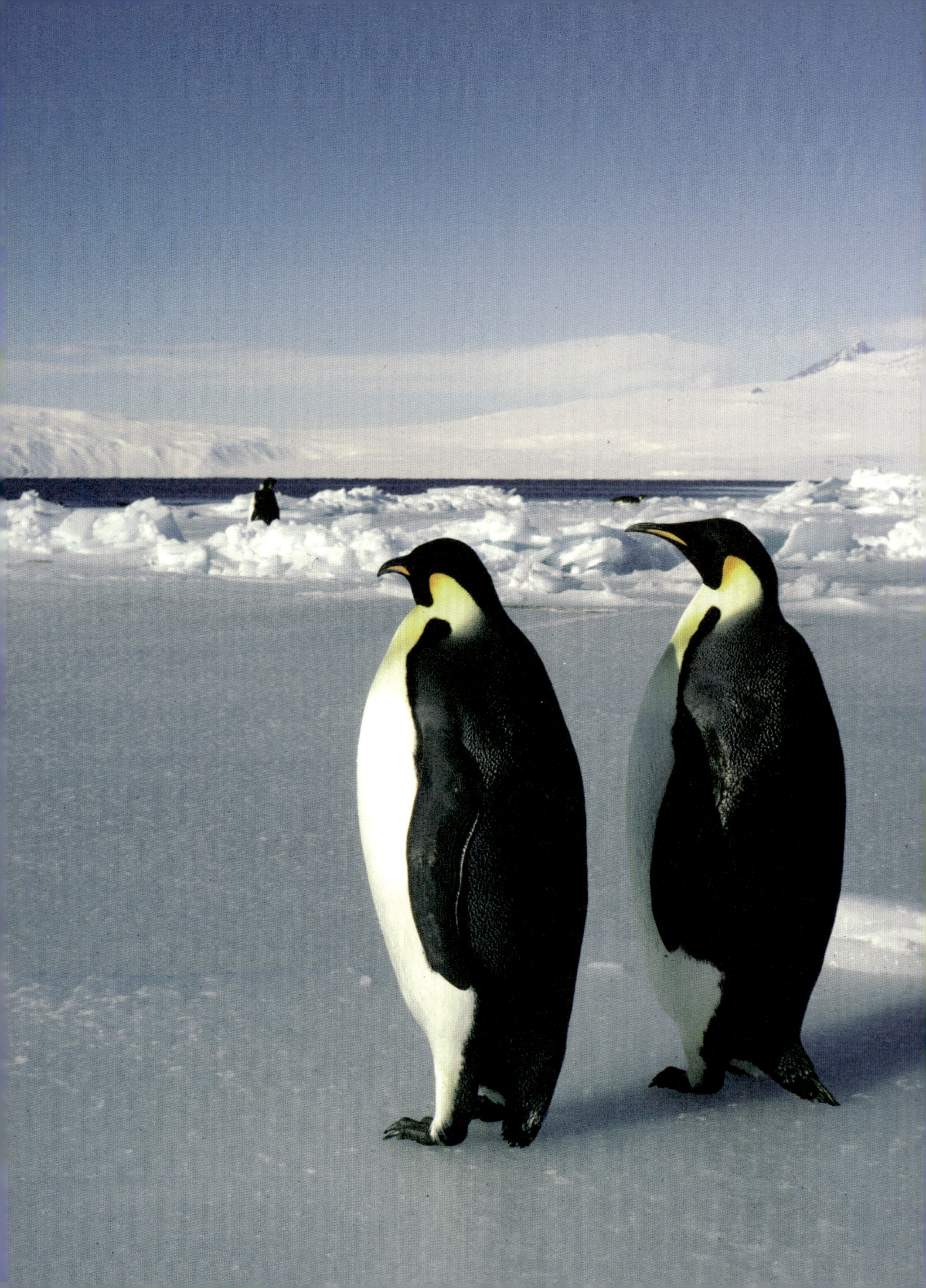

11 氷河と野生生物

156ページ：マクマード入江の定着氷の端にいる皇帝ペンギン（Aplendytes forsteri）。皇帝ペンギンは南極で冬に繁殖することで有名である。このペンギンのルッカリー（繁殖地）は背景にある氷河に覆われたロス島の北端のはずれにある。

　意外に思うかもしれないが，氷河とその周辺は野生生物にとって快適な場所であることが多い。筆者らは，スピッツベルゲンの氷原で標高1000mの場所にキャンプしている時，海岸から30kmも離れているにもかかわらず，近くの露岩の崖上で営巣しているフルマカモメのコロニーの絶え間ないさえずりと鳴き声に夜通し悩まされたことがある。南極キツネの鳴き声を聞いてテントの外を覗いたら，優雅な白毛のキツネが営巣中の鳥を期待に満ちた目で見ながら，崖の下を行ったり来たりしているのが見えた。不運なヒナが巣から落ちるのを待っていたのは明らかである。

　環境は厳しいけれど，氷河に全く生物がいないわけではない。氷河の周りでは世界中どこでも，多くの種類の動物や植物が寒冷にたいして独自に適応して生活し，死んでいっている。極域の氷床の周りで生活する種がいる一方，山岳氷河の周辺を生活の場にする種もいる。

南極

　地球上で最も厳しい環境は南極である。大陸全部が寒冷沙漠で，その特徴は降雪量が少ないこと，水がないこと，風にさらされていること，有機物がなく塩分を含んだ鉱物性土壌しかないこと，などである。このような過酷な条件のもとで生活できる生

東南極ケイシー基地近くのアデリーペンギンと幼鳥（Pygoscelis adeliae）。氷床と海の間の狭い露岩地は理想的な営巣地で，巣作りに使える氷河漂石がある場合は特にそうである。

物種の数は限られている。南極で繁殖するのは12種の鳥と4種類のアザラシだけである。けれども，大陸を囲んでいる海は生態的に豊かで生物が豊富である。種が少ないのは大陸が他の陸地から遠く離れているからである。650kmの荒れる海に隔てられているので，移動が難しい。

南極の陸上動物は小さい。実際，アブが最大で，陸地に住んでいるものとしてはダニが最も多い。これとは対照的に，海には食物連鎖の頂点にいる大きな温血動物がたくさんいる。例としては，アホウドリや皇帝ペンギンなど世界で一番大きな鳥，アザラシ，クジラなどがいる。ここの海に生息しいている動物の一つ，歴史上で一番大きな動物であるブルークジラは，この海の豊かな食物，特にオキアミで成育する。不幸にも人間がこの動物を容赦なく捕獲してきたので，現在では完全な保護が必要である。しかし，たとえ完全に保護してもその回復はゆっくりである。

海鳥と哺乳動物のほとんどは生活の大部分を氷上ではなく海で過ごし，水中で繁殖する。しかし，内陸深くで営巣して繁殖する鳥もいる。例えば，雪鳥や南極トウゾクカモメは，海から300km離れたドロニング・モード・ランドのヌナタックの標高2000mの場所にコロニーを作っている。大カモメは南極のさらに奥深くまで飛んでいく。1912年に遭難したスコット率いる南極点探検旅行隊は，極点からわずか250kmの場所でこの鳥を目撃したが，ここは最も近い外海から1200kmも離れている。

ペンギンは，多くの人が特別な興味を持つ鳥である。皇帝ペンギンとアデリーペンギンの二つの種が大陸，特に安定した海氷の上，あるいは氷壁や氷棚の棚，洞窟など

東南極デイヴィス基地のゾウアザラシ (Mirounga leonine)。このアザラシは春になると陸に上がって脱皮し，集団を作る数十頭のうちの一頭である。

ウェッデルアザラシの母親と大きな子供（Leptonchotes weddelli）。氷河が沿岸に張り付いている南極ロス海のグラニット・ハーバー海岸近くの海氷上で寝そべっている。

東南極ミールヌイ基地の南極大カモメ（Catharacta antarctica）。この大きくて攻撃的な鳥はアデリーペンギンの幼鳥や卵を食べる。この鳥はソリ・パーティを追って氷床奥深く飛んでいくことが知られている。もしキャンプや基地の周りで食物やゴミが適切に処理されていないと、これらを漁る。

で繁殖しているが、さらに北の島々ではもっと繁殖する。他のどの鳥よりも、皇帝ペンギンは極寒の気候にユニークに適応している。しかし、その数はわずか25万羽と見積もられている。皇帝ペンギンは初冬に卵を産み、一年で一番寒い時に抱卵する。雌が卵を産むと雄が取って代わり、卵を足にのせ羽根のついた皮膚で覆い、強烈なブリザードから体熱を温存するために群れ集まる。約65日経つと羽化が始まるが、その頃肥えた雌が戻って来るので、飢えた雄は氷が張っていない海へ餌を求めて海氷を渡って北へ行く。

カナダ北極圏，アクセル・ハイバーグ島のトンプソン氷河近くの植生がまばらなツンドラにいる北極ノウサギ（Lepus arcticus）。

　1911年，最後のスコット遠征隊主任科学者であったエドワード・ウィルソンと「鳥好き」バウアーズ，アプスリー・チェリー＝ガラードが最も過酷な科学調査旅行を行なって以来ずっと，皇帝ペンギンの繁殖行動は生物学者たちを魅了しつづけている。「世界最悪の旅」（1922年年刊）の本の中でチェリー＝ガラードが生々しく記述しているが，この旅は皇帝ペンギンの卵を産卵直後に採るため冬のまったださ中の暗黒で行なわれた。彼らは未発達の胚によって爬虫類の鱗と羽の関係が分かり，それによって全ての鳥の起源に光が当てられることを期待した。この調査隊が経験したひどい窮乏は，冬の間氷河の端に留まっている皇帝ペンギンが経験する状態をよく物語っている。三人は343kgのソリを引いて，気温が一気に$-61°C$にまで下がり，最高でも$-50°C$にすら達しない日も少なくないロス氷棚の一部を横切らなければならなかった。隊は最後にはクロズィアー岬に到着し，難しい氷の斜面をなんとか下ってペンギン・コロニーに達した。多くの卵を収集した後，コロニーの上手にキャンプを設営したが，猛烈なブリザードによってテントはふきとばされてしまった。3日間にわたってブリザードが頭の上を吹き荒れている間，グランドシートを被り氷だらけのトナカイの毛皮の寝袋の中で肩を寄せ合ってしのいだ。幸にもテントは無傷であった。テントなしでは彼らの生存は危うかっただろう。ここに来るまでの4週間の苦難で隊は消耗していたが，遠征隊のベースキャンプまで100km近くも来た道を戻らなければならなかった。人間が生還した状況としておそらく最も厳しいものに耐え，最終的に36日をかけて戻った。悲しいことにウィルソンとバウアーズは，スコットと共に南

極点へ到達した後，遠征中に亡くなった。

　ペンギンとアザラシはおそらく生活の大半を，外気より暖かい南極周辺の海中で過ごす。温血動物は，海の豊かな食物資源を利するのにとてもよく適応している。ペンギンやヒメウミツバメは密度の濃い撥水性の羽によって，またクジラやアザラシは厚く堅い毛皮によって体熱のロスを最小に押さえるのに加え，さらに厚い皮下脂肪やクジラの脂肪層は断熱効果を発揮する。これに加えて，アザラシやペンギンは体の出っ張りが普通は短くて骨っぽく，コンパクトな形態なので，外気にさらされている部位を循環する血液が少なくて済む。体が大きいことも寒冷気候では有利である。体表面積と体積の比率が低いので，比率が大きい小さな動物と比べてより効率的に体温が保たれる。

　アザラシや鳥は静穏な空気中では相当低い温度まで耐えるが，風がある時は水の中を好む。けれども，例えば子供を保護している時など，必要とあらば数日も続くブリザードの中でも平気でそこにいる。子供はそれほど幸運ではなく，厳しい嵐の中では死亡率が高い。

　ある動物は南極で不思議な行動をとる。最も変わっているのはカニクイアザラシの行動で，内陸に向かって岩石デブリの上や氷河の上流に何キロも這いずっていき，死ぬ。干からびた死体は標高750m，また海岸線から750kmも離れた場所で見つかっている。筆者の一人はドライ・ヴァレーのジュース氷河の末端でミイラ化したアザラシが氷の中から融けだしているのを見ている。

　南極には，3600万年前に氷床が発達するまで，南（極）ブナを含む豊かな植生があった。森林とその当時のツンドラ植生は，急激な寒冷化によって今日みられるような寒冷乾燥気候になるまで，初期の氷河と共生していた。今日でも一見すると南極には植生が全くないように見えるけれど，そうではない。さまざまな種類の藻類，地衣類，苔類，菌類などがある。最も種類が豊富なのは南極半島とその沿岸の島々の暖かい海洋性の地域で，花が咲く植物でさえ2〜3見られる。苔類と地衣類はそれぞれ南緯84°と86°にあるヌナタックで見つかっている。

　モレイン堆積物と露岩の両方に見られるように，氷河が後退すると最初に見られる植生は藻類と土壌微生物で，次は苔類と地衣類である。これらは一時的な水路の脇や雪の土手の周りによく生える。南極の植物は，霜と極度の乾燥に対する抵抗力があり，短い好条件の間に早く成長することで生き延びる。

北極

　北極では，南極の大部分の特徴である寒冷沙漠環境は高緯度地域のいくつかの島々に見られるだけであり，また，南極ほど不毛ではない。実際，北極のほとんどの地域ははるかに耐えやすい気候なので，生物学的には南極と非常に異なる。北極にも広く氷河域が広がってはいるが，無氷河地域の方がはるかに広大である。これに加えて，北極の一部は最終氷期の時でも氷河に覆われなかったので，生物の進化は中断されることなく進んだ。このような理由で，南極域よりもはるかに多くの動植物の種がある。

　最も顕著な違いは，ツンドラだけではなく雪原や氷原も自由に歩き回る大型の陸上動物がいることである。ツンドラは植生がわずかに生えている地域で，下には永久凍土と呼ばれる一年中凍っている厚い層がある。北極にはトガリネズミ，ウサギ，げっ

歯類，オオカミ，キツネ，クマ，シカなど全部で48種の陸上動物がいる．この数は南極と比べると多いが，より温暖な地域と比べたら少ない．しかし，これらのうち氷河の近辺で生活するのはわずかである．例えば，グリーンランドには北極ノウサギ，北極レミング，ハイイロオオカミ，北極キツネ，北極グマ，エゾイタチ，クズリ，カリブーとジャコウウシの9種しかいない．

　北極の動物たちは厳しい冬の状況にさまざまに適応している．例えば鳥の大多数や北アメリカのカリブーの群れの多くは，南へ移動して厳しい冬を避ける．一方，スヴァールバル島のトナカイはどこへも移動できないので寒さにうまく適応しているようである（夏は氷河や雪田で涼んでいるのをよく見かける）．アラスカ・マーモットや北極リスのように，冬眠する動物もいる．クマは厳密には冬眠しないが，アラスカの氷河の周辺にいるグリズリーは冬には長い眠りをむさぼる．

　北極キツネはいくつかの興味深い方法で適応している．一年中活動的で，秋になると毛が茶灰色から冬の雪に合う密な白毛に変わり，凍結した地面から足を守るために足が毛深くなる．これで一定の体熱生産を保つことができ，気温がマイナス40℃まで下がった時だけ体熱生産を増やす．キツネは北極を広く駆け回り，前に述べたように氷河の上に行くだけではなく，海氷の上にも行く．実際，キツネは北極点から140kmの場所，一番近い陸地から80kmも離れた場所で目撃されている．キツネは鳥やレミングを餌にして生きているが，北極グマに殺されたアザラシの残骸なども漁

ウルフ山の麓にあるカラー湖畔を歩いている北極オオカミ（Canis lupus）．このオオカミはカナダ北極圏，アクセル・ハイバーグ島にある雪氷調査野外基地を定期的に訪れた．

る。キツネはかなり大きな鳥も殺す。スピッツベルゲン北西部にある氷河の近くのモレインで，私たちはキツネの巣を観察したことがある。巣の外で大きくなった子ギツネが遊んでいる間に，母ギツネは近くの集落，ニー＝オルスンドに行き，バーナクルガチョウの群れの営巣場所を襲った。少なくとも自分の目方の半分ぐらいはある2kgの鳥を，5kmも離れた子ギツネのところに運んでいくのはとても印象的な離れ業であった。そのキツネは鳥を殺しただけではなく，卵を食べたりして徹底的に営巣地を壊したので，そのシーズンはほんのわずかのガチョウしか卵を孵化できなかった。

　食肉性のハイイロオオカミは氷期の生き残りで，氷河が後退した後，北極地域の大部分に広がった。カナダとアラスカでは主に病気や弱ったカリブーを，グリーンランドでは小動物を餌とし，群れで襲う。筆者の一人はアクセル・ハイバーグ島での三か月の野外調査の間，雄と雌の二匹のオオカミの近くでキャンプした。雄は自分の領域と見なしている場所での人間のさまざまな行動に対して，非常に興味を示した。雄は頻繁にキバをむいて領域を主張しながらしばしば私たちの後についてきた。興味深いことに，オオカミが私たちの近くにいた理由は食物ではなかった。人間が与えたものは絶対に食べなかった。この筆者にとって，真夜中の太陽の下でオオカミの歌うような遠ぼえを聞いたり，目が覚めてテントの外に顔を出したらなついている北極オオカミと顔があったことなどは，北極生活の最高の思い出である。

　キツネとオオカミと同じようにジャコウウシも，苔類や地衣類をほじくることがで

雪に覆われたツンドラを旅しているスヴァールバル・トナカイ（Rangifer tarundus platyrhynchus）。背景は北西スピッツベルゲンのブロッガーハルヴォーヤ半島にある凍ったフィヨルドと氷河を頂いた山々。

北西スピッツベルゲン，ミダー・ローヴェン氷河近くにいた夏毛の北極キツネ（Alopex lagopus）。

カナダ北極圏，アクセル・ハイバーグ島のトンプソン氷河近付近で防御隊型をとるジャコウウシ（Ouibos muschatus）。

冬羽のライチョウ（Lagopus mutus hyperboreus）は，北西スピッツベルゲンのニー＝オルスンド近くの北極ツンドラに一年中住んでいる．

きるような，雪が少なく乾燥した場所を好み，一年中活動的である．カナダの極域諸島やグリーンランドの氷河周辺のツンドラをしばしば訪れる．ジャコウウシは通常の毛よりも柔らかい厚い冬の毛となる．夏には毛が替わるが，徐々に縮んだ毛を落としていくのでとても汚い姿になる．危険が迫ると，ジャコウウシの家族は子牛を後ろにして防御線あるいは防御円を作る．この防御の形はオオカミのような食肉獣には非常に効果的であるが，彼らを大量に狩猟し始めたライフルを持ったハンターたちには，かえって好都合であった．雪氷学者はジャコウウシ——大抵は群れから追い出された老いた雄であるが——との危険な遭遇を何件か報告している．ある時，東グリーンランドで筆者の一人は静かにツンドラに関するノートを取っていたが，突然群れから離れているジャコウウシに狙われ，前触れなしに襲われた．背後は崖で逃げ場がなかったので，唯一とれる行動は突進してくるウシと対峙して口で罵倒することだけであった．これが功を奏した．というのは，ウシは3mぐらいのところで躊躇して砂ぼこりを上げて止まり，ゆっくりと後ずさりしたからである．

　北極ノウサギは，南方のウサギとは異なりかなり厚い毛を持つ．冬には毛が白くなり，さらに北に行くと一年中白毛である．他のノウサギ種の大多数とは異なり，北極ノウサギは時によっては大きな群れを作るが，大抵は6匹前後の群れである．カナダ北極圏とグリーンランドで野外調査をしている時，二人の筆者にとってノウサギを見るのは面白かった．私たちが見た中で一番面白かったのは，ベースキャンプから離れたところで，暖かい夏の太陽の下での昼寝から目覚めた時のウサギの反応であった．私たちによって目を覚まされ，びっくりして逃げたが，奇妙にも私たちからそれほど

アクセル・ハイバーグ島に生育する小さな極やなぎ灌木（Salix Polaris）は，氷河が後退した後に進入する最初の灌木の一つである。

紫ユキノシタ（Saxifrage oppositifolia）は氷河が後退した後に最初に進入する植物の一つである。アクセル・ハイバーグ島。

東グリーンランド，コング・オスカー・フィヨルドに咲く白色の北極ガンコウラン（Cassiope tetragona）。

遠くないところで円を描いて駆け回った。他のノウサギと同様に走るが，走り続ける前に狂乱的に飛び跳ねることも面白かった。

　げっ歯類のような小動物は，断熱効果を上げることで体熱のロスを補うことができないので，代わりに新陳代謝を良くする。また，雪の下に巣を作るなどして環境による断熱を利用する。レミングは厳密には冬眠しないが，このようにして北極の一番北の島でも生き残る。

　世界で一番大きな肉食動物，北極グマは動物たちがいかに厳しい北極の環境に適応しているかの最も良い例である。北極グマは北極の海氷上に広くまばらに生息しているが，繁殖は陸上の巣で行なう。巣は通常は寒々とした海岸沿いの丘の雪の堆積堤に作る。クマは凍った北極海を渡って数百キロも歩き回る。めったに氷河へ行かないが，氷原を横切ることが知られている。例えばスヴァールバルでは，島々の西岸の海氷が急激に崩壊してクマがアザラシを捕まえることができなくなり，東岸のよりしっかりした海氷へ行くために陸の氷河を渡らざるを得ないような時には，氷原を横断して行く。警告なしに人間を襲うので，北極グマと遭遇することは極力避けなければならない。クマは保護種なので，自己防衛でクマを撃つのは最後の手段である。けれども，北極を訪れる人はライフル銃の携帯が義務づけられている。筆者の一人は，西部スピッツベルゲンで一シーズンの間に二回クマと遭遇した。最初は，狭い海浜と湾入を囲い込んでいるタイドウォーター氷河コングスヴェイゲンの縁壁で調査をした後のことだった。私たち4人は海岸沿いのモレインをよじ登っていたが，こちらへ歩いてくる大きな雄のクマを目撃した。私たちはモレインの陰に隠れて，クマが私たちに気

小氷期のモレイン（1750年頃）の岩石を覆う地衣類（北スウェーデン、ケーブナカイセにあるストー氷河）。

アイベックス（Ibex ibex）はアルプスの高所での生活に理想的に適応している。比較的大きな躯体と密な毛は冬に体温を保つのに有利であるが、夏は涼しく保つのが問題となる。アイベックスの群れは時によっては雪田や氷河へ行って夏の暑さをしのいでいる。

がついていないことを願いながら、氷河堆積物の土石の流れを横切って上へ駆け上がった。小丘の後ろで息をつくために（そして写真を撮るために）立ち止まると、クマが脅すように私たちの方向を見てから海岸をすたすた歩き続け、私たちが調査をしていた湾入部分に来たのが見えた。そこで出会っていたら逃げ場がないので、大変なことになっていただろう。ライフル銃を使わざるを得なかったかもしれない。二度目は、私たちのうちの何人かが、フィンスターヴァルダー氷河の近くの雪氷調査小屋の側でキャンプをしていたときのことである。もしクマが近づいたら大きな音でクマを脅して追いやるために、テントの周りを引っ掛かると花火が打ち上がるようにワイヤーで囲むのが習わしであった。パーティの一人が何度も誤ってワイヤーに引っ掛かり花火を打ち上げていたので、その朝早く花火が打ち上がった時も、グループの一人が'外にクマがいるぞ！'と叫んでライフルを発砲するまで、私たちは気に止めなかった。発砲音で私たち全員がテントの外を覗くと同時にもう一発ライフルが撃たれ、クマ（母親）は子グマのところへすたすたと逃げて行った。状況は次のようであった。私たちの仲間がテントの外を覗くと、2～3m先にうなりながら体を揺らしているクマが見えた。クマは花火を怖がらなかったのだ。テントの屋根をめがけて撃った最初の一撃はクマを脅すためであった。これは効果がなかったが、幸いにも二回目の発射でクマを追い払った。クマをこの至近距離で見た後は、雪氷調査はいくぶん緊張したものになった。しかしその後、沿岸の流氷の上で二匹の子グマと遊ぶクマを見る幸運に恵まれた。

北極のツンドラに冬の間留まる鳥は少なく，ライチョウのように留まる鳥は，低温では新陳代謝を低くし，羽の密度を高くすることで適応している。けれども，夏の北極には陸地と海を渡ってくる 200 種近い鳥がいる。鳥は，雪が解け始め，植物の花が咲き日が長くなる春に来る。自然の最も印象的な光景の一つは，何千羽もの海鳥がフィヨルドの急な崖に巣を作り飛び回っている様である。ここでは，奥にある氷河からカービングした氷山が，鳥やアザラシなどが休む場所となっている。大多数の鳥は好んで海岸の絶壁に巣を作るが，内陸氷原のヌナタックに巣を作る鳥もいる。であるから，北極では生物がいない地域は，ほんの少しだけである。ものすごい距離を渡る鳥がいるが，北極で営巣し南半球の夏を目指して南極まで渡る北極アジサシほどすごい鳥はいない。

　数のうえで北極で最も多いのは昆虫である。昆虫は多くの鳥にとって重要な餌なので，生態系において不可欠な役割を果たしている。蚊とブヨは天気が良い時には人間を襲うので特に目立つが，人間に危害を与えない昆虫はたくさんいる。

　北極の植物もさまざまな方法で厳しい気候に適応している。最も顕著な適応の方法は植物が小さいことで，このことによって風による乾燥を最小にし，絶縁効果のある雪の下に隠れることが可能になる。植物の成長期は地面の方が温度が高いので，花が咲き種ができやすくなる。その他にもたくさんの適応があるが，その印象的なものは蕾が早くつくことで，春のごく早い時期に花が咲くのを可能にする。黒っぽい葉と茎も目立つが，これらによってより多くの熱が吸収される。特に葉の密度が高いとそうである。ヘザーやユキノシタなどが良い例で，これらの葉は植物が雪でこすられるのを防いでいる。

　北極の植物は，光合成の割合を変えるなどして光の強さの季節変化にも適応しなければならない。植物は夏の霜に加えて，年 8〜10 か月におよぶ地面の完全凍結に耐えなければならない。

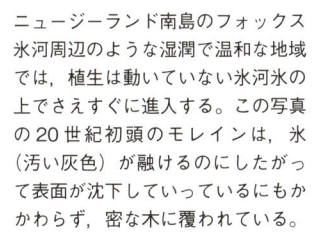

ニュージーランド南島のフォックス氷河周辺のような湿潤で温和な地域では，植生は動いていない氷河氷の上でさえすぐに進入する。この写真の 20 世紀初頭のモレインは，氷（汚い灰色）が融けるのにしたがって表面が沈下していっているにもかかわらず，密な木に覆われている。

アメリカ合衆国レイニアー山国立公園の崖錐斜面にいる白髪マーモット（Marmota caligata）。典型的な生息域である。

パイオニア植物　植生がなかった場所へ最初に入ってくる植物。

アメリカ合衆国レイニアー山国立公園にいる山ヤギの母親と子供（Oreamnos americanus）。

高山地域

　もう少し低い緯度にある山岳地域では，氷河はしばしば極域と比べて気候がそれほど厳しくないところまで流れ下っている。このような場所では，氷河が後退すると，植物は驚くような早さで進入してくる。いわゆるパイオニア植物*と呼ばれるものが，ミネラルが豊富な堆積物で肥沃となっている地面へ最初に進入する。これらは主として風や鳥によって運ばれ，砂泥となっている場所で発芽する。パイオニア植物にはユキノシタや草があり，氷河が後退してから2年以内に見られることがある。これらのパイオニア植物が腐った有機物は，ハンノキや柳の灌木に加えて大きな花を咲かせる植物，山バラとエゾギクなどより条件を選ぶ植物が入る下地を作る。植物進入の順序は，パイオニア植物が必要としていた日射を遮る針葉樹が成育すれば完結する。草や花が咲く植物が，デブリが厚くて動いていない山岳氷河の表面に成育することがある。一方，アラスカ，ニュージーランド，パタゴニアなどでは，停滞している氷河の末端を覆っているデブリの上には木でさえ成育している。

　植物は草食動物の餌となる。アルプスではアイベックスとシャモアはどこにでもいて，急な崖を軽々と飛び回っている。地面の穴から出たマーモットは危険を察すると仲間に警告するために金切り声を上げるが，高山のマーモットは「言葉」を持っており，危険が食肉鳥なのか地上の食肉獣なのかで違った声を出す。

　北アメリカ西部では，ダールヒツジと山ヤギがアイベックスとシャモアと同じような地形の場所に住んでいる。他方，それほど険しくない地形のところではヘラジカ，エルク，クマ，その他の動物が食べ物を漁る。

　スカンディナヴィアではげっ歯類のネズミ年（レミングの「集団自殺」）が良く知られている。これは海で溺れ死ぬことで，人口爆発による自殺行為と見なされてい

スイス，ベルナー・オーバーラントのトリフト氷河周辺の高地草原に咲くファイアーウィード（Epilobium fleisheri，ヤナギランの一種）と，パース氷河）のラテラル・モレインに生育する高山忘れな草（Myosotis aplestris）（背景はモータラッチ氷河）。

ゲムスビュルツ（Gemswurz, Doronicum clusii）。

スイス，オーバーアール氷河近くのロシュム・トンネーの間にワタスゲが咲き乱れている高所ツンドラ。

スイス，ツァンフレロン氷河の前面に咲くヒメリンドウ（Gentiana nana wulfen）。

ニュージーランド南島の西岸の降水量は年数メートルである。フランツ・ジョーゼフ氷河などの氷河は，高所に降る雪で涵養されて海面高度近くまで流れ下るので，下流は雨林に囲まれている。

る。これほど広く報告されていないが，たくさんのネズミが氷河に駆け登り寒さで死んでいる。

　これらの生物の中で一番原始的なのは，夏に頻繁に雪をピンクに染める赤藻である。北アメリカには雪と氷の上で一生を送る雪虫と呼ばれる生物がいる。小さな羽のない昆虫，氷河ノミもアルプスや北アメリカの氷河で風で飛んできた花粉を食べて生活する。

　ヒマラヤには，謎に包まれたイェティすなわち忌まわしい雪男が出現したという噂があるが，西洋の登山家は足跡以外は見ていない。あるシェルパたちは毛深いサルのような動物であると言い，別の者はクマか雪ヒョウに似ていると思っている。真実は何であれ，未知の動物がヒマラヤの氷河を歩き回り，めったに標高の低い地域には出てこないようである。

　小さなものから想像上のものまで，氷河の世界にはそれぞれの動物の王国が最も適応している姿がある。このような地域を訪れる人は，厳しい環境に良く適応している驚くほどのさまざまな生命を見る特権を持つだろう。

氷河が後退した後の植生進入の典型的な様子が，スイスのグリソンズ州，エンガディンにあるモータラッチ氷河末端へ行く歩道沿いに見られる。左側の写真は 1985 年に，右側は 2002 年に撮影された。案内板はそこに氷河末端があった年を示している（上から 1970 年，1940 年，1900 年である）。17 年間でいかに木が生長したかに注目。

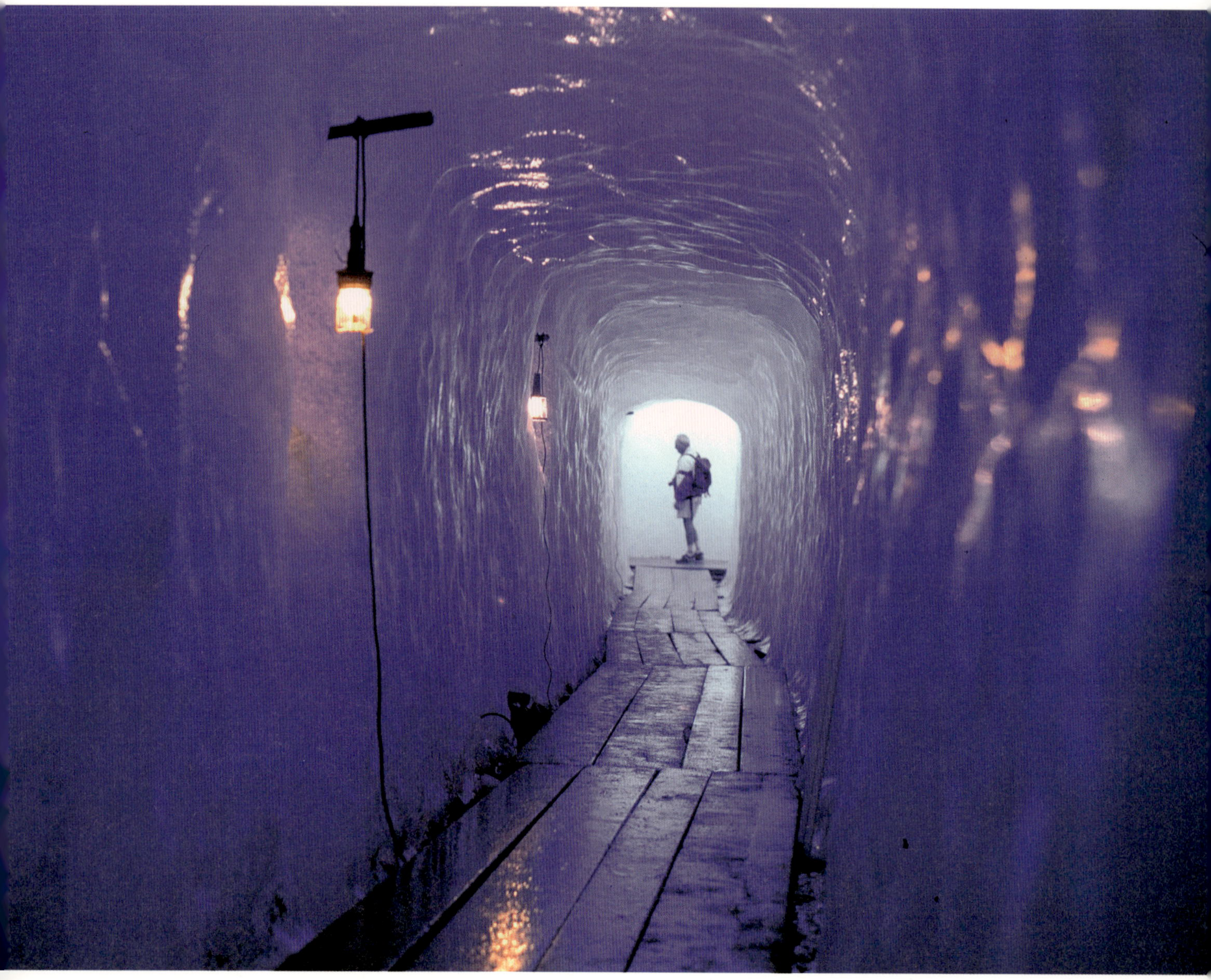

12　氷河の恩恵

176ページ：一般の観光客が氷河を楽しめるようにする一つの方法は氷洞を掘ることである。このトンネルはスイスのローヌ氷河のものである。

多くの人々が水の供給を氷河に頼っている。世界で一番標高が高い首都，ボリヴィアの3700mにあるラパスは，周囲が乾燥しているので水の供給を近くのコルディレラ・レアルに頼っている。温暖化が心配される中でこれらの氷河の状態は重要な関心事である。夕焼けに照らされている山はウァイナ・ポトシ（6088m）である。

　多くの人にとって，最も目につく氷河の恩恵は景観である。特にアルプスやアラスカなど現在氷河がある地域（**glacierized** area），あるいはスコットランド高地やカリフォルニアのヨセミテ国立公園のように過去に氷河があった地域（**glaciated** area）を訪れると，そういう印象が強い。しかし私たちは，人類文明に対する恩恵という観点からもっと広い意味での氷河の重要性を問うてもいいだろう。例えば，'ある氷河はどれくらいの価値があるのだろう'とか'もし温帯地方の氷河がほとんど解けてしまったら問題だろうか'，'氷河，融氷水，堆積物をどのように有効に使えるのだろうか'。このようなわけで，この章では今日ある氷河の恩恵だけではなく，ずっと昔にあった氷河の恩恵についても考えてみる。

　マーク・トゥウェインは19世紀終わり頃に，どのようにしてツェルマットへ行ったか，どのようにして山岳鉄道に乗って観光客がマッターホルンを眺めるのに有名な展望台ゴルナーグラートへ行ったか，それからどのようにして近くのゴルナー氷河に腰を降ろしたか，などの物語を語る。彼の計画は，物語で読む限りでは，帰りの汽車賃を倹約するために氷河の動きを利用してツェルマットへ戻ることであった。かなり愉快な方法だが，おそらくこれは氷河の価値に触れた最初のものではないだろうか。

ここコルディレラ・ブランカのウァスカランの山腹斜面に見られるように，乾期の農業は複雑に張り巡らされた灌漑水路網によって支えられている。ほとんどの水は近くの氷河から取られている。

灌漑とエネルギー供給

　世界の多くの沙漠地域では，全ての水が氷河を戴く近くの山脈から供給されている。中国北西部，インド北西部とパキスタンにあるター沙漠，ペルーの海岸沿いの沙漠，あるいはアルゼンチンのメンドーサのワイン生産地などがその例である。例えば，ヒマラヤの融氷河水や融雪水はラジャスタン灌漑システムに取り込まれ，何百キロメートルもの灌漑水路を経て生命の源がター沙漠へ運ばれる。この水のいくらかが氷河からの流出であり，おそらく量的にはたいしたことがないだろうが，熱くて乾燥した年には最も必要とされる水となる。

　氷河の融水はアルプスの灌漑に重要である。スイスのローヌ谷のようなアルプスの中央にある谷では，山が南北からの湿った空気を遮るので雨量がとても少ない。このように，水不足によって耕作地の生産性が限定されてしまう。しかし，大量の雪が山に降り，氷河を涵養する。融氷水を農地へ持ってくるために，複雑なネットワークを持つ灌漑水路が作られ，何百年にもわたって維持されてきた。ある地域では，行くのが非常に困難な場所にも水路を作ることが必要であった。例えば木製の水路が垂直の

スイスのある地域では，水は数か所の氷河から集められ，トンネルで貯水池に送られている。この写真はアローラ・オート氷河の融氷水が取水口からとられ，トンネルで別の谷へ送られる様子を示している。背景は見事なアイスフォールがあるアローラ・バース氷河である。融氷水を使う際の大きな欠点は，堆積物が含まれていることである。大きな石は網で捕捉できるが，浮遊土砂はタービンの羽を摩耗させる。ある程度使ったら羽は再成形したり付け替えたりしなければならない。

岩壁に付けられた。水路を流れる融氷水は細かい堆積物を含んでいるので，水路の穴を塞いで水の流れを妨げたりするが，灌漑される牧場や農地に豊かなミネラルを供給する。

　山岳地域では農業は盛んではないが，水力発電がいくつかの国，特にノルウェイなど山岳国家では経済活動の重要な柱となっている。オーストリアとスイスでは多くの発電所が1950年代と1960年代に建設された。利用できる水の大部分がトンネルやパイプラインに取られたので，以前あった山地の激流や滝がなくなってしまったのは，文明が電力を必要とする悲しい結果である。ダムは電力消費が少ない夏の融解シーズン中は，雪と氷河からの流出水を貯める。そして需要が最大の冬には，これらの貯水池からの水でスイスのエネルギー生産量の半分が発電される。スイス連邦鉄道システムが持っているブリックの近くのマッサ水力発電所は，アルプス最大のグロッサー・アレッチ氷河からの融け水でほとんど動く。氷河の融水は暖かい年に多く，早魃があっても水がなくなることはない。このような年にはスイス連邦鉄道システムが必要な電力の大部分を氷河が供給する。

　氷河が取水技術者にとって邪魔になることがある。例えば，1970年代，一部の大きな山岳谷氷河が数百メートル前進して，貯水池の取水口をブロックした。けれども，このような問題は今では過去のこととなった。大規模なスケールでの全般的な氷河の後退により，関心の焦点は他へ移ってしまったからである。

観光

　スイスのツェルマット，ザース・フェー，サンクト・モリッツやフランスのシャモニーといった多くの大規模な山岳観光リゾート地では，周辺の氷河をかなり利用している。標高の高いフィルン地域は比較的クレヴァスがない広大な場所なので，夏スキー用に開発されている。冬の降雪が遅かったり少なかったりして，従来のスキー場に雪がない年は，夏スキー場は冬にも利用される。

アルプスでは1970年代に他にもいくつかのリゾートで，小さな山岳氷河に夏スキー場が開発された。不運にも，これらの小さな氷河は気候温暖化に特に敏感であったため，エンゲルベルクの近くのティトリスやポントレシーナのディアヴォレッツァにある氷河はほとんど消滅してしまい，夏スキーはできなくなってしまった。

　冬スキーの重要さに比べると，夏スキーの消滅はとるにたらないように思えるかもしれない。けれども氷河が消滅し続けると，将来エンガディンのベルニーナ山地やベルナー・オーバーラント，あるいはヴァライスなどのような高山地域の風景の魅力も大きな影響を受けるだろう。

　アルプスの観光名所としての氷河の中では，ローヌ氷河がおそらく一番有名だろうが，まもなくその経済的価値がなくなってしまうかもしれない。長い間，観光客はフルカ峠に立ち寄って道路のすぐ脇にある美しい青氷の氷河末端を訪れてきた。そして，近くのホテルのオーナーは泊まり客へのサービスとして氷河にトンネルを毎年掘っている。氷河の流動によってトンネルが横に移動してしまうので，毎年新しく掘っては観光客を氷河の内部に入れ，氷を透過してくる青い光，熱い夏に凍るような空気の奇妙な感覚，そして最後にトンネル出口でのバーを体験してもらう。しかし，ローヌ氷河での氷のトンネル観光はまもなく終わるだろう。というのは，2002年までに氷河は谷壁からとても遠くまで後退してしまい，行くのがほとんど不可能になってしまったからである。観光客は今は木の橋などを渡ってトンネルに行くことができるが，もうじきこのような構造物を作るのは現実的ではなくなるだろう。

霧は船の遊覧観光を幻想的な雰囲気にする。カービングした氷山が浮いている氷河前縁湖ヨクルサーロン。アイスランド南部の後退しているブライザメルケル氷河の前縁にある。

スイス，ローヌ氷河に作られた氷洞の入り口。古いトンネルは，氷河側面が普通は年数メートルも後退するのと氷河流動によって横へ移動するので，放棄せざるを得ない。放棄した橋は見た目には醜いが，氷洞に入ると魅惑的な体験ができる。

氷河氷の商品価値

　冷蔵庫が発明される前は，ノルウェイにとって氷河氷そのものが輸出商品で，英国のように氷河のない国で肉を冷やすのに使われた。ペルーのコルディレラ・ブランカ地方では，一部の人たちが氷河氷を取ってきて挽き，風味をつけて地元のアイスクリームとして市場で売り生計を立てている。標高5000m近くで切り出された氷のブロックをロバとラバによって谷まで運ぶのだが，熱帯の太陽と動物の体温で融けるのを減らすため，厚い何層もの草で氷を包む。

　最近，一部の科学者たちはきれいな飲料水を供給するために，南極の氷山をオーストラリア，北アフリカ，あるいはアラビア半島のような熱くて乾燥している気候の地域に引っ張ってくる可能性を検討している。時折，南極の氷山は風と海流の影響で北へかなりの距離を漂流し，時には喜望峰やホーン岬近辺にまで来るので，実際に引っ張る距離は最初に考えたよりも短いかもしれない。けれども，典型的な南極の氷山は海面下数百メートルにも達することを考えると，実際の問題はどこに係留するかである。多くの氷山は低緯度の大陸棚の深さより厚い。このようなわけで，沙漠地域に氷山を引っ張っていくのは，少なくともこの数十年間は運搬と経済的な観点から非現実的な目標である。

ペルーの町ウァラースの近傍の主な観光名所は、標高4500mを越えるパスタルーリ氷帽である。観光客は高高度の影響を最小限にするため、馬を使うことが奨められている。

氷河堆積物の産物

　人口集中地域やその近くに残された氷期の氷河堆積物には、明らかな経済的価値がある。最終氷期には、北・中央ヨーロッパ、中央アジア、北アメリカ、さらに南半球のさまざまな国々を含む世界の地表の30%が氷河に覆われていた。氷河氷によって直接堆積された堆積物は淘汰の悪い泥・砂・礫の混合物で、ミネラルが豊富で農業に適している土壌となるので価値がある。これに加えて、カナダやフィンランドのような国では貴重な鉱物資源の原産場所を探査するのに使われている。また、氷河は大量の水を生産して堆積物を淘汰することも述べた。このような堆積物は融氷河水堆積物と呼ばれ、豊富な砂礫を供給するので建設産業にとって理想的である。大きな砂礫採取場はスイス・プラトー、北部ドイツやポーランド、北アメリカの五大湖地域、イングランドのミッドランズやイースト・アングリアなどの氷食された低地に広く分布している。これらの採石場から資源を掘り出すのは簡単なので、数百キロメートル運んでも採算がとれる。このような場所の他に、高所地方では小さな砂礫採取場が地元の集落あるいは所有者個人の需要を賄っている。

　砂礫採取場の価値は取り尽くして終わるわけではない。廃鉱となった凹地は廃棄物捨て場として使われる。しかし、凹地の液体が融氷河水堆積物から帯水層へ漏れるのを防ぐ細心の注意が必要で、堆積物に関する知識は大切である。

水資源

　砂礫は透水性なので普通は地下の貯水池、すなわち**帯水層**（aquifer）となる。リヴァプール周辺のようなイングランドのいくつかの地域では、砂礫層の水は2万年前の最終氷期に溜まったと考えられている。この時期、大きな河川が後退する氷床の縁に形成されて水の供給源となった。これらの砂礫層では雨水は上に溜まるので、水を濾過するという有利な結果となる。

もっと大きなスケールで見ると，氷食谷に溜まった湖が多くの国で非常に重要な貯水池となっている。ニューヨーク州のフィンガー湖群や五大湖は，実際とてつもない量の淡水を貯めている無限の価値を持つ貯水池である。ボーデン湖は更新世のライン氷河によってえぐられてできた大きな湖で，そこからの水はポンプで汲み上げられて何百キロメートルものパイプラインを通り，飲料水として南ドイツのバーデン＝ヴュルテンベルク，バイエルン州などに供給されている。何百万人もの人々がこの淡水資源に依存している。ボーデン湖の流域を共有する国々は水質に関して厳密なコントロールを行なっている。英国では氷食谷にできた湖には，しばしば容量を増やすためにダムが建設されている。例えば，ウェールズの湖はバーミンハムやリヴァプールといったイングランドの都市に水を供給しているし，湖水地方にはマンチェスターに水を供給している湖がいくつもある。その他，氷食谷の湖は通常ダムで補強されて水力発電にも利用されている。特にスコットランド高地が顕著である。水が飲料用か，産業用か，あるいは水力発電用かにかかわらず，供給施設の建設はいつも議論になる。計画官庁は，その必要性とそれが景観を損なうこととのバランスを取るようにしなければならない。

氷河と氷河景観の風景価値

19世紀初頭に登山の先駆者たちがアルプスを訪れて以来，冒険を好む観光客たちは氷河を求めてきた。今日では，多くの氷河にケーブルカーや登山電車で行くことができ，ほとんど誰でも雄大な氷河景観を楽しむことが可能である。例えば，観光客はケーブルカーに乗ってモン・ブランの氷原をフランスからイタリアへ渡っていくことができる。スイスでツェルマットからゴルナーグラートへの登山電車に乗ると，ゴルナー氷河や有名な山々，モンテ・ローザやマッターホルンの素晴らしい景色が楽しめる。クルーズ船の乗客は快適な旅行でアラスカ，スヴァールバル，パタゴニアなどの

氷河末端は非常に危険となりうる。特に前進している場合はそうである。このニュージーランド南島のフランツ・ジョゼフ氷河にある立て札は観光客に対して氷河流水口が崩れる危険性を警告しており，氷河前面は立ち入り禁止となっている。

世界の山岳景観の多くが氷河によって作られているので、景観を形成するプロセスを理解させるために学生たちを現在の氷河地域へ連れて行くことは教育効果が大である。この写真ではスイスの高校生がスイス南東部、ポントレシーナ近くのモータラッチ氷河で測量している。最新のレイザー測距儀を使えば高校生でも1～2日で氷河の流動を計測することが可能である。

カービング氷河を、さらに南極のカービング氷河でさえも見ることができる。

　更新世の氷河によって1万年以上も前に作られた景観は見た目にも魅力的である。時間が経っているので、氷河デブリの乱雑な堆積丘には植生が生えている。イタリア・アルプスの麓にあるガールダ湖やコモ湖、あるいはオーストリアのサルツカマーグートにあるたくさんの湖などはターミナル・モレインによって堰き止められた湖で、山岳氷河が低地まで流れ出していたこの時期の産物である。イングランドの湖水地方、スコットランド高地や北ウェールズにある氷河によって削られた盆地は、英国で最も魅力的な風景である。北アメリカ西部の山々、例えばグレイシャー（氷河）国立公園やヨセミテ国立公園などはレクリエーションにとって素晴らしい場所である。かつて氷河があったノルウェイ、ブリティッシュ・コロンビア、ニュージーランド南島、チリ、スコットランド西部のフィヨルドは、ほとんど自然に近い景観の中で観光客が楽しめる美しい雄大な景色となっている。

「教育資源」としての氷河

　この章の締め括りとして、'氷河の教育的価値'と言える面に注目する。筆者らは、学生たちを何回も氷河と氷河地形を学ぶフィールド調査へ連れて行っている。ユルク・アレアンは長年、ビューラッハにあるスイスの中等教育学校州立ツルヒャー＝ウンターラントの学生たちを、グリソンズ州にある谷氷河のモータラッチ氷河に連れて行っている。密度の濃い一週間のフィールド調査で、学生たちは氷河の末端で氷河表面とその前面での氷河現象について学ぶ。学生たちは毎年、後退する氷河末端の前面に成育する植生の変化を記録するのに加えて、氷河末端の位置も調査している。

　壮大で冒険的という面は別にしても、この種のフィールド調査は氷河のダイナミクスと侵食・堆積のプロセスに対して計り知れない洞察を与える。さらに、調査によって学生たちは気候変化の重大な結果を理解することになる。ほとんどの地質学的プロ

先進国にある氷河の主な恩恵の一つは，氷河は水力発電用に安定した水を供給することである。この写真のスイス，ヴァライスにあるグリース氷河のダムは夏に融氷水を貯めるために建設された。2003年の猛暑の時，中央／南ヨーロッパでは電力が不足したが，ここでは大量の融氷水によって夏を通して発電することができた。

セスはゆっくりなので，現場を見るのが不可能なことが多く推測に任せられることが多いが，氷河とその周辺の展開はもっと目に見える速度で起きている。実際，学生たちはレイザー距離計を使って2～3日で氷河の流動を計ることができる。また，氷河末端は一年も経たないうちに手持ちのGPSを使った簡単な位置測定でも計ることができるほど後退するので，その年に起きた変化がはっきりと分かる。

氷河の前面の地面は生命科学研究者にとって自然の実験室となる。やはり，モータラッチ氷河での状況は理想的である。ここでは1900年からの氷河末端位置が目立つ看板で示されている。多くの学生にとって氷河の後退量は，過去一世紀間にせよ，10年間にせよ，昨年一年間にせよ，信じられないくらい大きい。氷河が後退すると裸地

に植生が入る。最初に高山植物，そして灌木，最後に針葉樹である。新しい種がどのようにして進入するか，どれくらいの早さで成長するかを調べることによって，学生たちは高山環境の生態に関する知識を得ることができる。

　マイクル・ハンブリーがケンブリッジ大学，リヴァプール・ジョン・ムーア大学そしてウェールズ大学アベリストゥイス校（現アベリストゥイス大学）で教えた学生たちは，'生きている氷河'を勉強する機会は上記に比べると少なかったが，英国は最終氷期まで遡る氷河現象の痕跡が豊かである。中部ウェールズのカドアイール・イドゥリスのような山への巡検によって，学生たちは英国の古典的な氷河景観を知ることができる。一方，ウェールズの海岸や東アングリアに露出している堆積物は，氷河堆積物の性質を記録する実地訓練になり，これは砂礫の開発，廃棄物処理，水資源評価あるいは環境問題などを扱う職にとってとても重要なことである。何人かの学生たちは，スイス・アルプスのアローラの近くでの氷河水文の研究，あるいはスヴァールバルでの氷河堆積プロセス調査といった氷河に関連しているプロジェクトを四年生の卒業論文に取り上げることがある。

　これらの学生たちの中で学部の成績が良いほんの一部が，大学院に進んで雪氷学あるいは氷河地質学を学ぶ。この分野は，経験があり，地域について知っていて，学生たちにアドバイスができるスタッフがいる限り，どこでも勉強できる。

　氷河堰止湖の美しさ，氷河テーブル，そびえ立つ氷河の頂に加えて，口を広く開けたクレヴァスの背筋が寒くなるような深み，危険なムーランあるいは轟音を立てて崩れる氷ナダレなどにも魅了されて，筆者らは雪氷学の分野に入った。二人ともこれらの経験を学生たちと分かち合えることを楽しんでおり，もし彼らが地球科学を仕事として選び，氷河の理解へ貢献し，そこから学んだことを環境変化の研究に役立てるとしたら，とても満足である。

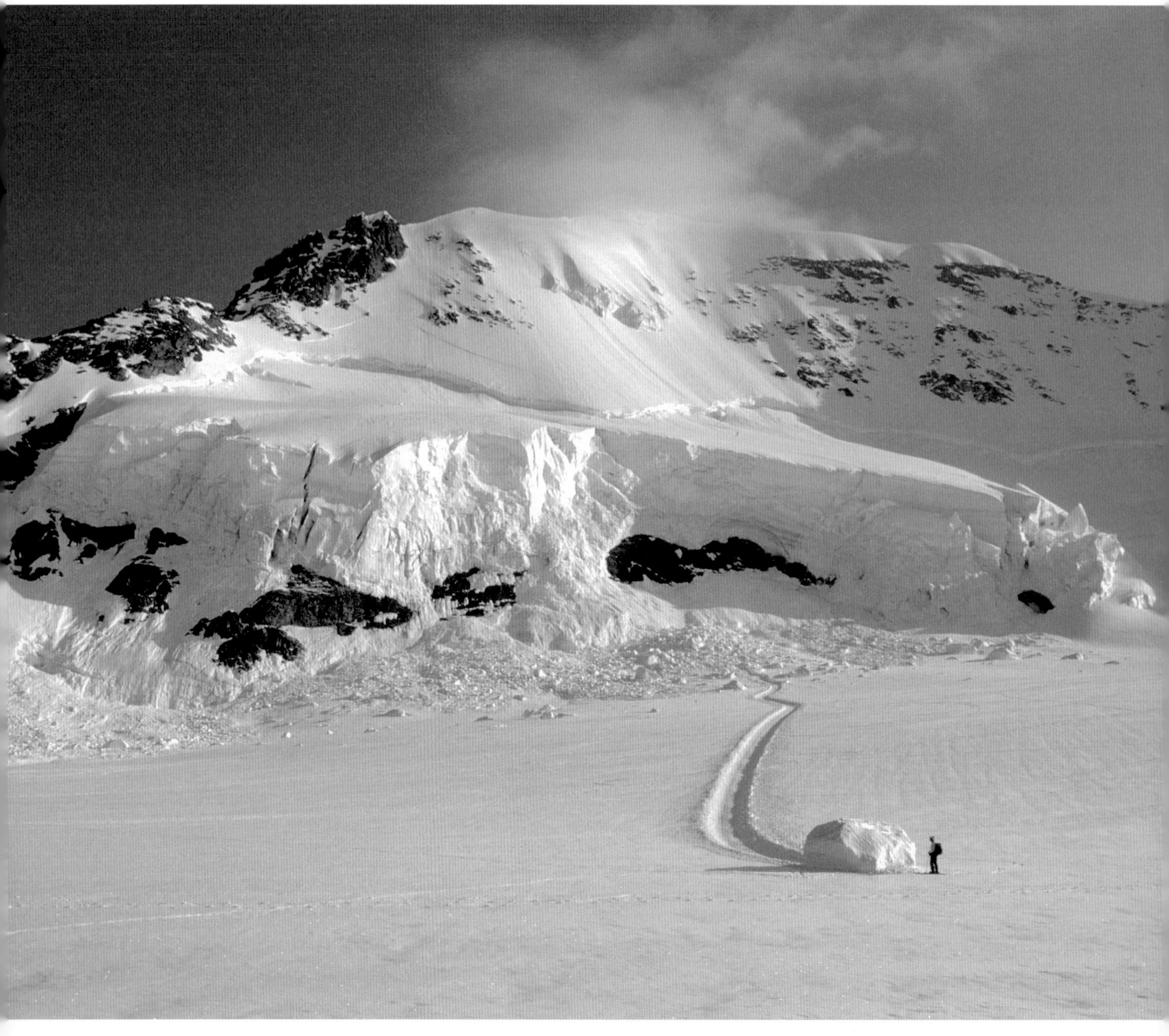

13 氷河災害の危険性

188ページ：珍らしい氷塊がスイス，ベルナー・オーバーラントのメンヒ（4099m）南面の懸垂氷河から落ちてきた。目方は約55トンであるが，雪の表面が締まっていたのでグロッサー・アレッチ氷河の上を非常に長い距離を滑った（0.5km）。落ちてくる氷は氷河のある山域で登山者が直面する危険の一つである。

　何世紀にもわたって，氷河は多くの災害を引き起こしてきた。最も災害がひどかった地域，ペルーのコルディレラ・ブランカでは，20世紀だけでも氷河が関係する災害で3万2000人以上も犠牲になった。氷河と火山の危険な組み合わせについては9章で述べたが，氷河が荒廃を引き起こす現象は他にも数多くあり，特に氷ナダレと氷河湖決壊洪水が危険である。このような現象はひんぱんに起きているが，人間の命や財産が危険にさらされた時，災害危険となる。アンデスやヒマラヤのような氷河がある山岳地域では人口が増加するのにしたがい，氷河災害の危険にさらされる人が増えている。さらに，氷河後退により危険な氷河が増加しており，将来の災害を防ぐために軽減対策が必要である。この章では山岳集落を襲った災害の例をいくつか挙げ，将来の大災害を防ぐためにどのような軽減対策がとられたかの説明と共に，主な氷河災害のタイプについて述べる。

　氷河災害は通常，地震や火山噴火のように劇的ではないが，長期的な影響は深刻であるかもしれない。特に経済の弱い国ではその可能性が大きい。人間の生命と財産が失われるだけではなく，経済的な影響は交通網のマヒ，水力発電計画や灌漑への被害あるいは破壊，生産のロスなどで，何百万ドルにもなる。開発途上国で防災対策に予算をかけられる政府は少ないので，不十分な規模ではあるが，国連の組織と豊かな国々の援助機関が軽減対策を援助している。これに加えて，氷河災害評価を行なうことをさらに奨励するようになってきている。けれども，まず最初にどのような災害の

スイス，ヴァライスのフェスティ氷河の末端で1981年に起きた氷ナダレ。推定で2000m³の氷が崩れた。これよりもかなり大きな氷ナダレが起きて谷の下方にあるランダ村を脅かしているのが知られている。

スイス，ベルナー・オーバーラントのメンヒ（4099m）南面の懸垂氷河からの大きな氷ナダレ。30万m^3以上の氷が落ちて，一部はユンクフラウヨッホからメンヒスヨッホヒュッテ（小屋）へ至る人気のあるルートを横切った。この時けが人は出なかったが，写真の観光客たちは滑った氷塊の跡の溝を横切っており，無意識のうちにさらに起きるかもしれない氷ナダレの危険性に自分たちをさらしている。

危険性があるかを知らなければならない。これは，災害の危険にさらされている場所が行くことの困難な高山地域の場合，とても難しい問題である。

氷ナダレ

氷ナダレの特徴

　氷ナダレとは，数分間で起きる氷（しばしば岩も混ざって）の落下現象である。三つの発生要因が分かっている。（1）不安定な崖から氷塊が剥がれ落ちる，（2）氷河の底面滑りに誘発されて急傾斜の氷河から氷のスラブ（板）が崩壊する，（3）基盤岩の深い場所で崩壊が発生して上に載っている氷を巻き込む。

　氷ナダレを予測するうえでの大きな問題は，それがめったに発生しないことであり，影響は派手ではあるが雪崩に比べると発生がはるかに少ない。といっても，何十という大きな氷ナダレがアルプスや北アメリカで発生していることが，氷ナダレ研究の目的のために撮影された何千枚もの空中写真から分かっている。そして，これらの氷ナダレを図化したデータから，概算ではあるが氷ナダレが流れ下る距離，すなわち**流送距離**（run-out distance）が予測されている。しかし，氷ナダレの規模とどれくらい流れるかを予測するのは難しい。その理由の一つは，落ちてくる氷に地形の粗さによって複雑に変化するブレーキがかかるからである。例えば，ナダレ路は夏には非常にでこぼこしているので，落ちてくるナダレのスピードは雪が積もっている冬よりも遅いかもしれない。また，しばしば氷は氷河から一つの塊として剥がれるのではな

13 氷河災害の危険性

く，大規模に崩れる何週間も前から小さな破片としてばらばらと落ちていることもある。

雪氷学者は氷ナダレがいつ起こるかに加えて，その規模（氷の量）を予測する方法についてさまざまに試みてきた。今では，氷河の不安定な部分の氷は剥げ落ちる前に，通常クレヴァス形成を伴って激しく加速することが分かっている。けれども，このようなクレヴァス形成が頻繁に起きるのは高度が高い場所なので，現実にはモニターするのが困難である。

アルプスの氷ナダレ

1597年8月31日，バルメン氷河から氷塊が剥がれ落ち，下のエッゲン村では81人が生き埋めとなり，さらに牛と全ての財産も埋まった。不幸中の幸にも，この時は多くの村人は上の牧場で仕事をしていた。もしそうでなかったら被害はもっと大きかったであろう。その後，氷の残骸が解けるのに7年かかった。これは記録に残っている氷ナダレによる大災害で，最も古いものである。当時スイスのヴァライス州にあるシンプロン峠の近くにあったこの村は，今はない。そして氷河も気候温暖化によって20世紀に消滅してしまい，今は存在しない。

氷河からの氷ナダレの危険性は，アルプスや，氷河のある人口の多い他の山地には，今でもある。特にヴァライス州には，氷ナダレによる大災害の悲しい歴史がある。最悪の災害の一つとして，1965年8月30日，ザース谷のマットマークで水力発

氷河を頂く日没時のネヴァド・ウァスカラン北峰（6746m）頂上。1970年5月31日に起きた世界で最も破壊力のあった氷ナダレはこの岩壁から発生した。強い地震によって頂上の氷原の一部が岩石と共に頂上直下の岩壁から崩れ落ちた。ナダレは山を駆け下りユンガイの町とその住民1万8000人を犠牲にした。

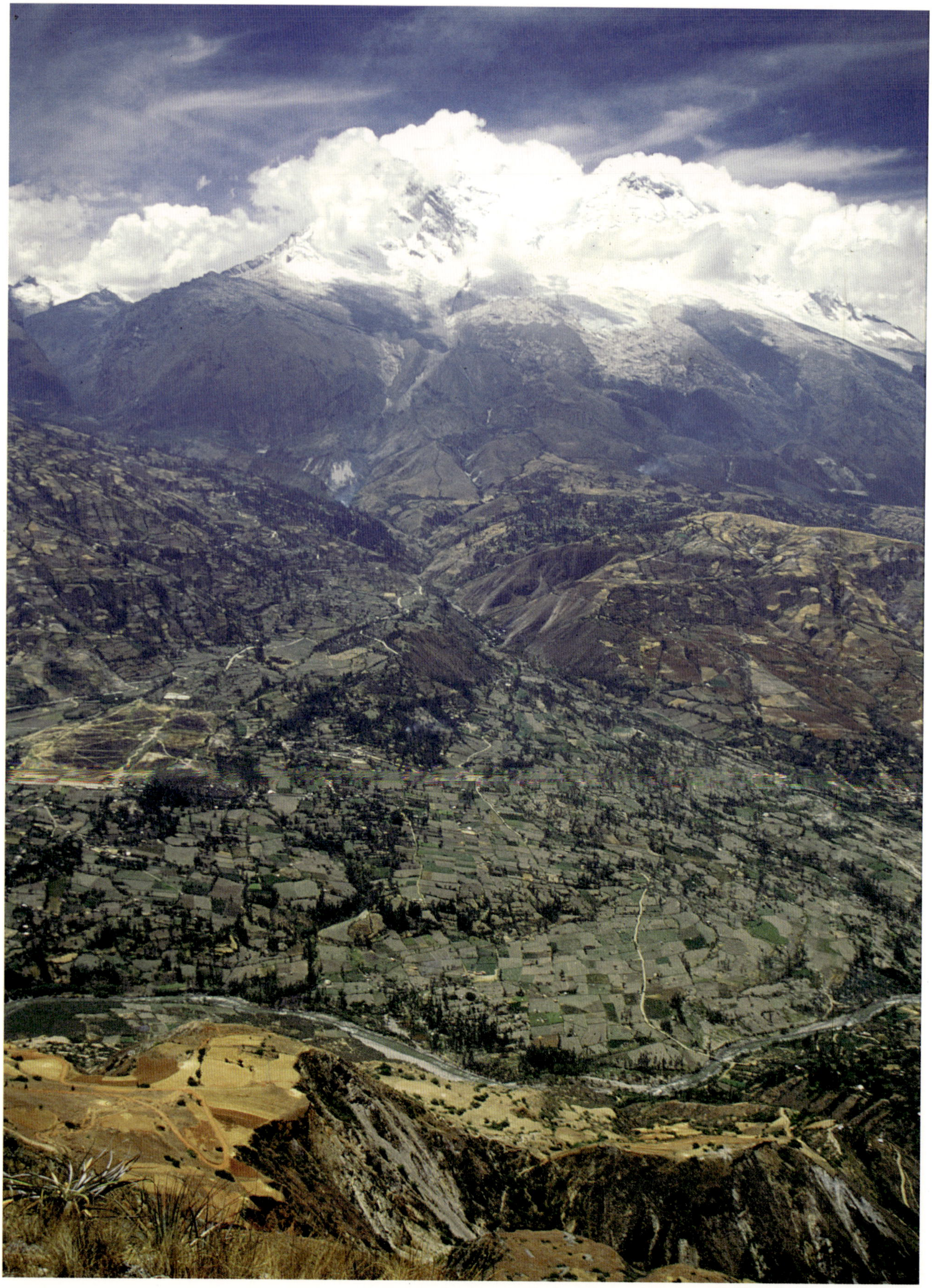

電用のダムを建設中に，約 100 万 m^3 の氷の板状塊がアララン氷河の末端から崩壊して起きた氷ナダレが挙げられる。数分で氷ナダレは建設現場を襲い，飯場を埋め，88 人の犠牲者を出した。

また，差し迫った大惨事を引き起こす氷ナダレの兆候がない時がある。1895 年，ベルナー・オーバーラントのカンダーシュテックの南にあるひときわ高い山，アルテルスの急な北西壁から氷河のほとんど全てが滑り落ちた。400 万 m^3 の氷が落ちて，高地の牧草地にいた 6 人の羊飼いと多くの牛が犠牲となった。氷の塊はゲムミ峠への道を飛び越えて，一部は谷の反対側斜面を谷底から 400m 上まで登って行った。計算では時速 400km のスピードで落ちてきたことになる。

ペルー・コルディレラ・ブランカの氷ナダレ

はるかに破壊的な氷ナダレがペルー・アンデス，特にペルーの最高峰ネヴァド・ウァスカラン（6768m）で起きている。この氷河を頂いた山の麓に，リオ・サンタ（サンタ川）という美しい谷がある。1962 年，膨大な量の氷と岩が急峻な北峰から崩壊し，氷ナダレによって 4000 人が犠牲となった。

わずかに 8 年後の 1970 年 5 月 31 日，これよりもさらに大きな災害が発生した。大きな地震によって二つ目となるはるかに大規模で崩壊面が深いナダレが発生したからである。山の西壁から粉々に割れた岩が上に載っていた氷河ごと崩壊した。5000 万 m^3 の氷，岩，モレイン堆積物，水が落下し，谷底までの距離 16km を 3 分足らずで急流下した。量が多かったので，この氷ナダレは 1962 年のものよりも横に広がり，一部はリッジを乗り越えてユンガイの町を埋めた。地震による犠牲者に加えて，約 1 万 8000 人があっという間に犠牲になり，犠牲者は全部で 7 万人となった。以下の記述は有名なペルーの雪氷学者アルシーデス・アーメス氏によるもので，この出来事が現地の人々をいかに苦しめたかを物語る。彼は地震が発生した時，コルディレラ・ブランカの高い場所にあるモレイン堰止湖サフーナ湖関連の補修対策工事を検分していた。

1970 年 5 月 26 日，私は他の三人と一緒にペルアーナ・デル・サンタ会社の雪氷部門の要請で，トンネル工事が終わった後のいくつかの補足的な調査を行なうためにサフーナ湖地域へ行った。作業者は 3 週間前に帰り，二人だけがキャンプの管理人として残っていた。次の日曜日，31 日午後 3 時 20 分，ここ数十年で最も激しい大きな地震が発生した。マグニチュード 7.8 で 48 秒間揺れた。初めは，私たちは 1945 年にこの地域で地震が起きているのを知っているので，地震は地域的なものだと思った。地面の振動ショックの直後にプカイールカ山地の高い壁からたくさんの大きなナダレが発生するのを見て，最近完成したトンネルを検分に行ったところ，前の水平位置からかなり傾いていることが分かった。補強コンクリートは数か所で破壊され，トンネルは全く用をなさなくなっていた。

幸にも，私たちは小さなラジオを持っていた。夕方，地震のニュースを知るためにリマの放送を聞いた。午後 11 時，サンタ谷と海岸沿いのいくつかの都市が大きな被害を受けたことを知った。何千人もの犠牲者が出て，道路は崩壊によって崩れたり塞がれたりしていた。私の故郷ウァラースでは家の 90％が潰れた。振動したウァスカラン北峰から発生した氷・岩ナダレが町を守っていた丘を乗り越えた結果，ユンガイの町は大量の泥に埋まり消滅した。この恐ろしいニュースを聞いて，私たちは家族の

---

192 ページ：2002 年に谷の反対側から撮ったこの写真は，大惨事を引き起こしたウァスカランのナダレが通ったルートの全容を写している。ナダレは発生地点の下にある急な谷で最初はほとんど止まりかけたが，氷にモレインのデブリと水が混ざって速度の速い土石流となった。主先端は狭まった急な谷から出て巨大な扇状地のように広がり，川を一時的に堰き止めた。先端の二次の波は急な谷の左側のリッジを乗り越えユンガイの町を全滅させた。今は暗茶色の地面と国立墓地（写真中央の左端）しかない。ユンガイは左側の写真外に続く斜面の安全な場所に再建されている。

消息を確かめるために家に帰ることに決めた。山崩れが道路を塞いでいるので，よく知っている山の峠を越えることにした。月曜日の朝早く，アルパマーヨ山とプカイルカ山の間にある5300mの峠へ向かって出発した。私たちは登山靴と寝袋しか持っていなく，ピッケル，アイゼン，ロープは持っていなかった。しかし，前にニュージーランドから来た8人の登山者たちと会っていたので，彼らのキャンプを訪ねた。彼らは私たちに山の道具を貸すことに同意し，さらに峠の反対側から道具を回収できるようにと，一緒に峠越えをしてくれることになった。

　6月1日月曜日，朝10時にニュージーランド隊のキャンプを発ち，峠へと登り，アルウェイコーチャ谷を下ってサンタ・クルース谷の本谷へ行った。下る途中，西側にある峡谷のような谷の急斜面からたくさんの崩壊が発生しているのを見た。道が間違っていないかどうか不安だったが，そのまま進み夜の8時頃アトゥンコーチャ湖畔にある小さな小屋にたどり着いた。途中，私たちの一人が飛んでくる岩片に当たりそうになったが，谷の左側からの岩石崩壊をうまく避けた。

　アトゥンコーチャで一夜を過ごした後，谷の下流での崩壊を心配しながら早朝に発った。サンタ・クルース谷を歩いた人は誰でも，入り口が非常に狭いゴルジュになっているのを知っている。私たちが入り口に近づいた時，崩壊の土煙が舞い上がっているのが見えた。最初の崩壊地に着いた時，落石が止まるのを待って，不安定な岩石の上を小走りで渡った。このようなことを三回繰り返し，全身埃まみれで汚く汗だらけになりながらカシャパンパの村に着いた。村人たちは，私たちが無事に谷から出て来たので非常に驚き，親切にしてくれて食べるものをくれた。カーラスまでそのまま下り，6時頃着いた。そこには会社の同僚がいて，宿と食料を提供してくれた。

　6月3日水曜日は，午前中会社の技術者にヘリコプターでウァラースまで飛んでくれるよう頼んだが，聞き入れてもらえなかった。泥レンガ作りの家が潰れて埃が舞い上がりウァラースに着陸するのは不可能，とのことであった。ということで，昼に私たち三人はウァラースに向かって歩き始めた。一人は疲労困憊したのでカーラスに滞在することにした。午後遅くユンガイに着き，氷ナダレが町を埋め尽くしているのを見た。たくさんの人たちが数分で犠牲になったことを思うと，涙が出てきた。これは，私たち全員にとって最も悲しくてショッキングな経験であった。時刻が遅くてシャクシャ川にかかっている応急の橋を渡れなかったので，埋没したユンガイからランライールカへ行く途中の安全な場所でその夜を過ごした。そこではカシャパンパと同様に，いく人かの難を逃れた人たちが野原でキャンプをしており，親切にも食料を分け与えてくれた。その晩，11時頃大きな余震が起きて，小規模な崩壊がいくつか発生し，川の水量が増加した。

　6月4日の早朝，橋を建設している作業員に材木を橋まで運ぶよう言われた。裸足で歩き，泥の中膝までもぐった。川を渡ると，ランライールカとカルウーアス間の道路は塞がれていないことが分かったので，時間を短縮するために小型トラックを使ってカルウーアスへ行った。ここから再び歩き，午後5時にウァラースに着いた。100km以上歩いて，疲れ切ってはいたが無事に到着した。町の近くで私の妻の友人に会ったところ，妻と子供たちは無事だと教えてくれた。家族は運良く潰れなかった私の母の家にいたが，町の中心部にある私たちの家は完全に潰れてしまった。後で私の仲間から，彼らの家も潰れたけれど，家族は無事だったと知らされた。町の狭い通りで何千人もの人が犠牲となり，今でもたくさんの人が瓦礫の下に埋まっていることを知った。亡くなった多くの人のことを考えると，ユンガイのときと同じような悲し

い思いがこみ上げてきた。けれども，個人的には私の家族が無事だったことが嬉しかった。

翌日，仕事に戻ったが，上司は個人的なことを処理するために4日間の休みをくれた。この後，この先2～3か月でしなければならない仕事がたくさんあったので，オフィスに戻った。サフーナ湖を発って8日後に仕事を再開し，ジャンガヌーコ湖へ調査で行った。そこでは小さな氷・岩石ナダレが同じウァスカラン北峰から発生していて，上部の湖を堰き止めたため水位が8m上昇していた。このナダレによって，犠牲者の数が分からないペルー人観光客の他に，湖のそばでキャンプを張っていたチェコスロバキア登山隊の14人のメンバーが犠牲になった。

アルシーデス・アーメス：1970年のペルー地震の個人体験

この説明から，コルディレラ・ブランカ地域の集落は，たとえ地震のような別の力が引き起こすとしても，氷ナダレの危険にさらされていることが明らかである。ユンガイの町は今では安全な場所に再建されており，埋没した町があった場所はこの悲劇の追悼の地となっている。不幸にも計画規制がゆるいため，ナダレのデブリの上に新しい家が建てられており，これからもウァスカラン山頂からの氷ナダレによって被害を受ける危険性がある。

ロシア・コーカサス山脈での氷ナダレ災害

コーカサス山脈には，高くて険しい氷河を持つ山々の近くに集落が存在している。2002年9月20日，最も奇妙な氷河大災害の一つが発生した。悲劇の連鎖は，カズベック山塊のズイマライホッホ・ピークの永久凍結している北壁から，幅1.5kmにわたる岩と氷の塊が剥がれ落ちたことで始まった。標高3600～4200mから数百万立方メートルの氷と岩石が，コルカ氷河の傾斜が緩やかな消耗域に落下した。この氷河は過去に，例えば1969年にサージをしたことがあるが，2002年はサージの状態ではなかった。コルカ氷河の下流全体が衝撃によって切り離され，氷ナダレに何百万立方メートルもの氷とモレイン堆積物が加わった。今までに，これほど平らな氷河の下流が切り離された記録はない。

ナダレはそれからマイリ氷河の下流を横切り，デブリがさらに増えた。ナダレは時速100km前後の速度で深い谷を北方に，何十人もが犠牲になったカーマドン村に向かってさらに18km流れた。谷はカーマドンの北で狭まるので，ナダレの大部分はここで止まり，おおよそ8000万m^3の氷と土砂が堆積した。けれども，水と泥はナダレ塊から抜け出てカーマドンの下の狭いゴルジュを通り，途中で犠牲者を出しながらさらに15km流れた。氷ナダレと泥流により合計120人以上の犠牲者が出た。

チューリッヒ大学の研究者たちはアメリカ合衆国地質調査所と協力して，すぐさま衛星画像を使ってこの現象による壊滅的な結果を調査した。素早くNASA（訳者注：アメリカ航空宇宙局）のテラ衛星とそれに搭載されているアスター（ASTER）センサーを上空に持っていき，2002年9月27日と29日に分解能15mの衛星画像を撮像した。画像は異なった角度から撮られているので立体視が可能であり，現象のダイナミクスを調査する基礎資料となった。

これ以後撮られた画像には，ナダレ堆積物の表面と脇に大きな湖が写っていた。これらの湖には何百万立方メートルの水が溜まっており，下流は洪水の危険にさらされているので注意深く監視する必要がある。

ペルーの町ウァラース（H）と近くのコルディレラ・ブランカとの関係を示す衛星画像。この町は 7000 人が犠牲になった 1947 年 12 月 13 日の氷河湖コウプ湖（P）の決壊洪水を含めて，20 世紀に数回の自然災害を経験している。当局は新たな災害が発生する前に氷河による災害危険性を和らげるのに熱心である。一つの例は隣の谷にあるモレイン堰止湖ジャカ（L）の水位を下げることである。（画像は NASA のテラ衛星に搭載されたアスターで，2001 年 11 月 5 日撮像：出典，http://earthobservatory.nasa.gov/NaturalHazards/natural_hazards_v2.php3?img_id=10128）

現在のところ，気候温暖化によって落氷・落石が発生し，ナダレと泥流が引き起こされたかどうかは定かではない。けれども，少なくとも氷と岩の塊が剥離した山の岩壁の部分は，永久凍結している状態にあったことは明らかである。岩の割れ目に入っている氷は，他の高山地域の例から，安定させる効果を持っていることが知られている。このようなわけで，急な岩壁でこのような凍った地面，すなわち**永久凍土（permafrost）**が融解すると，大きな落石が起きる可能性が増えるだろう。

氷ナダレの予測

　氷ナダレの発生を防ぐことは，普通は現実的ではない。これは，雪ナダレにとられている対策が全体として非常に成功しているのとは対照的である。上記したウァスカラン災害のような出来事がいつ発生するかを予測することはできなかった。今日では頂上の氷帽を観察することができ，クレヴァスの拡大と氷の下の岩石の状態から別の氷ナダレが起きるだろう，と言うことはできる。けれども，いつ氷ナダレが起きるか，その氷量はどの程度か，どれぐらい流れ下るか，を推定するのは相当な費用をかけて細かくモニターしない限り，不可能である。

　これとは対照的に，スイスのような比較的裕福な国では，氷ナダレの予測は精確な科学になっている。危険な氷河は，リモート・センシング技術や写真測量によって繰り返し図化され，地上測量，そして氷河ダイナミクスの数学的モデルなどを使ってモニターされている。このような調査を通じて，崩壊する可能性のある量，末端での形態の変化，崩壊が起きそうな場所での氷河の後退あるいは前進といった氷河の特徴が求められる。

　不安定な氷河での氷ナダレの正確な予測につながった精査の一つは，スイスのヴァイスホルン（4505m）で行なわれた。この山は氷ナダレを何回も引き起こし，麓にあるランダ村に大きな被害を与えてきた歴史がある。1970 年，クレヴァスが開いたの

を確認した後，スイス連邦工科大学の雪氷学者たちが近くの観測点に自動監視カメラを設置してモニタリングを始めた．氷河の形態が変化しクレヴァスが広がるにつれて写真測量による地図が作成され，氷河の流動速度が求められた．氷河末端の流動速度の加速は最初はゆっくりとしたものだったが，1972年後半からは急激に加速した．1973年の8月には流動速度の増加が特に大幅になり，崩壊が間近に迫っていることを告げていた．これに基づき，氷ナダレは8月19日に起きることが正確にとどこおりなく予報されて，3000m下にあるランダ村の人たちに適切な警告が出された．結局，氷ナダレは二段階で発生し，氷は谷底まで達しなかった．しかし，この経験は急斜面にある危険な氷河を細かくモニターする価値を証明した．残念ながら，大きな氷ナダレが問題となっている国々では，危険な氷河での予測ができるようになるために必要な精密なモニターをする資金も，専門的知識も持っていない．

氷河からの突発洪水

突発洪水の特徴

氷河災害の二番目に大きなカテゴリーは，さまざまなプロセスで起きる洪水のグループで，数時間から数日の時間スケールで発生する．氷河性突発洪水とは，氷河内部あるいは氷河堰止湖からの急激な水の流出である．時によってはアイスランド語のヨクルフロウプがこのような洪水の意味で使われるが，厳密にはこの用語は氷河下火山爆発に伴う突発洪水を指す．氷河性突発洪水は，流出が数分あるいは数時間ですさまじく増大し，その後徐々に減少していくのが特徴である．洪水の波は数メートルの高さになり，予測ができないので非常に危険である．アルプスや北アメリカの西部コルディレラ山地では，突発洪水のほとんどが夏に起きる．融解シーズンが進むにつれて徐々に湖の水位が上がり，水圧がある程度より高くなると氷河を基盤から持ち上げて水が一気に流れ出す．このような湖は夏の終りに効率的な氷河内の排水路が形成されるので空っぽのままだが，冬は排水路が氷河の変形によって塞がれる．

氷河の温度が氷河内の排水路の発達に影響を与えることを考えると，氷河堰止湖が

ジャカ湖の地上写真．モレイン・ダムは高く，湖にはカービング氷河の末端がある．水位を安全なレベルに下げるため排水路が建設された．

199ページ上：デブリに覆われたアトゥンラーフ氷河によってダム・アップされている水位が下げられる前のパロン湖（撮影：1981年）。モレイン・ダム左側の基盤にトンネルを掘り，人工的に水位を下げて決壊洪水の危険性を一時的ではあるが回避した。

氷河内部に排水路ができにくい寒冷あるいは多温氷河の縁に最もできやすいのは当然である。氷河堰止湖は中緯度地域よりも極地に多く，しかも極地のものは大きいが，人が住んでいる場所から離れているので，決壊しても中緯度と同じような災害にはならない。

　後退している氷河の前面にあるモレイン堰止湖が決壊すると，別のタイプの洪水が発生する。特にアンデスとヒマラヤに多い。これらの洪水は**デバックル**（debâcle，フランス語），**アルヴィオン**（aluvión，スペイン語）あるいは**氷河湖決壊洪水**（glacial lake outburst flood - GLOF）などと呼ばれる。モレインは普通，谷の側壁から谷の横断方向に弧を描いて延びているデブリからなる大きなリッジで，氷河の最も最近の前進位置を示している。一般にモレイン・ダムを破壊する水はモレイン中の直径数メートルにもおよぶ岩石を混じえて大量の土砂を含むので，洪水は速い泥流の様相をなす。さまざまな原因によってモレイン・ダムは破壊される。第一に，ダムの内部にゆっくりと融けつつある動いていない氷河氷（dead ice）があるかもしれない。ゆっくり融けることでダムの有効高が下がり，内部に水が入ってダムを弱める。二番目に，後退する氷河末端の崩壊や氷・岩ナダレが湖に落ちて引き起こす大波を被ると弱くなる。三番目として，ダムは時間が経つにつれて落ち着いて嵩が下がるので——特に地震が起きやすいところではそうだが——やがてモレインの水面より上の部分が低くなり，湖水が流れ出す。溢れ出た水は侵食し，ダムはまもなく崩れる。四番目には，氷河が後退すると，表面に池ができることがあり，これによって水に浸された氷は浮きやすくなる。このような時は，氷河底排水路がすぐに形成され，モレイン・ダムを侵食して湖の水が流れ出る。最後に，洪水を防ごうとする工事そのものがダム決壊を誘発することがある。工事によって特に氷壁やモレインが不安定になると，決壊して大波を発生させることがある。

ペルー・コルディレラ・ブランカの氷河湖決壊洪水

　コルディレラ・ブランカは今まで記録された中で最悪の氷河湖決壊洪水が発生した場所である。前述した恐ろしい氷ナダレがあったのと同じペルーの谷で発生した。1941年12月3日，ウァラースの賑やかな市場の一部が洪水で破壊され，少なくとも6000人が犠牲となった。これは不安定なモレインによってダム・アップされていた氷河湖からの突発洪水であった。コルディレラ・ブランカでは，氷河が約200年前の小氷期から後退した結果，不安定なターミナル・モレインがたくさん残され，このような湖がたくさん形成されている。その多くが雨水と融氷水が溜まる自然の盆地に形成されている。モレインはルーズなデブリからなるので侵食されやすいが，特に雷雨の時や融解が激しい時，あるいは氷や岩石が湖に落ちた時などはそうである。溢流水路が掘られて流出量が増えることによりモレインの侵食がどんどん激しくなり，湖水は堰き止めているモレインから文字通り爆発的に吹き出していく。

　ペルーの人々は時には外国からの援助により，危険な箇所を取り除く懸命な努力をしてきた。人工水路やトンネルを建設するために標高4000m以上に工事機械を運んだ。

　おそらく湖の状況改善工事で最も印象的なのは，パロン湖の水位引き下げである。もともと面積1.6km²，水量7500万m³のこの湖は，201ページの地図が示すように高さ250mのモレインに囲まれていて，デブリに覆われたアトゥンラーフ氷河に堰き止められていた。工事前，湖の水は小さな湧き水としてモレインの下流側から流出し

199ページ下：水位を下げた後のパロン湖（撮影：2002年）。水位低下により湖岸線と砂浜が現れた。モレイン・ダムの後ろには別の湖が形成されており，将来決壊洪水が起きる可能性がある。しかし，パロン湖はそれを受け止めることができるかもしれない。

13 氷河災害の危険性

この山と積まれた岩と丸太は，北パタゴニア氷原にあるソレール湖の下流で川を狭めている。近くのモレイン・ダムの水位が劇的に下がっているので，これは氷河湖決壊洪水の結果と解釈している。下流に散在している岩石は大きくて，決壊洪水以外では動かない。場所が人里から離れていることと下流にある大きな湖が洪水を吸収するので，この地域の人間活動にはほとんど影響がなかった。

ていた。パロン湖の水位は1952年までモレインの頂から2m下の位置にあったが，1951年7月，400～500万 m^3 の氷がアルテソンラーフ氷河の崖になった末端から谷の源頭にある別の湖アルテソンコーチャに落ちた時，溢れそうになった。この氷ナダレによってアルテソンコーチャ湖を堰き止めているダムが破られ，100万 m^3 以上の水が流れ出て水位が7m下がった。これによりパロン湖の水位は1m上がった。ダムの侵食が続いたので，3か月後アルテソンコーチャ湖を堰き止めているモレインは完全に決壊し，さらに350万 m^3 の水が流れ出た。この時はパロン湖の水位は2m上がった。堰き止めているアトゥンラーフ氷河の下部モレインはもう少しで破られそうになったが，幸いにそして例外的に，この大量の水に耐えて下流への洪水を防いだ。

1951年のこのような出来事の後，アトゥンラーフ氷河のモレインは一時しのぎにルーズなデブリで人工的に嵩上げされた。その後，抜本的な解決策として湖の北側の花崗岩にトンネルを掘り，水位は20m下がった。けれども，大きな心配が残っている。それはアトゥンラーフ氷河のモレインがどれくらい安定しているかが全く不明なことである。もし，このモレインが決壊したら，5000万 m^3 の大洪水が下流へ流れ下り，16km下流のカーラスの町は壊滅的な被害を被る可能性がある。

コルディレラ・ブランカには，他にもいくつか潜在的に危険なモレイン堰止湖がある。1988年に素早く状況改善がなされたのはウァルカンにある湖である。氷が入っているモレインが急激に衰退し，ルーズなデブリを滲み透って水が漏れていた。この場合の解決策はサイフォンによって水位を12m下げることであった。資金不足から計画は遅れたが，なんとかサイフォンは設置されて排水路が掘られたので，1990年

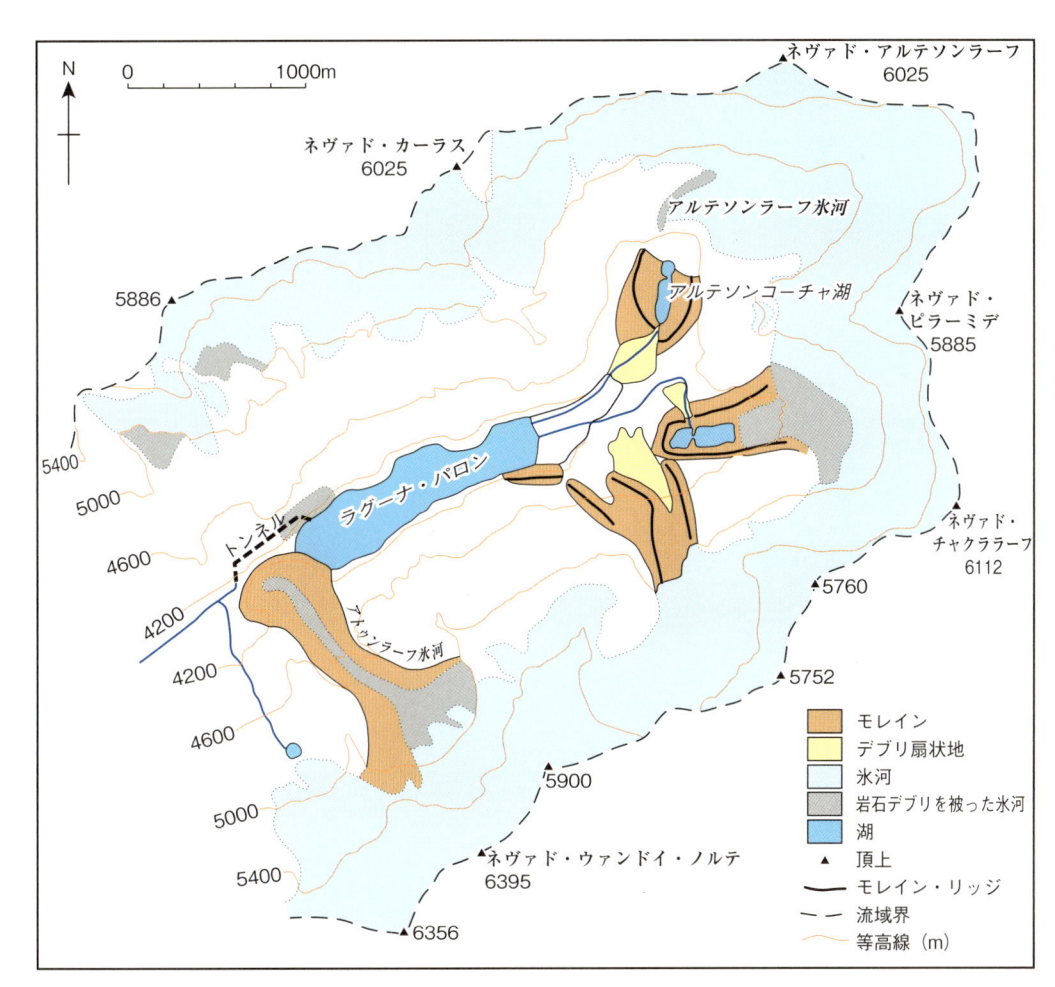

図13.1 ペルー，コルディレラ・ブランカにある危険なモレイン堰止湖の例。バロン湖を堰き止めているデブリに覆われたアトゥンラーフ氷河の状況は，基盤にトンネルを掘って部分的に改善された。右側の上流のモレイン堰止湖アルテソンコーチャは1951年に氷ナダレによって決壊した。アルテソンコーチャ湖の南にある無名氷河とアトゥンラーフ氷河が後退すると，モレインによって堰き止められて湖が形成される可能性がある。(Reynolds, J. M. Geohazards, Naturaland Man-Made. McCall, G. J. H., Lamiong, D. J. C. & Scott, S. C. (eds), London: Chapman&Hall, 1992)

には水位が5m下がった。しかしその後，資金が尽きた。湖が安全かどうかは分からない。けれども，カルウーアスの町に対する緊急の危機は回避された。別の状況改善例はウァラースの上手の山にあるジャカ湖で，ここでは石張りの排水路が建設された。

ペルーでの経験は，状況改善対策は注意深く計画しなければならいということを示唆している。もしそうしないで工事をした結果モレイン・ダムを損傷したら，誤って決壊を起こす可能性がある。この種の最悪の例は，1950年10月20日にパト・キャニオンで起きたもので，危険緩和工事の最中に洪水が発生し，200〜500人の犠牲者が出た。

ヒマラヤの氷河湖決壊洪水

ヒマラヤでは過去70年ほどの間に，犠牲者という観点からはペルーと比べてそれほどひどくないが，モレイン・ダム決壊による洪水が頻繁になってきている。とは言っても，洪水流出量は同じようなもので，毎秒3万 m^3 に達し，全部で5000万 m^3 もの水が流出し，大量の土砂が流されている。

1555年にネパールで起きた氷河湖決壊洪水は，面積450km^{2}のポカラ盆地に最大厚さ60mの土砂を堆積した。大きな決壊洪水の痕跡はヒマラヤの下流域に何十キロにもわたって残っている。例えば，1994年ブータン北部の氷河湖ルッゲ・ツォからの洪水は，200km下流でも高さ2m以上の洪水波を引き起こして，20人以上の犠牲者を出し，村・農地・文化施設に大きな損害を与えた。

衛星画像にみる氷河を被ったブータン（下）とチベット（上）のヒマラヤ境界地域。山地の頂からきれいな氷河が北の寒冷乾燥のチベット高原へ流れ出す一方，デブリに覆われた氷河が緑の濃い南の谷へ流れている。右下にはいくつかのモレイン堰止湖と，氷河上の池が急速にくっついて堰止湖になりつつある湖がある。1994年にダムの一つが決壊して洪水を引き起こし，下流200kmの間に犠牲者を出した。この地域では災害危険度は危険なレベルまで増し続けている。（画像はNASAのテラ衛星に搭載されたアスターで，2002年5月29日撮像。一枚の画像の一部分を示している。出典，http://visibleearth.nasa.gov/cgi-bin/viewrecord?13539）

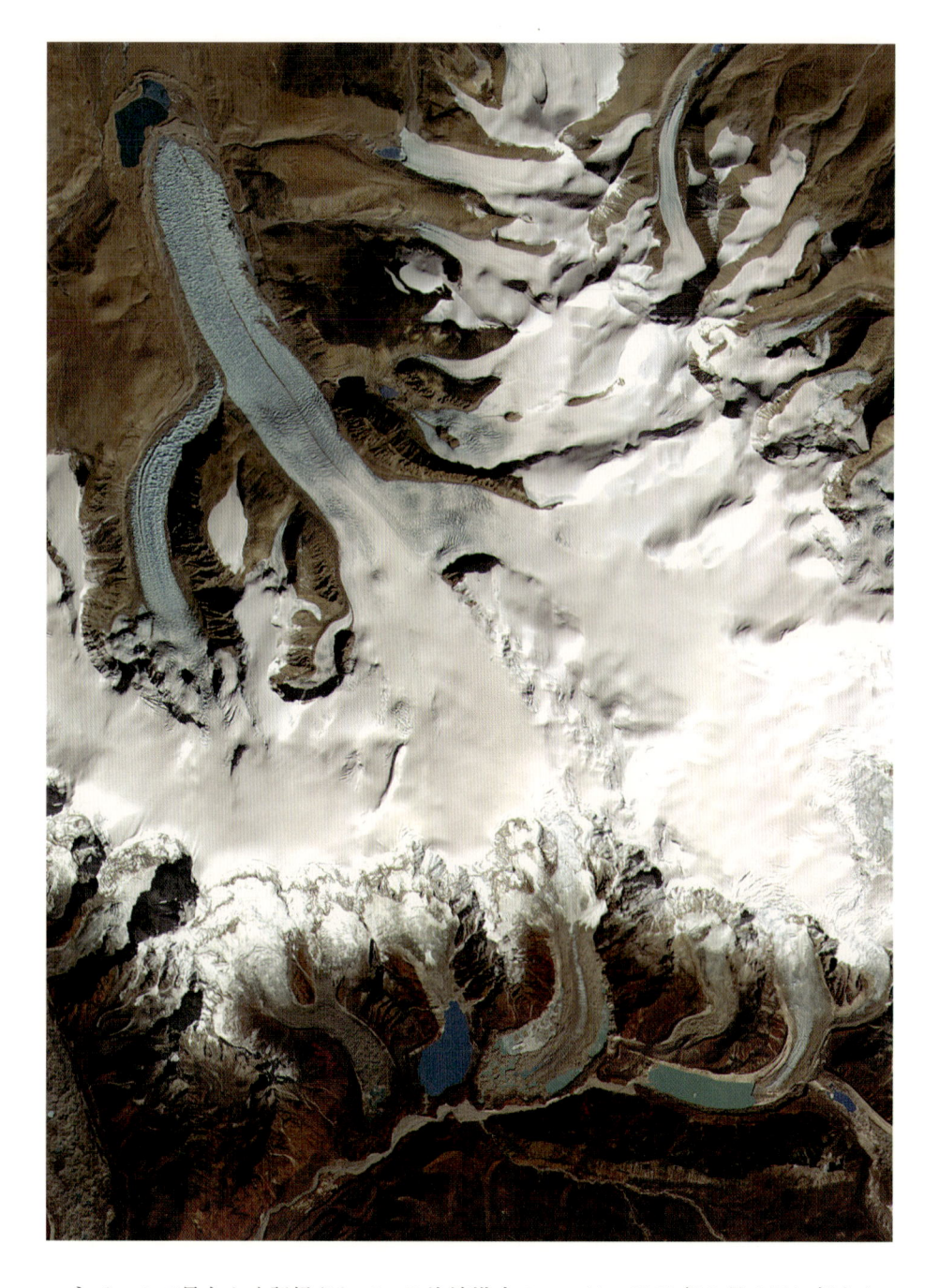

　ネパールで最もよく記録されている決壊洪水の一つは，1985年8月4日に起きた。クンブ・ヒマールのランモチェ氷河の末端が氷河湖ディグ・ツォに落ちて大きな波を起こし，これがモレイン・ダムを越流してダムを破壊した。1000万 m^3 の水が流出したと見積もられ，最大流量は $2000m^3/$ 秒と推定された。5人が犠牲となり，ナムチェ・バザールに電力を供給していた小規模な水力発電施設が破壊された。下流の被害も，90kmにわたり耕地が流されて谷壁斜面が不安定になるなど，激しかった。

　ディグ湖の出来事によりヒマラヤでの新しい氷河湖研究が盛んになったが，特にネパール政府の機関と協力して行なった日本と英国の科学者たちによる貢献が大きい。クンブ・ヒマールにある湖イムジャ・ツォなど，他のモレイン堰止湖も潜在的に危険であると認識されている。エヴェレスト山地域へのトレッキング・コースの近くにあるこの湖が崩壊したら，現地の経済に深刻な打撃を与えるだろう。

ネパール，クンブ・ヒマールのナーリー氷河で1977年に起きた氷河湖決壊洪水により，下流の古いモレインが大きく侵食された。パンボチェ村が載っている段丘も部分的に侵食されて不安定になった。この谷ではこのような洪水による人命被害は少ないかもしれないが，農地が侵食されたら集落に対する影響は大きい。

氷河湖決壊洪水はボルダー（巨大な岩石）を含む大量のデブリを運搬する。もしボルダーが止まると，その後ろに小さな岩石が溜まり，'ボルダー・ジャム'が形成される。この例はクンブ・ヒマールのナーリー氷河下流である。

ヒマラヤではどのようにしてモレイン堰止湖ができるか，かなり分かってきた。デブリに覆われた末端域で氷河が薄くなり氷河上の池がくっつき始めると，湖は急速に拡大し，カービングする氷河末端壁が発達し，そしてモレイン内部の氷が融ける。これらのプロセスが10年以下の年月で起きる。ヒマラヤにある二か国だけでも，ネパールには20，ブータンには24の危険な湖があるということだが，この問題の規模はよく分かっていない。最近の空中写真，あるいはそれがない場合は衛星画像に基づいた信頼のおける調査が必要である。さらに，発達の初期段階での湖の定期的なモニタリングが必要である。湖が危険になる前の改善が望ましいが，問題が差し迫るまで資金がないのが通常である。

　現在，危険なモレイン堰止湖の最も壮観な例は，ロールワリン谷の源頭にある湖ツォ・ロルパである。湖は標高4450mにあり，カービングしているトラカーディン氷河によって涵養されている。2002年には湖は長さ3.5km，幅0.5km，深さは少なくとも135mであった。モレイン・ダムは約150mの高さで，内部には融けつつある氷が入っている。湖の水量は1億1000万 m^3 と見積もられ，もしダムが破壊したらその1/3が流出するだろう。起こるかもしれない洪水の危険に，いくつかの村と新しい発電所計画がさらされている。

　氷河災害専門の英国の会社がネパール政府に協力してツォ・ロルパを調査した結果，1990年代の後半には崩壊が間近で緊急に状況改善対策が必要であることが明らかになった。緊急対策は，ある水位より高い洪水波を検知すると下流の村でサイレンを鳴らすセンサーを設置する早期警報システムの設置で始まった。オランダ政府からの資金援助により，初期はサイフォンで水を抜き，次に水位より4m低いところに排水路を建設するという緊急状況改善対策がとられた。工事は1999年4月に始まり2002年に完成した。けれども，水位を15～20m引き下げないと湖は安全と見なせないので，これは一時的な解決にしか過ぎない。これらの予備的な対策ですら簡単なことではなかった。というのは，標高5000m近くではヘリコプターが安全に使えないので，このプロジェクトに必要な機械はポーターたちによって人力で運ばなければならなかったからである。

　これらペルーやヒマラヤの例は，自然災害を受けやすい開発途上国が直面している問題を浮き彫りにする。第一に，気候変化に高所氷河がどのように応答するかという基本的な知識に欠けている。多くの氷河は行くことすら難しく，潜在的に災害危険性があることさえ分かっていないことが多い。専門家による空中写真判読が痛切に必要であるが，たとえ空中写真があってもペルーの例のように何十年も古いとか，あるいは軍事的な理由で極秘となっている。今日ではアスターのような衛星画像を使うことにより，氷河災害を地域規模で評価できる可能性がある。アスターの地表分解能は空中写真よりかなり劣るが，データが最近のものであるということと簡単に入手できるという利点がある。けれども，訓練された専門家はやはり必要であるし，リモート・センシング解析結果を検証するためには野外調査が重要である。

　第二に資金の問題である。開発途上国は危険性が分かっていても状況改善を行なうことはおろか，自分たちで危険性の評価を行なう余裕すらないのは明らかである。であるから，このような仕事の資金は豊かな国からの援助に頼るしかないが，これらの国々は災害後の援助には積極的かもしれないが，災害防止のための状況改善に資金を出すことにそれほど熱心ではない。

13 氷河災害の危険性

危険性のあるモレイン堰止湖がヒマラヤのあちこちで形成されている。クンブ・ヒマールのイムジャ氷河の下流にあるこの写真の湖は10年間で拡大し，一部の研究者は決壊するだろうと予測している。もし決壊すると，トレッキングと登山者に依存している下流の集落への経済的な影響はとても大きいものとなるだろう。

モレイン・ダムによって背後に湖が形成されると，一般的に氷河はカービングによる氷崖となって後退する。この写真ではデブリに覆われたイムジャ氷河末端で小さな氷山が形成されている。大きなカービングによって波が起きるとダムがダメージを受けるかもしれない。

イタリア・アルプス

　非常に興味深くかつ全く予期していなかった氷河の'サージのような'動きとそれによる氷河湖形成の展開が，最近イタリア・アルプスで発生した。それはベルベデーレ氷河で，モンテ・ローザの急峻な東壁に源頭を持つ支流によって涵養されるデブリに覆われた氷河である。この氷河はいろいろな原因による突発洪水の長い歴史がある。ある年は豪雨によって水が溜まり，氷河から吹き出した。別の時は融氷水と雨水がラテラル・モレインを破って侵食した。さらにベルベデーレ氷河の一支流であるモレイン堰止湖ロッチェが三回も決壊して洪水を引き起こしている。

　これらの洪水により，今日では観光産業が主な収入源である小さな集落からなるマクニャーガの上手にある高地牧場，スキーリフト，建物が数回の被害を受けている。1979年の洪水の後，ベルベデーレ氷河からの流出河川をコントロールするために大きなダムが建設された。その後，スイスの雪氷学者がイタリアの科学者と民間防御機関と協力してこの注目すべき氷河をモニターしており，今ではヨーロッパで最も詳しく研究されている氷河の一つとなった。このように細かく調査されているが，2001年にこの氷河はさらに驚かせるような動きをした。その年の6月，イタリア山岳会が管理しているザンボニ避難小屋の管理人は，ベルベデーレ氷河の下流部分が劇的に盛り上がり始めたのに気がついた。その結果，氷河末端は19世紀のモレインの上にそびえ立ち，一か所では乗り越え始めた。クレヴァスが多くなり，モンテ・ローザ東壁

2002年，イタリア・アルプスのマクニャーガの近くにあるベルデベーレ氷河はサージのような動きで前進した。小氷期のモレインは破られ，木は押し倒され，転げ落ちてくる岩石は観光施設を脅かしている。

ベルデベーレ氷河の異常な動きは氷河上の湖の急激な成長を促し，決壊による災害危険性が生じた。水位を安全なレベルに下げるためポンプが設置された。

の上部から氷河が分離されるなど，氷河の下流部分全体にわたって流動が非常に加速された兆候があった。氷河は現在，雪氷学者がいくぶん注意深く'サージのような'と形容する段階にある。通常の年30mの流動ではなく，最大年200mの流速で氷河は流動している（'真'のサージにしてはむしろ遅いが）。

　速い流動の結果，ほぼ丸い凹地が標高2150mの氷河表面に形成され，融氷水が溜まった。この氷河表面湖はすぐに面積が2500m^{2}に拡大したので，現地の当局者たちはすぐさま湖水の突発的流出の危険性を憂慮した。一年後の2002年の夏，湖は成長して面積15万m^{2}になり，水量は約300万m^{3}となった。突発洪水は避けられないように見えたので，マクニャーガの村々の一部は避難した。水位がかなり高かったので，氷河の一部分はほとんど底面から浮き上がっていた。けれども，クレヴァスがたくさんあるのに湖の水は流出しなかった。もっともらしい説明の一つは，形成されたかもしれない排水路は氷河の速い動きと氷の内部変形によりすぐに閉塞された，というものである。

　イタリアの民間防御機関は差し迫った大惨劇を防ぐために大々的な工事を行なった。ヘリコプターによって何百トンもの工事用機材が湖へ空輸された。湖の水位を人工的に下げるためにポンプとパイプが設置され，ポンプを動かすためにマクニャーガから高圧線が引かれた。イタリアのメディアがこの前代未聞の必死の努力を広く扱ったので，まもなくたくさんの観光客が今では有名になった'エフェメロ湖'，すなわち'一時の湖'を見にマクニャーガに来るようになった。

　しかし，観光客は不満であった。というのは，不可抗力な決壊洪水の可能性がまだあったので，安全という観点から湖と工事現場へ行くのが厳しく制限されたからである。最終的には2002年8月までに状況が落ち着き，ポンプ排水の結果，水位が数メートル下がった。これに加えて，氷河底排水路および氷河内排水路の効率が良くなり，湖からの自然流出量が増えた。エフェメロ湖と今では松林に突入し始めた劇的に前進している氷河は，マクニャーガの観光目玉となった。毎日，何百人という観光客が来て，この特異な氷河光景を目撃している。

　これを執筆している時点では，氷河がどのように変化していくかは分からない。し

他の氷河と同様に，ヨスターダルス氷帽から溢流して前進しているニゴーズ氷河からの流出水は予測できない様態で変化する。突然の流出量増加は写真に写っている観光客たちを驚かせたが，彼らは運良く逃げることができた。

かし，氷河プロセスが山岳集落に与える影響の非常によい例であることは，はっきりしている。氷河性突発洪水は全ての氷河現象の中で最も大きな結果をもたらすので，氷河末端から何キロも下流の集落が危険にさらされたり被害を受けたりしないよう，このような出来事を綿密にモニターする必要がある。

他の地域での洪水

　世界的にみると，氷河湖決壊や氷河内からの突発洪水の方が，大惨事を引き起こす氷河ナダレよりも頻繁に，そして多くの地域で起きている。アルゼンチン・アンデスのメンドーサ谷では1788年以来，オーストリア・アルプスのエツタール（エツ谷）では1600年以来，大洪水が繰り返し起きてきた。両者とも，氷河がサージで支谷から主谷へ流れ出して川を堰き止め，天然ダムを形成した。水位があるレベルを越えると，氷河ダムを越流，あるいは破ったりした。メンドーサ谷の氷河サージはだいたい半世紀ごとに起きており，一回一回洪水を引き起こしている。最近のものは1985年である。一方，オーストリアの洪水を引き起こしてきたフェルナークト氷河は大きく後退して，過去100年の間サージは観測されていない。

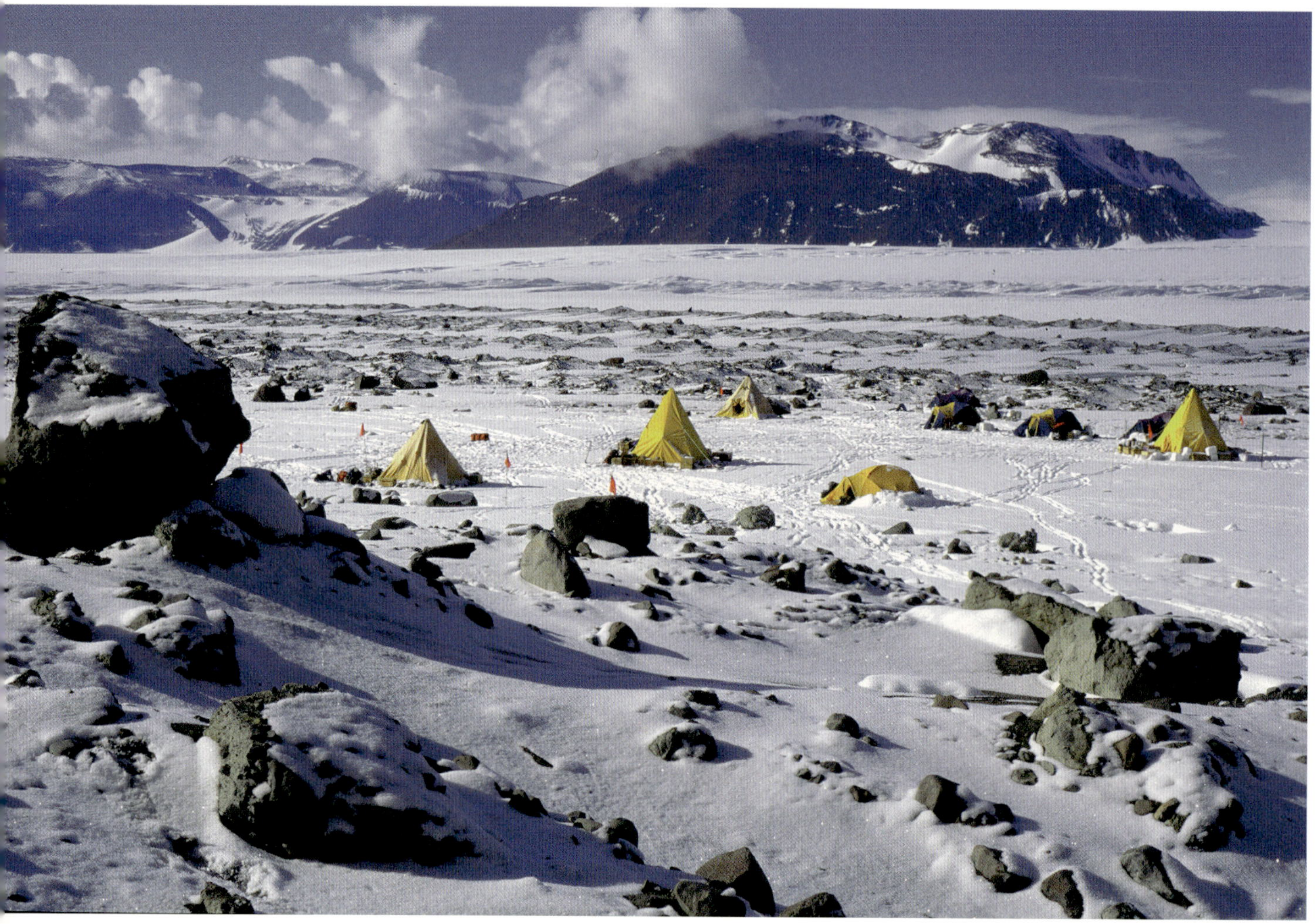

14 氷河上での生活と調査旅行

　氷河上での生活と調査旅行は，大多数の人々が経験したことのないようなさまざまなチャレンジに直面する。作業が雪の溜まりやすい涵養域で行なわれるか，あるいは氷河表面の融解が問題となる消耗域で行なわれるかによって，解決策が異なる。この章では，最初に初期の南極点への氷上旅行に関して雪氷学的な観点から記述する。これによって，世界で最大の氷体を横断して旅行することがどんなに大変であったかということの一端が分かる。その次に，危険性とからめて氷河上の行動をもう少し詳しく記述し，徒歩，スキー，犬ゾリ，動力車両，航空機などさまざまな輸送手法について概観する。最後に，今日人々が氷河上でどのように生活しているかを，単純なキャンプと半恒久的な調査基地で紹介する。

昔の極点旅行

　1890～1914 年の'極地探検の英雄時代'の時期に，最初の本格的な南極氷床探検とその科学的意義の評価が試みられた。最も驚異的な旅行の一つは，アーネスト・シャックルトン卿が率いた 1908～09 年の英国探検隊である。シャックルトンの目的の一つは，当時未到であった南極点に到達することで，実際，極点への基本的な陸ルートとなるコースを開拓した。このルートはロス氷棚を横切り，南極横断山脈を横切って流れてくる新たに発見された大きな氷河を登り，東南極氷床のど真ん中にある標高 3000m の南極プラトーに到達するものである。しかしシャックルトンの 4 人パーティは食料が尽き，南極点から 150km の位置，南緯 88° 23′ の地点から引き返さなければならなかった。彼の出版した本，「南極のど真中」（1911 年刊）で引用している日記から，この歴史的な旅行の最中にパーティが遭遇したさまざまに変化する氷，また克服しなければならなかった雪氷現象あるいは気象現象に起因する危険性について知ることができる。

　彼らの旅の最初の行程は，当時グレイト・アイス・バリアーと呼ばれていたロス氷棚を横断する，長くてつらい行軍であった。ここは平らで地形の目印となるものがなく，晴れた日に南極横断山脈をかいま見るだけが退屈しのぎであった。

　11 月 17 日。午前 9 時 50 分に出発した時はどんよりした天気であったが，昼まではそびえている山が見えた。その後，天候は完全な高曇（たかぐもり）となり，光線の条件が悪くて方向が定められなくなった。真っ白な壁に向かって歩いているようで，光がないためサストゥルギ（風で作られた氷丘）のわずかな影すらできなかった。……この日歩いた距離は 16 マイル 200 ヤード（海里，30km 弱）で，荒れた表面だったので馬は足首までもぐった。この柔らかい表面は，この前の南極旅行で経験したものに似ている。雪は簡単に踏み抜けるクラストで，6 インチ（約 15cm）下は空洞となって

210 ページ：氷河上でのキャンプは時にはとても大変だが，南極研究者にとっては生涯のうちで特別な魅力の一つである。この写真はアメリカ合衆国南極プログラムに携わる地質学者のキャンプで，南緯 85 度にあるシャックルトン氷河のラテラル・モレイン上に張られている。伝統的な形のスコット・ピラミッド型テントに加えて近代的な軽量登山用テントが併用されている。旗はブリザードの時の目印である。

おり，その下に同じようなクラストと空洞の層がある。……出発以来，今日初めて気温（華氏）がプラスになり，昼に9°F（−12.3℃），午後6時に5°F（−15℃）であった。べったりとした雲の覆いが毛布の役目を果たしていることは疑いない。だから今日は暖かかったが，行軍には暖かすぎた。

　南極横断山脈を抜けるルートを探すのが南極プラトーへ到達する重要なカギであった。彼らは，後にシャックルトンがビアードムアー氷河と名付けた長さ250km，幅30〜50kmの巨大なグレイト氷河をルートとして選んだ。この氷河は結果的には簡単ではなく，氷の状態は数多くのクレヴァスから風に磨かれた堅い氷にまで変化した。体を消耗させる風と太陽，そして不充分な食料は彼らに犠牲を強いた。以下の二つのビアードムアー氷河下部旅行記からの引用は，パーティが遭遇した雪氷に関連した危険がどのようなものであったかを，生々しく伝えている。

　12月7日。アダムス，マーシャルと私でソリ一台を引いて，午前8時に出発し

クレヴァスは氷河上を移動する時の主な障害物の一つである。スイス，ヴァライス州のこのグリース氷河のように，クレヴァスが見える時は迂回が必要である。もしスノー・ブリッジになっていたら，踏み抜くのを避けるため常にピッケルで探るだけではなく，互いにロープで結び合うことが必要である。

た。ワイルドは後ろからソックス（唯一生き残った馬）を引いた。馬が腹までもぐるくらいのとても深い雪の中を，上り下りしながら進んだ。私たちも常にもぐっては出てを繰り返し，進むのが大変であった。右側にあるクレヴァスをいくつか過ぎたら，左側にもっとあるのが見えた。昼食のためにキャンプした午後1時に光線が暗くなり，クレヴァスは多少雪が被っているのでほとんど見えなくなった。昼食後，光線は良くなった。見えるようになったのを喜びながら歩いていると，突然ワイルドの'助けて'という叫びが聞こえた。すぐさま止まり，彼の助けに走った。馬ゾリの前部がクレヴァスに落ちており，ワイルドがソリが引っ掛かっている深みの縁から手を出していた。馬はどこにも見当たらなかった。すぐにワイルドのところに行くと，彼は危険な態勢から脱出してきた。が，かわいそうにも馬は死んだ。ワイルドは奇跡的に救助された。彼は私たちの足跡をたどっていた。私たちは雪で完全に覆われたクレヴァスを渡ったが，馬の重みで雪のクラストが割れ，あっという間に全てが終わった。ワイルドは一種の突風を感じたと言っている。手綱が手から引っ張り取られ，彼は手を延ばして落ちた深みの縁に掴まった。ワイルドと私たちにとって幸運だったのは，ソックスの重みでソリの連結部分が折れたので，上部の支えは壊れたけれどソリは助かったことだった。腹ばいになって深みを覗いたが，何一つ音のしない真っ黒な底なしの穴に見えた……夜のキャンプを建てる時，隠れたクレヴァスがもっとあるかどうか調べるために雪にピッケルを刺したら，どこもかしこも突き抜けた。夜中に落ちるかもしれないので，この場所にテントを建てるのは愚かな行為である。テントを張るために1/4マイルもと来たところを引き返した。たとえわずかな距離であっても戻るのは不愉快であったが，この旅行では戻ることを覚悟しなければならない。

　まもなくパーティはほとんど裸氷のところに来たが，やはりクレヴァスだらけであった。風につるつるに磨かれた雪のない氷は，南極横断山脈を横切るいくつかの主な幹線氷河の特徴で，下のロス氷棚や上の南極プラトーとは対照的に，ここでは氷の涵養がないことを示している。隊は上流へ向かって，徐々に高度を上げいく斜面を時には何回か往復しながら行った。しかし，見事な山岳風景と好天によって彼らの意気は高揚した。

　12月10日。転んだり，擦りむいたり，脛を切ったり。クレヴァス，刃のように鋭い氷，そして重たい登りの牽引。これらが今日一日にあったことであるが，見事な景色，素晴らしい岩，そしてゴールに向かって11マイル860ヤード（21.15km）の距離を進んだことによって報われている。クレヴァス帯の中を朝7時30分に出発したが，まもなくそこを抜けて長い雪の斜面に到達した。高度は海抜3250フィート（985m）であった。それからクレヴァスを渡り，青氷の斜面を滑り降りた。マーシャルと私はそれぞれ一回クレヴァスに落ちた。午後1時に昼食を取り，2時に氷河のサイド・モレインの脇にある長いリッジへ取り付いた。これは，氷が割れていて割れ目と割れ目の間はナイフのようなエッジになっているのに加えて，さらにクレヴァスがあったので，大変な作業であった。アダムスがクレヴァスに落ちた。時折ソリを刃のような氷の上に持ち上げて進むのだが，再び引っ張り始めるのに苦労するので，ものすごく大変であった。足下をフィネスコ（訳者注：乾燥させるためにとりはずしができるワラを保温材として使った綿製のブーツ）に代えてスキー靴にしたが，油断のならない青氷の上で何度も転び，手や脛を切った。私たちは皆傷だらけであっ

た．午後6時に裸地の脇の雪原にキャンプした．さまざまな色と組織を持つモレインの石は見事である．

　地質学を勉強したわけではないが，シャックルトンはモレインの石を上手に記載している．その日の夕方，体力に余裕があったので彼は岩石の試料を露頭で採集するために，目立つ目標物であるクラウドメイカーと名付けた近くの山を200m登った．彼は'氷河は明らかに非常にゆっくりと流れており，古いモレインが上方の台地にあるので，氷河は以前ほど谷を深く埋めていない'ということを記している．この洞察力に満ちた観察は，氷床はかつて今よりもはるかに厚かったということをシャックルトンが認識していたことを示している．彼が記載したモレインは，今では数百万年前の氷河堆積物であることが分かっている．

　12月18日までにシャックルトンのパーティは，コンスタントな登りの合間にも景観と地質の記録をとりながら，堅い氷，モレイン，さまざまな雪と変化する地域を苦労して抜けた後，南極プラトーの端に到着した．ここで最後のデポ（訳者注：荷物を置いていくこと）を行ない，ここから着の身着のまま，テント一つ，そして食料を減らして荷物を軽くして前進した．南極点はまだ500km先である．だんだん高くなる高度と少ない食料に加えて，低い気温（12月20日の冬至の日は，-33.3℃であった）と風によって，彼らは常に寒くて腹をすかせていた．来る日も来る日も，次の文が示すように彼らは苦労して前進した．

　1月5日．今日は向かい風で雪が飛んでくる．気温は-45.6℃で，表面の状態はとても悪かった．鋭いサストゥルギの上に溜まっている深さ8インチ（約20cm）の雪の中を行進したが，この表面は歩くのが大変だった．しかし，食料を増やして13と1/3マイル（24.7km）進んだ．目標を成し遂げようとするならば，これは絶対に必要であることが分かった……午前5時の気温は-70.0℃であった．午前7時きっかりに出発し，昼まで進み，また午後1時きっかりから午後6時まで進んだ．全員が一つのテントに入っていて窮屈なので，キャンプの作業に時間がかかる．午前7時に出発するために朝4時40分に起きた．夜テントの中で準備が整うまで二人はテントの外に立っていなければならず，寒かった．飢えが強烈に襲うが食料はとても少ない．私の頭痛が大きなトラブルであった．最初は私ではなく私の最悪の敵がこんな頭痛を持っていればいいと考えたが，今では私の最悪の敵でさえこんな頭痛を持っていない方がましだと思う．が，こんなことを話しても無駄だ．自分のことに関してはたいていの人が話したがるものだ．今日は最も困難な日で，あと2〜3日しか前進できない．プラトーに登ってから，一度たりとも気温は0℉（-17.8℃）以上に上がらなかった．私たちは最善を尽くした．ここまで来ることができたことを神に感謝する．

　1月7日と8日はブリザードでテントにくぎ付けになり，9日に行けるところまで行くべく彼らは出発した．9日は，安全に引き返すチャンスがある最終日であった．南緯88°23′，東経162°で女王から渡されたユニオン・ジャック（英国旗）の旗を掲げ，プラトーに女王の名前を付けた．

　途中で引き返さなければならないという失望の後，来た道を戻るのは来る時と同じように苦難の仕事であった．足が凍傷になり，何遍もクレヴァスに落ちながらも（ハ

ーネスを付けていたが），ビアードムアー氷河を素早く下った。ロス氷棚では馬の肉を食べて全員下痢になったり，時々ブリザードで停滞したりしたが，かろうじて3月4日に船に到着し，全員無事に戻った。

氷河旅行の危険性

氷河の上に危険をおかして行く前に，遭遇するかもしれない危険を考えておく必要がある。どれぐらい危険かということは，氷河の表面が裸氷か，雪を被っているか，あるいはデブリに覆われているかによる。アルプスで夏に4000m級の山頂を目指して典型的な谷氷河を歩いている様子を想像してみよう。氷河の末端に近づくと，流路が短時間で変化する水流やルーズで飽和しているデブリからなるゾーンに入る。ここではマスムーブメント，特に泥流が起きやすい。氷河にどれくらい簡単に上がれるかは，氷河が後退しているか前進しているかによる。後退している氷河は傾斜の緩い末端を持っており，今日の氷河の大多数はこの状態にある。けれども，もし氷河が前進していると，末端はほぼ垂直となり，クレヴァスがたくさんある可能性がある。このような場合，靴にアイゼン（鉄の爪）をつけ，ピッケルで足場を切らなければならない。氷が特に難しい場合はロープを結ぶ必要がある。

氷河に乗ったら，クレヴァスがあるだろう。消耗域ではクレヴァスは雪を被っていないのではっきりと分かり，通常は避けていく。クレヴァスが融けて両側の壁の傾斜が緩くなっていたら，かなり大変ではあるがアイゼンをつければ横切って行くことが

カナダ北極圏，アクセル・ハイバーグ島のホワイト氷河表面の融氷水流。冬の積雪から現れている。北極圏の氷河の水流は深さ数メートルに達することがあり，渡れないことがある。特に雪が融け始め，スラッシュ（水混じりの雪）が雪原の下に広くできると渡れない。スラッシュは突然斜面下方にすーっと流れることがある。

氷河融解水河川の渡渉は，氷河からの流出量が変化するので，午前中よりも午後の方が難しくなることがある。上の写真は7月のある朝のモータラッチ氷河下流の様子で，下は消耗の激しい午後に撮った写真である。流量がかなり増している。

できる。

　氷河の流動について知っていると，どこにクレヴァスが多くあるか予測できる。クレヴァスは特に氷河が基盤岩の段（アイスフォール）の上を流れるところや，カーブしている部分の縁に多い。氷河の中流部へ向かって歩くと，しばしば滑らかでクレヴァスがほとんどないところがある。このような表面を歩くのは簡単だし，楽しい。特に数日間天気が良かったならばそうで，強力な太陽光線が氷河表面をざらざらにするので，アイゼンがなくても登山靴でしっかり歩ける。他方，もし雨が降った直後ならば，氷が一様に融けていて滑りやすくなる。

　氷河をさらに上流に行くと，アイスフォールに出会うかもしれない。これは氷河の幅一杯に広がっていることが多い。であるから，さらに上に行くにはアイゼンを使い，足場を切り，お互いにロープをつないで登らなければならない。アイスフォールには通常，クレヴァスとクレヴァスの間にあった峰の残骸であるセラックがある。セラックは警告もなしに崩れる危険があるので，素早い行動が不可欠である。

消耗域の範囲では，氷河の大部分がデブリに覆われていることがある。多くの場合，高さ数メートルの岩石が氷河表面に散らばっている。岩塊の大きさは岩盤の層の厚さや割れ目の入り方に関係している。であるから，花崗岩や片麻岩の岩塊は大きく，堆積岩は小さいものが多い。厚いデブリの層は融解を抑制するが，下の氷の形は常に変化しているので，表面のルーズなデブリはいつも移動し，滑り落ちている。このような場所を通過する時は特に気をつける必要がある。アイゼンはあまり役に立たないし，もし使うと損傷する。このような場所にはデブリを被った一般的に 10m ぐらいの高さの急な氷の壁があり，濡れているので壁は黒っぽく見える。このような壁に気がつかないことが多い。これに足をかけると，必ず下まで滑り落ちる。凹地には水が溜まっていることが多いので，冷たくて凍るような池にはまる結果になるかもしれない。

　消耗域にクレヴァスがない場合に遭遇する別の障害は，融氷水流の可能性がある。山岳氷河では，氷に刻み込んだ水路の深さは通常 1～2m である（北極圏の氷河ではしばしばはるかに深い）。水路は普通，幅に比べて深い。水路を渡るのに遠回りをしなければならないかもしれない。この場合，流れは大きくなるが，下流へ歩く方が有利なことが多い。なぜかというと，一般に水流はムーランに消えるからである。ムーランとは，水が氷河底へ流れ込む垂直の穴である。

　もし氷河の縁を歩いていたら，別の危険がある。岩石・氷・雪のナダレが氷河表面に落ちてくることがある。小氷期以降，氷河の後退と表面高度低下により，ラテラル・モレインも不安定となっており，そこからルーズな物質が，量はわずかであるが氷河表面にいつも落ちてくる。

　歩き続けるとやがて雪線に近づく。きれいな氷は粒状のフィルンへと変化するが，上に行くにしたがいフィルンはだんだんと水っぽくなり，やがてスラッシュ・ゾーンになる。温暖氷河ではこのゾーンは普通は狭い。これとは対照的に，北極域ではスラッシュ・ゾーンは通行不可能な雪の湿地になっていることがある。スラッシュは斜面では突然流動することがあるので，むやみに乱さないよう注意する必要がある。こうして涵養域に入ると，ここではさまざまな穴が，特にクレヴァスが雪に覆われている。この時点で，互いにロープを結び合うことが不可欠である。この目的は，もし誰かがスノー・ブリッジを踏み破ってクレヴァスに落ちた場合，他の人が落下を食い止めることである（次の文で説明するように）。

　さらに上へ登っていくと，別のアイスフォールに行き当たることがある。ここでの積雪は，ある面ではクレヴァスやセラックを安全に通過するのを妨げているが，別な面ではスノー・ブリッジとなることによって通過しやすくしている。このようなゾーンは死の罠となりうる。例えば，エヴェレスト山の悪名高いクンブ・アイスフォールでは，主として崩れてきたセラックによって多くの人が遭難している。運悪く，このアイスフォールは，ネパール側から世界最高峰の頂上へ登るための高所キャンプへ行く唯一の一般ルートである。氷河の源頭に向かっていき傾斜が急になると，ベルクシュルントと呼ばれるとても大きなクレヴァスに行き当たることがある。この裂け目によって，山の斜面に張り付いている氷と，その下方の活発に動いている氷河が分けられている。ここにスノー・ブリッジがなければ，上の斜面に取り付くことができないだろう。

　これまで述べてきた障害や危険を考えると，氷河上を歩くことは別段楽しくないように思うかもしれない。けれども，私たちは雪氷学者として可能な限りトラブルを避

ノルウェイ北極圏，スピッツベルゲンの高所氷原では天候が突然変わることがある。ウィルソン氷河に近づいているこの嵐は2～3時間後に襲来してブリザードが三日間続き，パーティはテント滞在を余儀なくされた。

けるのに慣れている。むしろ，融氷水がごぼごぼ流れる音に加えて，氷と岩の無数の色，氷が消耗してできたさまざまな造形などを味わい，楽しむまでになっている。

　アルプスの典型的な一日は，好天で始まるかもしれないが，午後になるといつも雲が湧き上がるので，視界不良の中で下山しなければならないことがある。この観点から，登る時にカギとなる氷河の特徴を確認しておくことは，下山路を探す場合に役に立つ。クレヴァスによって氷河の縁の位置が推定できるかもしれないし，あるいは，流動方向に平行に形成される縦長のフォリエイションやメディアル・モレインに沿って歩けば，濃い霧の中でも方向感覚を保てる。氷河の末端から河原へ降りて下流へ歩く時は，流出河川を徒渉しなくても済む側にいるように確認する。というのは，日中は氷・雪の融解が大きく，水量が劇的に増加するからである。

高度順化

　多くの氷河は高所または高緯度にあるので，行く人は時間をかけて状況に適応する必要がある。極地で高度が低い場所では，水分をたくさんとって汗をかかない程度に暖かくするだけでよい。南極での救急手引きには，健康で過ごすための，特に体温低下を防ぐための詳しい指示が書いてある。熱いくらいに暖房された南極の基地は，外での調査に適応するためには役に立たない。キャンプしたり簡易小屋に泊まったりした方が，寒冷に対してはるかに良く慣れる。

　高所地域では，高度に対する順化が主な健康問題である。低地に住んでいる人たち

の大多数は中間の高さ，およそ標高 1500～2500m にはすぐに慣れる．けれども，この高さより上に行く場合，高山病のつらい思いを避けたいのなら，一定のゆっくりしたペースで行くことが必要である．例えばネパールの有名な，標高 2700m にあるルクラの飛行場から標高 5200m のクンブ氷河にあるエヴェレスト・ベースキャンプへ行くトレッキングでは，少なくとも 10 日かけることが奨励されている．こうすれば一日に上がる高度はわずか 300～600m にしか過ぎない．中間の高さで 2～3 日滞在することも望ましい．しかしこれでも，食欲がなくなる，激しい頭痛に襲われる，吐く，すぐ疲れる，突然の呼吸困難で目が覚める，寝つかれなくて咳き込む，といった急性高山病の初期の症状を経験することがある．高山病は酸素不足によるものである．標高 3500m より上では半数以上の人がなんらかの高山病の症状を訴える．しばらくすると，これらの症状は収まってくる．もし症状がなくならなかったら，数百メートル下るのが最適である．

　急に登り過ぎると，特に標高 4500m より上では，肺水腫あるいは脳に障害をおよぼす脳水腫など，命に関わる病気になる可能性がある．両方とも，血流が悪くなり，脳に十分な血が回らなくなる．前者は，咳こみ，泡っぽくて血が混ざった唾液を出しながら突然動きが鈍くなる病気である．後者の症状は激しい頭痛，錯乱と幻覚である．両方とも数時間で死亡することがあるが，幸いなことに急いで高度の低い場所へ降ろせば死を防ぐことが可能である．けれども，これは難しい登攀を行なっているクライマーには不可能であろう．多くの登山者がこのように高所で亡くなっている．

　標高 5300m より上では人間の体は全く適応しない．この高さでの気圧は海面付近の気圧の半分しかないので，別に驚くことではない．最高峰の頂上を目指すクライマ

氷河上の歩行は危険が一杯で，危険が隠されているところでは通常お互いにロープで結び合うことが必要である．この写真は歩行訓練中にロープを結び合っているパーティで，ロス島のクレヴァスの多い場所を歩いている．背景はテラー山の氷河に覆われた斜面と，その下の平らな雪に覆われたマクマード氷棚．

スピッツベルゲンの高所氷原，ロモノソフ氷河をファイバーグラス製の'パルク'（軽量のボートの形をしたソリ）を引いてクロスカントリー・スキーで行く。これは緩やかにうねっている雪に覆われた氷河上を移動するのに効率的な方法である。

ーは，この高度でよく順化していなければならない。彼らの多くが登頂に酸素ボンベを使う。この高度より上では体は急激に消耗するので，経験豊富で屈強なクライマーたちは頂上にできるだけ早く到達し，高所キャンプでせいぜい3〜4日過ごすだけでベースキャンプに戻ろうとする。標高4000〜5000mの氷河末端で仕事をしている科学者は，一か月程度かければ高度順化することができる。しかし，高度が低いところと比べると仕事の効率はかなり劣るうえ，期間がこれ以上過ぎると多くの人は疲れ切ってしまい家に帰りたくなるものだ。

氷上での輸送方法

氷河歩きの技術

　氷河の上を歩くことは，氷河上で働いているプロセスを理解して読みとることができる限り，他のアウトドア活動同様安全であるが，安全を確保するためには有用な高所登山技術について知っておくことが大切である。この本は氷河上での行動マニュアルではないので，本当に短い要約だけを記す。さらに知りたければ文献を参照して欲しい。長期の氷河調査の旅に出る時に考慮すべき最も大切なことは，肉体と精神の健全性，技術レベル，そしてクレヴァス転落のような緊急事態に対処できる能力である。

　どのような山行にも暖かい衣類は欠かせないが，氷上では気温が数度低いことを覚悟しておく必要がある。靴はアイゼンがつけられるように，堅いあるいは堅めのものでなければダメである。アイゼンをつけた時は，足を広げて歩かなければならない。

そうしないと，アイゼンの爪がズボンを引っ掛けて転んでしまう。氷河の表面はしばしばざらざらしていてアイゼンがなくても歩けることが多いが，雨が降ると表面はすぐに滑りやすく歩きにくくなる。これに加えて氷河上を歩く人は，足場を切ったり，クレヴァスを探ったり，急な雪の斜面で滑落を止めたり，そして水路など障害物をジャンプして越える時にバランスをとるため，最低ピッケルが必要である。もし，クレヴァスが不安定な雪に覆われている涵養域まで行くのだったら，さまざまなテクニカルな登山装備と，それを使いこなせる経験が必要である。この装備は，ロープ，ハーネス，カラビナ，ピッケル，その他である。ロープにつながったメンバー全員は，パーティの一人がクレヴァスに落ちた時は止めて確保し，引き上げて助け出すことができなければならない。このような出来事に対処できるようになるためには，事前の厳しい登山訓練が必要である。

スキーによる氷河上の行動

　雪に覆われた氷河は，スキーならば行きやすい。さらに，スキーにより重量が雪上に広く分散されるので，クレヴァスを踏み抜く可能性が減る。急な山岳地域では，特別にデザインされた山スキーの方が良い。山スキーは斜面を登る時に踵が上がるバインディング（靴をスキーに締め付ける金具）が付けられており，スキーの裏には，前には滑り後ろには滑らなくする人工スキン（シール）をつける。斜面を下る時は，スキンを剥がして踵を金具に固定すれば，普通のゲレンデ用スキーとほとんど変わらなく滑ることができる。

　一部のスキーヤーは，はるかに軽いクロスカントリー・スキーの方を好む。このスキーは長い距離を速く移動できるので，特に傾斜が緩くて長い氷河を旅行するのに適している。簡単なバインディングで下る時に踵を固定できるものもあるが，全体として急な斜面を下る時は，山スキーと比べてコントロールがしにくく不安定である。

犬ゾリ

　犬ゾリの伝統は北極の原住民，イヌイットに始まった。彼らは，少なくとも紀元前50年頃から食料を求めて海氷，雪原，そして時折氷河を旅するのにこの技術に頼ってきた。イヌイットは千年にもわたって，忍耐強く，過酷に耐え，きつい仕事もいとわないという特別な性質を持つグリーンランド・ハスキー犬を使ってきた。19世紀後半から20世紀初頭のいわゆる英雄時代に最も成功した極地探検家たちは，探検旅行のためにグリーンランド・ハスキー犬を購入した。ノルウェーのロナルド・アムンゼンの，1912年の成功した南極点への旅で，犬は重いソリを引いて氷棚を越え，氷河を登り，南極プラトーを横切っていくのに非常に適していたことが証明された。51頭で出発して戻ってきたのは14頭であった。弱くなった犬を殺してその肉を他の犬の食糧にすることで，荷物の量を最小限に押さえ，距離3000km近くの南極点往復をわずか89日で成し遂げた。

　ハスキー犬は20世紀の大半の間，南極探検の主役であった。犬は，フォークランド諸島植民地調査所（後の英国南極調査所）によって，1945年から1994年の撤退まで半世紀もの間，雪氷学的調査と地質学的調査をサポートするために使われた。この期間に108頭の犬が輸入され，850頭が南極で生まれた。南極で繁殖させ，雑種をできるだけ避けるために，細かい記録がとられた。調査が終わる頃までには，ハスキー犬は南極での研究をサポートする役割にうまく適応した。調査所の犬が走った距離は

南極アデレイド島のシャンブルズ氷河を行く英国南極調査所の犬ゾリチーム。先頭の人間はヒドン・クレヴァスを探っている。20世紀のほとんどの間は，内陸奥深い地域で仕事をしている科学者たちにとって犬ゾリは欠かすことのできない輸送手段であった。1990年代中頃の環境規制のもとで南極から犬を引き上げたので，旅行する人は機械化された輸送手段に頼らざるを得なくなった（写真はニック・コックス氏の好意による）。

体格のしっかりしているグリーンランド・ハスキー犬は南極の犬ゾリの主流であった。この犬は最後のニュージーランド隊の犬ゾリのメンバーであった。1987年にニュージーランドにつれて帰る直前，マクマード入江のスコット基地の外で撮った。

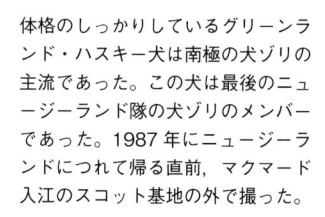

50万 km を越えていると見積もられており，そのほとんどが南極半島とその周辺である。サポートなしの最長旅行は1120kmで67日間のものであるが，後に犬のチームはトゥイン・オッター機で遠いフィールドへ輸送された。典型的な犬のチームは9匹からなり，二通りの繋ぎ方がある。一つは，真ん中の引き綱にリーダー犬が先頭となりその後ろに二匹がペアーとなるやり方，もう一つは，扇型で一匹づつがそれぞれの引き綱に繋がれるやり方である。後者のやり方はイヌイットの方法に似ており，犬がスノー・ブリッジを踏み抜いても一頭ずつ助けられるので，クレヴァスが多い氷河で好まれるやり方である。

厳しい野外調査活動においてスノー・モービルが犬ゾリチームに取って代わっても，犬はレクリエーションのために飼われていた。真冬の小さな基地での居住者間の緊張に耐え難くなった時，外に出て犬と話すとストレスが解消したといわれている。

犬ゾリチームは南極の旅をより安全にする。というのは，クレヴァスの多い氷河では，ドライバー（御者）は普通ソリの後ろにいて，先頭の犬から数メートル後ろの位置にいるからである。もし，犬がクレヴァスに落ちたら，ドライバーは止まって助け出すことができる。一部の探検家は犬はクレヴァスを嗅ぎ分けるという。しかし，これは伝説で，場合によってはドライバーが犬の前に行ってクレヴァスを探ることもある。

夏の旅行の間，ハスキー犬は普通はお互いに喧嘩をしないように十分離して引き綱に繋いだまま，外に放置する。お互い同士ではほとんど殺すぐらいの喧嘩をするけれど，マスターに対しては懐っこくて優しい。アザラシの肉が食事としてしばしば与えられ，食べた後はおとなしく雪の上に寝そべる。ブリザードの間はくるまって雪に埋もれる。犬にとって仕事がとても厳しいこともあるが，大抵の場合，喜んでやっていることは間違いない。

伝統的な極地の旅にこだわる人にとって残念なのは，1991年から外来の動物（もちろん人間を除く）を持ち込むことを禁止した環境条約によって，だんだんと犬が南極からいなくなったことである。1994年4月から，アザラシなどの動物が狂犬病のようなウィルスに感染するかもしれない，そして犬の食糧としてアザラシを殺すという理由で犬は禁止された。多くの極地研究者は，動力を使った輸送は汚染物質を排出するという観点から環境に優しいとはいえないので，この議論は弱いと感じた。

南極の犬ゾリの消滅によって，世界で犬ゾリで氷河の上を旅する地域はほんのわずかになった。現在残っているのは，スヴァールバルとかスイス・アルプスの高所ユンクフラウヨッホで，主に観光客用である。

人力輸送

機械化される前は，良く訓練された犬ゾリチームとドライバーは最も効率的な氷河旅行の方法であったが，英国の初期の探検家たちの間ではスキーを使った人力による輸送も一般的であった。スコットもシャックルトンもシベリア馬とハスキー犬を試したが，南極点への行軍には人力輸送に頼った。彼らは快適ではない木綿のハーネスをつけ，食料とキャンプ道具を積んだソリを引っ張った。

長距離の旅行は，行軍の初期の段階での動物たちのサポートと，荷物を要所要所にデポ（残置）することにより，初めて可能であった。極地の氷河上での作業の中で，人力輸送は他に比べる物がないくらい大変である。ソリを引っ張ってスタートするのは，内蔵が背骨に激突するような感覚だという。上述したシャックルトンの旅が示す

ように，彼らは柔らかくて深い雪と常にクレヴァスに落ちる危険性だけではなく，砂粒のような堅い雪，そして風に磨かれた裸氷とも格闘しなければならなかった。スコットの仲間の一人であるチェリー＝ガラードは，'南極の探検は最悪の時間を過ごすための，今までに考えられた最も清くて最も孤立している方法の一つだ'と書いた。

人力輸送は北極でも氷河旅行の重要な方法であった。スヴァールバルやグリーンランドの多くの探検で，地質調査のために内陸の氷河に旅行する時にこの方法を使った。骨が折れる仕事で大量のカロリーを消費したが，旅の単純さが犬ゾリの複雑さに勝った。機械化輸送以前の時代には，典型的なソリは長さ3～4mで，ノルウェイ人のフリチョフ・ナンセンのデザインに基づいていた。アッシュ材を使い，ヒモで組み立てられたソリは障害物の上を柔軟に曲がり，支索が壊れたら簡単に取り換えられた。同じタイプのソリが犬ゾリにも使われたが，ドライバーの台をソリの後方に付けている。

人力輸送は今日でも多くの冒険家や研究者たちに使われているが，その多くは昔の骨を折るような厳しさではない。例えば，雪氷学者はその目的のために作られたソリを使って，アイス・ドリルやレイダー装置を引っ張り回す。登山者は氷河上を行くために，しっかりした棒を介してつける快適なハーネスを着る。これは特にスキーを使う時に効果的である。

機械化輸送

氷河地域での学術調査には，伝統的な犬ゾリや人力輸送に代わって，ほとんどスノ

少人数での旅行にはスノー・スクーター（'スキドゥウ'）が雪を被った氷河上では理想的な輸送手段である。この写真では地質学調査隊のメンバーが標高1500mの峰々の下で立ち止まっている。夏の6週間にわたる北東スピッツベルゲンのニー・フリースランドの氷原横断である。

ー・モービル（別名はスキドゥー，スノー・スクーター）が使われるようになった。名前の通り，スノー・モービルはオートバイに似ているが，前に一本か二本のスキーを持ち，後ろのキャタピラーで進む。今日ではさまざまな用途に適するようにいろいろなモデルが販売されているが，雪氷学者が必要なのは，多くの人に好まれている今様の速くて反応の良いタイプよりも，激しい使用に耐える，信頼できる実用的なものである。スノー・モービルは普通アルミ製のソリと一緒に使われる。人を運ぶ時はソリに乗ったり，あるいはノルウェイでスキヨリングと呼んでいるスキーごと引っ張る方法で行なう。

最近，南極で仕事をする人たちの一部は，個人の移動には小さな四輪駆動の汎地面走行車を好んで使う。この強力な車はモレインの大きな岩から，堅い雪，さらにスパイク・タイヤを履いていたら裸氷など，さまざまな表面状態に対処できる。

雪の上を重たい荷を運ぶための大きな車両がデザインされている。実際，1911年にスコットが南極で最初に実験車として雪上トラクターを使用した。メカニックの献身的な努力にも関わらず，この車両は失敗だった。大きくて特別に設計されたスノーキャットと呼ばれる車両は，1956年ヴィヴィアン卿が率いた大英帝国南極横断遠征隊によって使われた。車は初めての南極氷床横断に成功しただけではなく，壁と屋根のある居住施設にもなった。車内で寝ることができるうえ，世界で初めて氷床の厚さを計る地震探査を行なうことが可能であった。改良型ファーガソン農業用トラクターがこの時に使われたが，特にエドモンド・ヒラリー卿のサポート隊のものが有名である。しかし，これはスノーキャットに比べると快適性ははるかに劣った。

今日では，さまざまな大きな車両が南極で使われるが，これらの多くはアルプス，

露岩地と裸氷氷河が混ざった地域では，汎地面走行車がよく使われる。この写真はジェイムズ・ロス島のハミルトン岬のキャンプ地のもので，ブリザードがちょうど始まった時に地質調査隊がホンダ製の汎地面走行車（ATV）を駐車した。

スカンディナヴィア，ロッキー山脈で使われているような，雪上輸送やスキーコースの整備に使われる車両を改良したものである。強力で，プレハブ小屋を運んだり大きなソリを何台も引く車両もある。ロシアのミールヌイ基地からヴォストーク基地へアイス・コア掘削の大量の機器類を定期的に運ぶ車両が，その例である。

極地での雪上輸送は空からのサポートによって補完されるが，特にスキーをつけた航空機やヘリコプターなどが使われる。アメリカ軍はロイヤル・ニュージーランド空軍と協力して，近くの氷棚を滑走路として使い，マクマード基地やスコット基地への物資輸送を行なっている。暗い冬の期間を除き，ハーキュリーズ輸送機やスターリフター輸送機がクライストチャーチから頻繁に飛んでいる。多用途のハーキュリーズ輸送機は南極点にあるアメリカのアムンゼン＝スコット基地にも補給しているし，氷河掘削や地質調査キャンプなどの奥地での野外調査などもサポートしている。

トゥイン・オッターのような小さな固定翼機は，南極に加えて北極での野外調査をサポートするのにも広く使われている。これらの航空機は離着陸距離が短く，必要とあらば驚くような悪い表面にも着陸できる。軽飛行機は一部の氷河山域の観光と登山に人気がある。ニュージーランドの南アルプスでは，セスナ機による氷河着陸が非常に人気がある。一方，アラスカやユーコンでは登山者を山の麓に空輸している。

ヘリコプターも科学と氷河観光のサポートに有用である。大多数のヘリコプターは航続距離が限られているが，ほとんどどこにでも着陸できるという利点がある。南極ではアメリカやオーストラリアといった一部の政府機関が，野外調査をサポートするためにヘリコプター部隊を基地に持っていて，時には奥地での大規模な野外調査をサポートするために前進基地を建設している。ドイツと英国海軍（英国南極調査所の代わり），そしてオーストラリアも採用している別な方法は，船を基地とするヘリコプ

南極では重たい装備と多くの人間を輸送するためにトラクター隊が一般的に使われる。ここに見えるのは，ロス島のバーンズ氷河の崖の前の海氷上を行くニュージーランド・パーティである。この汎用のスウェーデン製のトラクター，ヘッグルンドは海氷を踏み抜いた場合浮く。

機械化輸送のさまざまな車両の中で最高のものは，ロシア皇帝の一人をもじって'イワン雷バス'と名付けられたというこの巨大で快適なバスである。このバスはアメリカ合衆国南極プログラムで乗客をロス島近くのマクマード氷棚にある飛行場，ウィリアムズ・フィールドに輸送するために使っている。

ターの使用である。南極でヘリコプターを飛ばす時はいつも，機械の不調に備えて二台で飛ぶのが慣習である。ヘリコプターはニュージーランドやヨーロッパ・アルプスなどのような場所では，氷河観光用として観光産業にも人気がある。

　過去20年間における信頼できる安全な動力輸送手段の発達は，氷河のある高所山岳地域や極地氷床内部へのアクセスに革命を起こした。氷河地域での航空機による死亡事故は数多くあったが，最悪のものは商業飛行での死亡事故である。最も奇妙な事故の一つは，南アメリカで1947年8月2日に起きたブエノスアイレス発サンティアゴ行きの民間航空機が行方不明になったものである。航空機はランカスター爆撃機を改造したもので，5人の乗組員と6人の乗客が乗っていた。着陸わずか数分前に行方不明となり，大々的に捜したが跡形もなかった。2000年初頭，アンデスの標高6800mのトゥパンガート山の斜面にかかる氷河の消耗域から飛行機の残骸と遺体が現れ始め，だんだんと事故の理由が分かってきた。次のようなものである。航空機は，おそらくジェット・ストリームで気がつかないうちに速度が遅くなったのと悪い視界に影響されて，サンティアゴへ早く降下し過ぎ，急な氷河の上流に激突した。そして，衝突が引き起こしたナダレに残骸が埋まった。ここが涵養域だったので航空機は氷河内に取り込まれて流下し，高度の低い消耗域で再び現れたのである。

　もう一つの悲劇は，1979年11月に起きたDC10のニュージーランドから南極への遊覧飛行の事故である。航行ミスと視界不良のため航空機はエレバス山の氷に覆われた斜面に全速力で突っ込み，乗っていた257人全員が死亡した。幸いにも，今日では航空機の事故は少なく，主な危険は地上にある。特に視界不良の中，クレヴァスの多い場所でスノー・モービルを運転している時が危険である。

氷河上のキャンプ

　大変ではあるけれど，氷河上でのキャンプは野外調査が好きな研究者にとって，しばしばハイライトである。印象的な山々を背景に，雪の結晶が低い太陽にキラキラと輝いている天気の良い朝，寝袋からはい出すのは嬉しい経験である。雪氷学の野外調査班は氷河の一か所に数週間も滞在することがあるが，氷河に覆われた山岳地域で基盤岩を調査する地質学者にとっては，氷河はキャンプできる唯一の平らな場所かもし

れない。雪線より上でのキャンプはとても簡単である。ペグ（杭）が役に立たないので、幅の広い垂れ布がついているテントが必要で、垂れ布の上に特別な鋸（のこぎり）で切り出した雪のブロックを重しとして載せる。けれども、雪上キャンプには不利な点もある。飲料水や料理用に雪を融かすためには大量の燃料が必要で、圧力をかけて使う一般のキャンプ用のストーブでは時間がかかる。ブリザードが来ると装備が雪の吹き溜まりに埋もれてしまうかもしれないので、掘り出すために目印をつけて置いておくことが大切である。ブリザードの時はホワイトアウトによって地上と空の区別がつかなくなり、簡単に方向感覚を失って転ぶので、外出するのは危険であるし快適ではない。極地や高所ではブリザードが何日も続くことを覚悟していなければならない。

　雪が融けている時の雪上キャンプは快適ではない。雪が水混じりになり装備が水浸しになるので、場所を選ばなければならない。下流の消耗域では別の問題がある。ここでは融解水は豊富かもしれないが、テントは石で固定する必要がある。テントの下の氷は融解しにくいので、時間が経つにつれてテントはまるで人工の氷河テーブルの上に張ってあるような不安定な状態になってしまい、テントを何遍も張り直さなければならなくなる。特にテントが風にさらされるようになった時は、張り直す。このような理由から、雪氷学者はモレイン上にキャンプを張る傾向がある。ここは融解が遅く、石はテントや装備を保管するのに使える。

　氷河上のキャンプでの大きな問題は、ゴミの処理である。昔はゴミや人間の排泄物は深い穴に埋めたり、クレヴァスやムーランに投げ込んだりしたし、余った装備は氷河上に放置していったりした。ある地域はごみ捨て場の様相を呈している。最悪なの

南極での氷河掘削や共同地質調査プロジェクトのような大きな科学調査は小さな村に相当するくらいの資材を必要とする。この目的のためアメリカ合衆国南極プログラムは、ソリのついた'ハーキュリーズ'LC-130を使っている。この写真では南極横断山脈のシャックルトン氷河での地質調査プログラムをサポートしている。

14　氷河上での生活と調査旅行　229

科学者たちが短期でマクマード入江地域のフィールドへ行く時に受けるサポートの典型は，南極開発隊第六師団（Antarctic Development Squadron Six）が飛ばしている'ヒューイ'UH-1Nヘリコプターである。この写真ではドライ・ヴァレーにあるテイラー氷河での短期滞在をサポートしている。

南極のキャンプ装備はハリケーン並みの風に耐えられなければならない。最も広く使われているのはピラミッド型で，スコットや他の探検家たちが一世紀も前に使ったものとほとんど変わっていない。ピラミッド型テントは石・雪・資材等で固定される。ヘリコプターはフランス製の'スクウーラル'で，アメリカ合衆国地質調査所パーティに物資を補給するために南極シャックルトン氷河に近づいて来ている。

砕氷船のみが氷山だらけの海域を安全に航行できるが，それでも海面下の氷山（'キール'）は危険である。この写真は南極半島地域のジェイムズ・ロス島とスノー・ヒル島の間で水路調査を行なっている王立海軍エイチ・エム・エス（HMS）・エンジュアランス号。格子状の航行パターンが必要なので氷山が密集している近くを航行しなければならないことがある。

はエヴェレスト山上部の氷の斜面で，捨てられた酸素ボンベや登攀装備が散乱している。このようなことは，今日の環境を意識している社会には受け入れ難いので，環境のさらなる劣化を防ぐためにより厳しい制限が必要である。

　厳しい規制は今日，南極での調査では当たり前になっている。1994年の環境条約のもとで，全ての国が大陸から全てのゴミと人間の排泄物を運び出す作業を行なっている。数か国がすでに規制を厳密に守っている。というわけで，調査地域が人里離れた場所にあっても，行くことができる場所にあっても，氷河地域での理想的な調査の

14 氷河上での生活と調査旅行

数週間にわたる英国南極調査所雪氷学隊の'奥地'での野外調査で，めったにない贅沢は熱い風呂である。これはアイス・ストリームの内部変形を計測するための熱水ドリル・システムを改造したものである（写真はデイビッド・ボーン氏の好意による）。

北西スピッツベルゲンの溢流氷河，ウィルソン氷河の涵養域での野外地質調査隊のキャンプ。背景はバックルンドトッペン（1081m）のピーク。テントは垂れ布に雪を重しとして載せて固定している。左側にある車両は汎地面車両，雪用キャタピラーを装備している'アーゴキャット'である。隊はこの人里離れた氷河域を旅行した6週間の間，完全に自立しなければならなかった。

やり方は，一年後に行っても人がいたことが分かるようなインパクトを残さないようにすることである。

科学調査のための一時的なキャンプ

氷河掘削のような大々的な作業は，極地の氷床から熱帯の氷帽にいたるまで，多くの氷河研究を特徴づけるものである。その準備には輸送機による物資供給が必要である。一度建設されると，基地は数年間維持され，何十人もの科学者やサポートする人たちの越冬に備えなければならない。建物はプレハブで一つ一つが独立しているが，組み合わせることができるようにもなっている。エネルギーはディーゼル発電機で供給されるが，太陽光発電と風力発電も利用される。南極，グリーンランド，アルプスのような場所での厳密な環境保全は，プロジェクトが終わったら全てを元通りにすることを意味する。後片付けの作業は最初にプロジェクトの準備をするのと同じくらいの費用がかかる。

ジェイムズウェイ小屋のような可動式の建物は，シャワーのある快適な居住空間である。もっとも屋外にある氷河に穴を掘ったトイレはいくぶん原始的ではあるが。

'恒久'基地

環境変化の長期モニタリングは，南極にあるいくつかの科学基地での観測項目である。例えば，大気変化や気候変化が起きているかどうかを調べるためには，できるだけ長い記録が必要である。数か所の基地が1957年の国際地球物理学年（IGY）に南極氷床の上に建設され，それ以来ずっと運営されている。

アメリカの南極点基地は南極プラトーに位置しており，雪に埋没すると建物は曲がるので数回建て直されている。この遠隔地への物資供給は固定翼機によって行なわれているが，1600km離れた海岸のマクマード基地から道を造る計画がある。2004〜05年に完成する予定である（訳者注：2005〜06年に完成した）。クレヴァスは爆破して大きくし，ブルドーザーで雪を掻いて埋める。エクストレーム氷棚にあるドイツのゲ

南極の恒久基地は積雪を克服するために，特に雪の吹き溜まりが全てを埋没するので，さまざまな工夫がされてある。最も簡単は方法はエクストレーム氷棚にあるドイツのゲオルク・フォン・ノイマイヤー基地のように，頑丈な建物を使ってだんだん埋まっていく事態に対応することである。しかし，地下で生活するのは南極を体験するベストな方法ではない。

南極で主要な基地から遠く離れて行なう大きな科学プログラムは，複雑な物資供給作業が必要である。アメリカの作戦は，この南極横断山脈中央部のシャックルトン氷河での地質学調査隊が示すように，普通は大掛かりである。キャンプはスキーを履いたハーキュリーズ航空機で補給される。局地的なサポートは二台のスクウーラル・ヘリコプターと固定翼のトゥイン・オッター機で受ける。右側の建物は暖房された居住用のジェイムズ小屋である。調査途中で立ち寄る科学者は左側のピラミッド型テントを使う。ヘリコプターの前は航空用燃料タンクである。一夏使ったこの地域は撤退する時に完全に清掃され，ゴミは全て持ち帰られた。

オルク・フォン・ノイマイヤー基地も雪に埋まっているので，居住者は雪に掘ったトンネルを通って行かなければならない。一部の人は太陽光がないことになかなか慣れないが，地下の生活空間は暖かく快適である。氷棚の端に近いので補給は船によって行なわれ，トラクターが船と基地の間を走っている。輸送施設と燃料は雪上にあり，雪が吹き溜まってしばしば埋まるので掘り出さなければならない。もし基地がこのように埋没したら，放棄する時にゴミを片付けるのが難しい。しかし，最終的には視界から消えて海の方へ運ばれ，やがて氷山の中に閉じ込められて海に流れ出る。

ロシアのミールヌイ基地は接地している氷崖の上に建てられているが，ここもやはり涵養域である。環境問題に比較的関心が薄かったので，沿岸の崖の雪の断面にはゴミの層が現れているし，近くには雪に半分埋まっている落ちた飛行機の残骸がある。

オゾンホールが発見されたブラント氷棚にある英国のハリー基地では，涵養域での建設に全く異なった方法がとられた。必要に応じて雪上に保てるように，建物を長さが調節できる足の上に建てた。建物の下を吹き抜ける風によって雪が吹き溜まるのを防ぐ。氷棚の端に近いのでこの基地の供給は船である。けれども，海氷から氷崖の下までは自然の雪の斜面があるので，供給物質の積み降ろしはゲオルク・フォン・ノイマイヤーよりも簡単である。

氷上の恒久基地は南極だけにみられるものである。これは国際共同研究の一員として各国政府による大きな資金が南極関係機関に使われているためで，他の地域での科学調査にはない利点である。もちろん，アルプス地域では集落が近くにあるので，恒久基地を建設する同じような必要性はない。

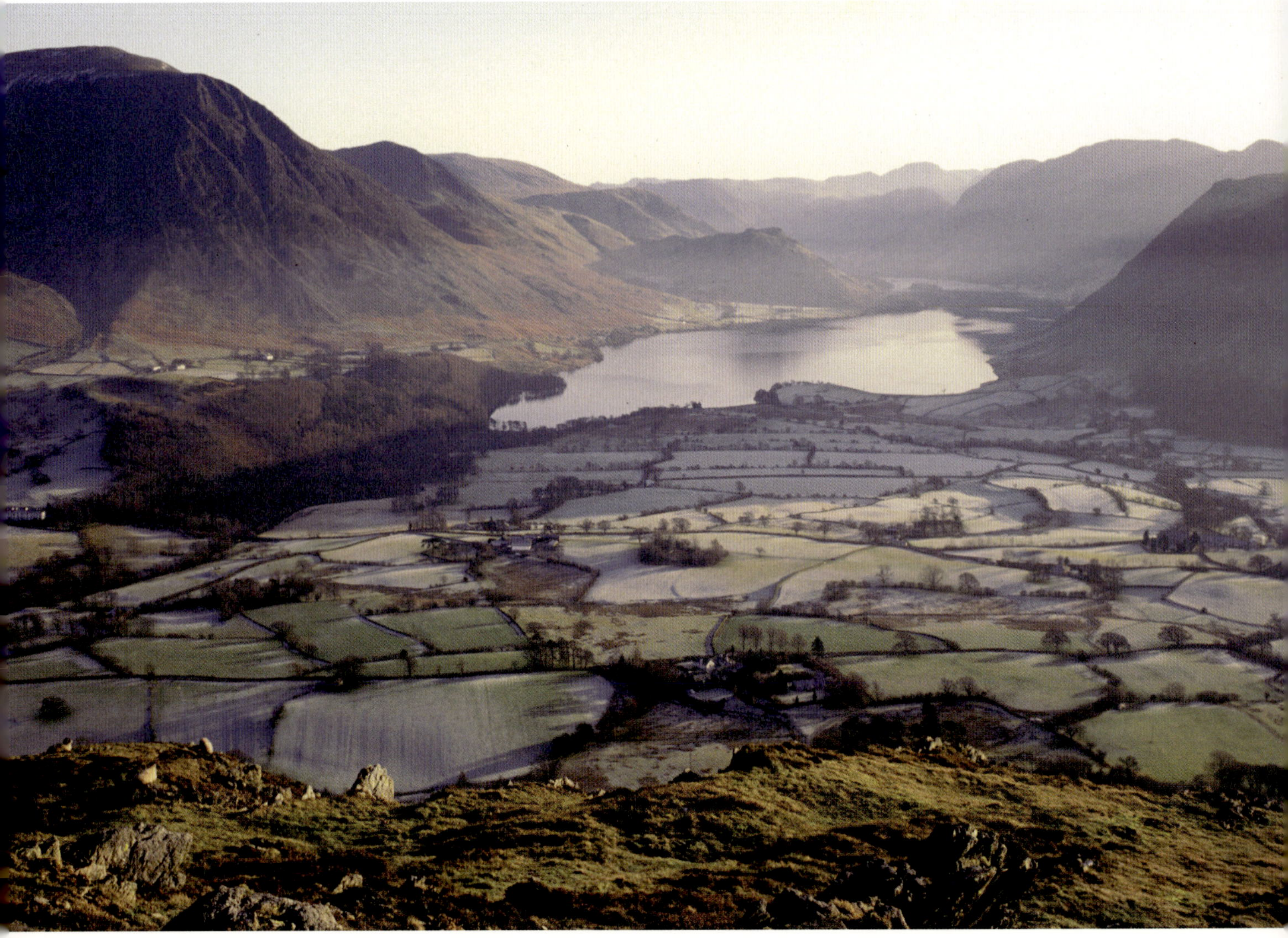

15　地球の氷期の記録

　地球では過去200万年の間，氷期が何回もあり氷床が今のシカゴ，ニューヨーク，バーミンハム，オスロ，ストックホルム，ベルリン，モスクワ，チューリッヒといった大都市を覆っていたことを知っている人は多い。けれども，これは地球の氷期のほんの一部に過ぎない。地質の記録によると30億年以上もの間，地球は暖かい'温室'状態であったが，その間，何回もの氷河と氷床が発達していた寒冷期，すなわち'氷室'状態があった。

　最新の寒冷期，すなわち新生代に氷河が拡大していたという証拠は，普通さまざまな地形（10章で触れた）の形態や**ティル**（till）と呼ばれる柔らかくて淘汰の悪い堆積物などに見られる。一方，ティルに混ざっている砂礫は融氷水による堆積を示す。新生代より古い氷期の証拠はまばらであるが，多くは一般に**ティル岩**（tillite，固結したティル）と呼ばれる古い氷河堆積物とそれに関連した堆積物や侵食現象に見られる。

　この章の目的は，どのようにして氷期という考えが発展したか，どのようにして地質学者は岩石に氷期の証拠を認めるかを概観し，主な氷期がいつどこで起きたかを要約し，氷期の原因について若干の考察をすることである。地球の歴史で過去30億年間の氷期を理解することは，気候システムの作用について洞察を深めることになる。古い岩石から得られた情報は，深海底や大陸棚から採集した堆積物や二か所に残っている氷床あるいは他の氷河からのアイス・コアなどから得られる新生代の高解像の記録によって補完される。過去の氷期を知ることは最終氷期の復元を可能にし，未来の氷河と氷床の拡大／縮小を予測する手助けになる。地球の歴史を理解する枠組みを作るために，時代は地質学的に累代，代，紀，そしてより細かい時代など，階層的に区分されている。表に主な時代区分を示し，いつ大陸規模の氷期が起きたかをまとめてある。

氷期の概念の発展

　'氷期'という考え方は19世紀初めに発展し，これによって地表に広く分布する未固結の堆積物が説明され，後に時代は第四紀と見なされた。有名なドイツの詩人ゲーテが最初に氷期の概念を提唱したとされているが，考え方を広く広めたのはスイスの博物学者ルイ・アガシーで，彼はアルプスの現在の氷河でさまざまな調査をした。この新しい概念を古い地質に当てはめたところ，1859年にインドとオーストラリアで，1870年には南アフリカでペルム紀の氷河堆積物が確認された。先カンブリア紀の氷河堆積物は1871年にスコットランドで初めて見つかり，次いで1891年にノルウェイで見つかった。ノルウェイでの発見場所は擦痕のある基盤岩として有名になった。それ以来，世界中でさまざまな時代の古い氷河堆積物が確認されている。氷期の本質を

234ページ：世界で最も美しい景観の一つは，1万2000年前の最後の氷期の遺産である。奥に湖水地方のセントラル・フェルス（丘）が見えるクラモック湖は，英国の古典的な氷食域の一つで，多くの観光客で賑わう。

古代の岩石にいくつかの種類の氷期の証拠がある。最も役に立つ指標の一つは，粘土から大きな岩まで混ざっている岩石があることである。この写真の例は東グリーンランドのティリット・ヌナタックで，後期原生代（約6億5000万年前）のものである。ティリットはデンマーク語で氷河起源の岩石であるティル岩のことである。

図15.1 地質時代区分と年代。いつ大陸規模の氷期が起きたかを示している。
訳者注：2009年6月に第四紀の時代区分の定義が国際的に見直され，従来の180万前から258万年前になった。従って，第四紀と新第三紀の境は258万年前である。

百万年	代	紀	主な氷期
0	新生代	第四紀	北半球の氷期／間氷期のサイクル ⎫
1.8		新第三紀	⎬ 新生代の氷期
23.8		古第三紀	南極氷床 ⎭
65	中生代	白亜紀	
142		ジュラ紀	
206		三畳紀	
248	古生代	ペルム紀	⎱
290		石炭紀	ゴンドワナ大陸のペルム紀―石炭紀の氷期 ⎰
354		デボン紀	
417		シルル紀	⎱ ゴンドワナ大陸のオルドビス紀／シルル紀の氷期
443		オルドビス紀	⎰
495		カンブリア紀	
545	先カンブリア累代	原生代	全球凍結？（後期原生代） / 初期原生代氷期
2500		始生代	グリーンランドにある最古の岩石，38億年
4600			

明らかにすることは今日最も重要な科学的議論の一つで，氷期が与えてくれる手懸かりは地球の未来の気候を展望するうえで不可欠である。

氷期の証拠の認定

　研究者たちは，氷河環境で起きているさまざまな作用によって，地球上で最も複雑な堆積物の一つが形成されることを知っている。これは氷河によるデブリの運搬にはさまざまな形態があるからであるが，物質の流れ，川の作用，海流や湖流，風など，氷河と直接関係していないさまざまな作用との相互作用にもよる。14章ではこれらの作用と現在の景観に認めることのできる産物について述べた。もし，これらの特徴を地質に認めることができれば，昔氷河があったことが証明される。

　一般的には，侵食された地表が氷期の最も確かな証拠となる。けれども，通常これらの地形は長い年月の間には元の形を失う。時には昔の谷といった大規模な地形も見つかるが，一般的には小規模の条溝や擦痕のある表面のような，削磨された地形である。チャターマークや三日月型えぐりなどはしばしばこのような表面に見られる。高圧下の融氷水によって溝が作られることがあるが，この場合，基盤に規則正しく深く刻まれた水路とやや不規則な地形の組み合わせとなる。岩石の破壊と削磨の両方の特徴を示す中規模の侵食地形はロシュ・ムトンネーが典型である。再露出した古い例も知られている。

　堆積物のさまざまな特徴によって，堆積物が氷河起源かどうか判断できる。すなわち，堆積物はティルだろうか？　一部の地質学者によると，ティルほど同じ呼び名で

モーリタニアのサハラ沙漠にあるこのロシュ・ムトンネーのような氷食地形が地質記録に残っているのは稀であるが，これによってその時の氷河の流動方向がよく分かる。この例では左から右に流れた。これらの例は露出した原生代のものである。

地殻運動で変形されていなければ，氷河起源の岩石（ティル岩）は風化して中に含まれている石が簡単に取れることがある。石が氷河によって運ばれた場合，このモーリタニアの後期原生代の地層の例のように擦痕が残っていることがあり，滑動する氷河底での摩擦を示している。

周氷河（しゅうひょうが）　氷河が生成されるような場所（環境）の周辺で凍結融解が頻繁に起きるような場所あるいは環境を指す。

20〜25億年前の氷期の証拠はこの非常に硬いティル岩である——粗粒と細粒の岩片が混在している。カナダ，オンタリオ州のホワイトフィッシュ・フォールズ。

中身が変わる地質学的物質は他にない，ということである。氷河の底面起源の特徴的な堆積物は粘土から巨石までさまざまな物質を含むが，その割合は激しく変化する。堆積物の起源の近くでは石が大部分を占めるだろうが（全堆積物の80％以上），氷河の末端付近では石は1％以下で，ほとんどが粘土であろう。石の割合がどのようでも，堆積物中の石は基盤との接触で部分的に摩耗され，さまざまな形を持つようになる。一部の石には擦痕やチャターマークがついている。これとは対照的に，氷河表面堆積物には角張った粗い岩片が多い。氷河が融けたところでは，この二つのタイプの堆積物が見られることがある。

陸上の氷河堆積環境には氷河流出河川の堆積物（融氷河河川堆積物，glaciofluvial sediments）も含まれる。これらの堆積物にはさまざまな堆積構造に加えて，淘汰の良い砂礫が見られる。氷河前縁河川が氷河堆積物を再堆積すると，氷河堆積物であるという証拠が分からなくなることもある。このことは，ヨーロッパ・アルプスとニュージーランド・アルプスにある主に融氷河河川によって形成された氾濫原には，氷河による運搬の形跡がほとんど残っていないことから分かる。

氷河が後退して現れた深くえぐられた窪地は，だんだんと氷河海洋性（glaciomarine）あるいは氷河湖水性（glaciolacustrine）堆積物によって埋められる。このような堆積物は普通地質記録によく残っている。氷河の周りに堆積したティルや氷河底面水流によって水中に堆積した砂礫とは別に，浮遊物が沈降してできた細かい堆積構造を持つ堆積物がある。氷山によって運ばれたドロップストーンは，細かい堆積構造を持つ堆積物上に落ちて変形させるので，それがあることによって氷河との関わりが分かる。

最後に，しばしばなぞのようではあるが，岩石に見られるかもしれない寒冷気候の他の証拠についても触れる。例えばティルの断面に砂が楔型で混入していることがある。これは，周氷河*（periglacial）起源の多角形構造土の氷楔鋳型と解釈できるだろう。また，めったにない他の特徴はレス（loess）と呼ばれるシルトの存在で，これは氷河起源の塵が風によって運ばれて堆積したものである。

氷河起源の古い岩石を調査する利点の一つは，一般に露頭が良いことである．東グリーンランド中央にあるエラ・エでは後期原生代氷河起源の岩石が褶曲によって斜めに折り重なっているので，水路に沿って数百メートルにおよぶ氷河起源岩石層を順序よく調査することができる．これらの岩石には全球凍結というスノーボール・アース仮説の形成に結びついた多くの顕著な特徴がある．

地球の古代氷期の記録

　地球は地質時代を通して暖かい気候が普通で氷期は例外のようであるが，氷期は何回も起きているのは明らかである．少なくとも後期原生代の氷期は全球的であったかもしれない．

最も古い氷期の証拠

　南アフリカに地球の最も古い氷期の証拠が見られる．証拠がある岩石の年代測定に

中国には後期原生代の少なくとも三回の氷期の証拠が数多くある。ティル岩が広く分布しているだけでなく，この河南省にみられるように条溝と擦痕がついている基盤岩がその下にある。

ドロップストーンを含む構造は過去の氷期を示す最も良い指標の一つである。この例はナミビアの後期原生代氷期のものである。ドロップストーンは，氷山から岩石が落ちて海底あるいは湖底の層化したデブリの上に堆積して形成される。この写真に見られるカオコヴェルトのナーラチョムスポス近くのドロップストーンは，全球凍結のスノーボール・アース仮説の根拠となった。上に乗っているピンクとオレンジの炭酸質岩はこの後の温暖期を示している。

よると，30億年という古い時代である。遠い昔の氷期を考える時，まだはっきりと分かってはいないが，大陸は現在とは全く異なる地理的分布であったことに留意しなければならない。

初期原生代時代（25〜20億年前）氷期

　北アメリカ，南アフリカ，西部オーストラリアの初期原生代の岩石には，最も古い大陸規模の氷期の証拠が残っている。最も研究された氷河起源の岩石は23億年前のもので，カナダのオンタリオ州に広く分布している。ヒューロン湖畔では，ティル岩の層順が1〜2万年前の最終氷床によって削磨された地表に見事に露出している。20〜25億年前の同様の岩石がアメリカ合衆国中西部，フィンランド，南アフリカ，西部オーストリラリアで発見されている。

後期原生代氷期（10〜5.4億年前）

　初期原生代氷期の後，数億年間氷期がなかったようである。この時期は熔岩の大量の噴出と全球の温室状態を促進させる二酸化炭素ガスの放出とが相まって，比較的暖かかったようである。けれども，10億年前ぐらいから初期カンブリア紀（約5.4億年前）までの間，何回か氷期があった。少なくともそのうちの一回は，地球の歴史で最

世界で最も良く保存されている擦痕と条溝のある基盤岩の一つは，この写真に見られる南アフリカのペルム紀〜石炭紀（約2億年前）のものである。長い間堆積物に覆われていて，グレイト・カルー地方のダグラス近くのこの例のように，つけられた時と同じくらい新鮮な擦痕が残っている基盤岩が露出している。

ナミビア北部の熱帯沙漠カオコヴェルトにある別の氷期の証拠。ここではペルム紀—石炭紀の景観が堆積物に覆われて長い間保存されてきた。これらが現在は露出し，オムティラポにあるこの古典的な氷食谷のような氷河地形が現れた。

大の規模であった。これらの後期原生代の氷期の規模はとてつもなく大きく，一部の研究者たちは地球が完全に氷河に覆われたと考えている。これがメディアや一般（大衆）科学の著者たちの注目を集めたいわゆるスノーボール・アース（Snowball Earth, 全球凍結）の考えである。

　後期原生代のティル岩はどの大陸にもあり，堆積された時の緯度を決めるのに使われる岩石の地磁気データによって，赤道付近で何回も氷期があったことが分かっている。この4億年の間に氷期は数回あったが，年代が厳密ではないのでティル岩の分布を正確に決めることはできない。

　氷期があった時代の中で，後期原生代が常に最も議論の対象となってきた。現在の氷河の詳しい研究成果と氷河堆積に関して新たに分かった原理によって，議論の的となっている堆積物を吟味した結果，氷河の影響を受けていることが改めて確認された。スノーボール・アース説は，大気の化学組成が大きく変化した後，全ての海洋を含む全球が氷にほぼ完全に覆われたというものである。この寒冷期は急激に終わった可能性がある。短期間での氷河の消滅は，火山噴火によって大量の二酸化炭素が放出され温室効果が生じた結果とされている。

　後期原生代の氷期の原因に関しては，大きな山脈の隆起や地球の自転軸の角度の変化などを含む他の説明もある。原因が何であろうと，議論によって氷期の原因に関して有益な研究が刺激されたことは間違いない。

初期古生代氷期（5.7〜4.1億年前）

　古生代の最初はカンブリア紀で，いくつかの限られた場所を除いて氷河堆積物はない。実際，一部の科学者たちは，この時期に生命が発生したのは原生代の氷床がなくなり，さまざまな生物の進化に適した環境が整ったからだと考えている。大規模な氷床が発達するのには不適な環境が，オルドビス紀が終わるまで続いた。その後，5.1億年前頃に南極域にあった現在のアフリカ，アラビア半島，ヨーロッパ，南北アメリカを含む大陸で新しい氷期が始まった。けれども，大規模な氷床は100〜200万年間しか続かなかった。

オルドビス紀の氷期でおそらく最も印象深い証拠はサハラ沙漠中央に見られ，そこには大陸氷河によるさまざまな侵食・堆積地形や周氷河環境の特徴が見られる。地質学者は当時，現在の主な大陸は全て一つの塊となってゴンドワナと呼ばれる'超大陸'を形成していたと考えている。

後期古生代氷期（4.1〜2.35億年前）

オルドビス紀—シルル紀の氷床が消滅した後，石炭紀—ペルム紀の何回かの氷期が始まるまでほとんど氷河はなかった。この時期は古代の氷期で一番良く知られており，約1億年も続いた。膨大な氷床はゴンドワナ大陸（アフリカ，南極，南アジア，オーストラリア，南アメリカ）で拡大し，縮小した。

やはりアフリカに氷期の証拠が一番良く残っている。アフリカ南部のカルー盆地が特によく保存されている氷食・堆積地形で有名である。一方，ナミビア北部では氷食谷とサーク地形からなる氷河景観が再露出したが，その形態は驚くほど新鮮である。

後期古生代の氷期は，プレートの境界や内陸の堆積盆と関連している活発な地殻の動きと隆起に結びつけられている。南極地域にあったゴンドワナ超大陸が移動したので，全ての地域が同時に氷期にあったわけではない。例えば，氷期の最盛期は石炭紀／ペルム紀の境をまたいでいたが，南アメリカでは氷期は主に石炭紀にあったし，オーストラリアではペルム紀であった。一部の地質学者は一つの氷床が発達したのではなく，いくつかの氷床がゴンドワナ大陸で異なった時期に拡大・縮小したと考えている。しかしこの時期の大部分，少なくとも石炭紀—ペルム紀の境界付近では，一つの大きな氷床がさまざまな大陸にまたがって発達していたと考えることもできる。

後期古生代の氷期の興味深い点は，地球の海水準への影響で間接的には西洋社会の工業発展への影響である。英国，ドイツ，アメリカ合衆国などにある石炭紀の石炭層（これによって工業革命が起きた）を含む堆積層は，ゴンドワナ氷床の拡大・縮小によって引き起こされた海水準の変動に強く影響されている。氷床が大きい時は海水準が低くて，石炭となる湿地が発達したが，氷床が縮小すると海水準が上がり，陸地を水浸しにして石灰岩の生成を促した。このように，氷期の拡大・縮小という二つの局

3500万年間にわたる長期間の氷期の記録が，調査船を使った深海底掘削あるいは大陸棚掘削によって得られている。大陸棚掘削は陸上での掘削用に設計された装置を冬の海氷上に置いて行なわれた。この写真は7か国からなるケイプ・ロバーツ・プロジェクトのロス海西部の海底掘削で，約2mの厚さの海氷を貫いて行なわれた。長さ1km以上のコアが3シーズンかけて得られた（写真はピーター・バレット氏による）。

面は，必要で欠くことのできない経済資源，すなわち石炭と石灰岩の形成に重要な役割を果たした。

中生代の温室世界（2億3500万年〜6100万年前）

　中生代（恐竜時代）には三畳紀，ジュラ紀，白亜紀の三つの時代がある。何か所かで紛れもない氷期の証拠があるが，全体としては中生代は原生代以来の最も暖かい気候で特徴づけられる。典型的な堆積物は，今日の気温の高い熱帯沙漠で形成されるような赤色砂岩と暖かい浅海の特徴であるチョークと泥岩である。けれども，白亜紀までに地球の冷え込みは始まっていた。しかし，地球上に再び広大な氷河と氷床が発達したのは，それから何百万年も経た次の新生代になってからである。

新生代の氷期の歴史（3500万年前から現在まで）

　長い間，第四紀（新生代の一番新しい時期）は氷期と同義であった。地球の歴史の過去200万年（訳者注：現在は258万年）がこの時期である。けれども，海底掘削技術の発達と1970年代初頭の長い堆積コアの入手によって，少なくとも南極では氷期は3000万年以上前に始まっていたことが分かり，科学者たちは驚いた。今では地球の歴史の中でこの氷期に関することが，これ以前の氷期全てを併せたよりも詳しく知られている。後期新生代は人類進化の時代で，時代が進むにつれて人類の生き残りと移動はますます氷期に影響されるようになった。

証拠の性質

　北半球の氷床は第四紀に大きく変動し，地表の30％にその証拠を残している。氷期の証拠は古代の氷期よりもさまざまである。陸上では後の氷期が前の氷期の証拠を消すことが多いので記録は断片的である。10章で述べたように，氷河によって作り出されたさまざまな堆積物や地形によって，昔の氷床や氷河の位置と変動が明らかになる。例えば，いく重ものターミナル・モレインによって過去の氷河の末端の位置を知ることがある。通常はいくつかのモレインがあるので，年代が分かればどれくらいの早さで氷河が後退したか判明する。

　新生代の氷期についての知識は，堆積物の連続性が保存されている海底からの記録に負うところが大きい。科学者たちは，1970年代初頭に深海底堆積物の記録によっ

図15.2　海水準，氷期と酸素同位体の関係を示している。左側の図は間氷期の右側は氷期の状態を示す。氷期の間は海面は低下し氷床が発達する。^{16}O は ^{18}O よりもすぐに蒸発するので氷床は ^{16}O が増え海は ^{18}O が増える。海底の堆積物は海の同位体を記録している。（Bennett, M. R. and Glasser, N. F, Glacial Geology, Chichester: Wiley, 1996 より）

(a) **間氷期**

^{16}O は比較的早く海洋に戻るので，海洋の ^{18}O は増加しない。したがって $^{18}O/^{16}O$ のバランスが保たれる

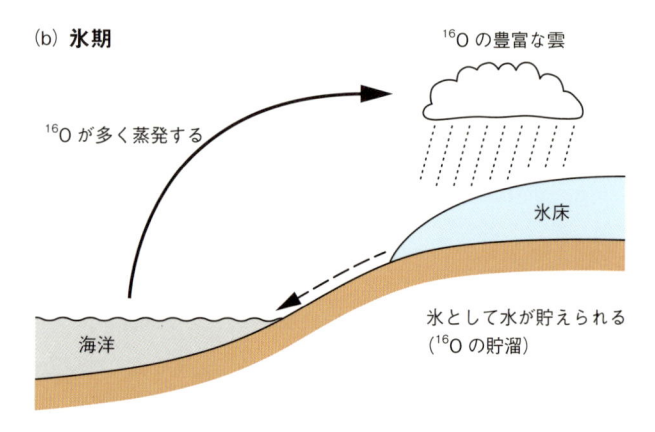

(b) **氷期**

^{16}O が氷床に貯留されるので，海洋の ^{18}O が増加する

て氷期／間氷期の気候が復元できることを発見した。気候変化のパターンを明らかにするために、酸素同位体解析の技術が開発された。これは酸素の二つの**同位体**（isotopes）、軽い ^{16}O と重い ^{18}O の比を決めることである。海洋の水が蒸発すると ^{16}O が優先的に放出されるが、間氷期には陸地からの流出によってすぐに海洋に戻る。氷期には ^{16}O が氷に蓄えられるので、海洋の ^{18}O の割合が増加する。有孔虫の微小化石を含んでいる海洋の堆積物は海水の組成を反映しているので、堆積物が海底に集積することにより、酸素同位体の変化が連続して記録される。そして氷期に ^{18}O の値が最大示す。深海底の記録の問題点は、多くの場合氷期の直接的証拠ではないことである。そこで地質学者たちは、長い時間スケール（数千万年）の氷期の包含的な直接証拠を得るために、南極の大陸棚に注目した。

アイス・コアの酸素同位体記録が深海底堆積物と並んで世界的海水準の変動傾向を推定する手段として使える。これは氷を融かしたサンプルで $^{16}O / ^{18}O$ の比を決めることである。過去50万年間にあったいくつかの氷期にまたがる高分解能の記録を得るために、雪氷学者はさまざまな氷床や氷帽をドリルしてアイス・コアを得た。最も完全な記録はグリーンランド氷床と東南極氷床から得られた。海洋の堆積物の記録とは対照的に、アイス・コアの同位体変化は ^{18}O が間氷期に最大値を示し氷期に最小値を示すという反対のパターンである。

深海底の記録

気候の歴史を刻んでいる堆積物コアは、極地から熱帯に至る深海の多くの地点で得られている。過去30年間以上にわたって、海底の下数キロメートルの深さまでドリルできる近代的な掘削船によって膨大な量のデータが収集された。そして、一回の航海で得られた何千というサンプルが室内ラボで分析されてきた。この仕事は新生代（とそれ以前）の気候変化の知識をがらりと変えてしまった。深海の多くの地点が連続堆積物であるという利点を生かして、酸素同位体分析で分かった気候変動をまとめることが可能である。これによると、過去80万年間、氷期／間氷期のサイクルがそれぞれ10万年ずつで交代するパターンが見られ、80万年と100万年の間はサイクルが4万年となる。これらのサイクルは主に北半球の氷床の拡大・縮小を示している。80万年前のサイクル変化は北半球氷床が強くなった結果である。同位体の記録は、北半球の氷床が成長する以前に多くの変動があったことを示しており、南極氷床の変動は今日よりももっとダイナミックであったことが分かる。深海底の記録から多くの氷期が明らかになったので、不完全な陸上の記録では場所と場所の比定が非常に難しいことが明白になった。深海底記録で他に興味深い点は、詳しく見た時の一つ一つの氷期のサイクルの性質である。最初は氷期の最盛期に向かってゆっくりと成長し、次に急激な解氷とそれに伴う海面上昇が起きる、というサイクルである。

酸素同位体の比を使うと相対的な海水準を知ることもできる。例えば、約2万年前の最終氷期の最盛期には海面は現在よりも120m低かった。海洋から消えた水は北アメリカとユーラシアの大部分を覆った巨大な氷床に閉じ込められていた。これとは対照的に、今日の海面は過去50万年間で一番高い時期とほとんど同じである。

南極の大陸棚の記録

氷河縁辺の変動と氷河が形成された時の気候を知るためには、氷体底デブリあるいは氷山底デブリからなる氷河堆積物という直接的証拠が必要である。このような理由

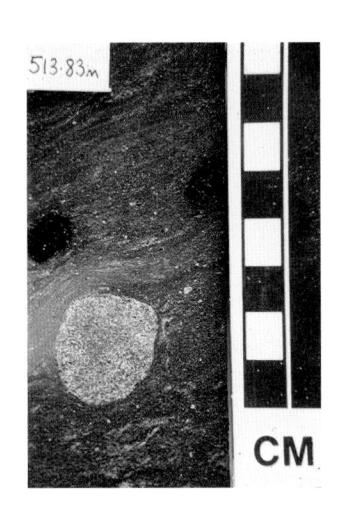

新生代の氷期がいつ頃始まったか知りたいという探求心から、南極沿岸での大規模な掘削が行なわれた。この例のようなマクマード入江にあるニュージーランドのサイロス-1で採集されたコアは、南極の氷期が長いこと（3500万年）を示している。堆積の仕方と化石に明らかなように、この長い期間に温暖から寒冷な極地の氷期へとゆっくりと移行した。左上の数字はサンプルが採られた海底からの深さを示している。

から，地質学者は氷河が覆っていた大陸棚で掘削を行なった。最初の大陸棚の掘削は，グロマー・チャレンジャー号という船を使った，アメリカ主導のロス海での1973年の深海掘削プロジェクトであった。これ以降，氷河と気候の記録に焦点を当てた掘削プロジェクトは数回ある。最も成功したプロジェクトの一つに，1980年代のニュージーランド隊によるマクマード入江の海氷上から掘削したものがある。このプロジェクトの中でも最も画期的だったのは1987年の702mのコアの回収で，これにより南極の氷期の記録が3400万年前まで遡った。海洋掘削プログラムと呼ばれる国際協力機関も掘削船ジョイズ・リゾリューション号を使い1988年と2000年にプリズ湾で，さらに2001年には南極半島での掘削に成功している。そしてニュージーランド隊が以前に開発した海氷上での掘削技術を使って，1997〜99年に国際ケイプ・ロバーツ・プロジェクトがロス海西部で何本かの掘削に成功した。予算規模が数億ドルのケイプ・ロバーツ・プロジェクトは今日までで最大のもので，ニュージーランド，アメリカ合衆国，イタリア，英国，オーストラリア，オランダから55人の科学者たちが参加した。

　南極の氷期／間氷期のサイクルの最も完全な記録はロス海西部（マクマード入江を含む）から得られたもので，大陸棚の氷期を記録している長さが世界最長の2km以上におよぶコアである。さまざまな研究によって，氷床の進化は興味深い変化のパターンをとることが分かった。一番古い堆積物は約3400万年前のものであるが，これによると当時は冷温な気候で，今日のチリ南部やアラスカと同じように，海辺の混交林の中へ氷河が延びていた。2500万年前から1700万年前までの時期は，氷河の影響が強くなり，植生がツンドラになっていてかなり寒冷化していた。1700万年前から

最新の掘削プログラムはケイプ・ロバーツ・プロジェクトと名付けられ，55人の研究者が携わる数百万ドルの事業である。これによって南極氷床が3500万年前に始まって以来，どのように発達してきたかその時々の一連の記録が得られる。これはマクマード基地の実験室で科学者たちが初めてコアを見た時の写真である。

300万年前までは記録が欠けていて，その後は現在のような寒冷な極地の状態となった。

　これらの結果は重要である。というのは，予測されている地球温暖化の水準に南極がどのように応答・変化するかを知ることができるからである。これらの堆積物コアに記録されている氷河の縮小は，かなり海面が高かったことを意味する。今日の課題は，南極氷床がこれからの100年間で予測されている前代未聞の温度上昇にどの程度の早さで応答するかを知ることである。

陸地の記録

　新生代の氷期が始まった南極では，南極横断山脈とプリンス・チャールズ山脈に氷期の証拠となる少なくとも1000万年前まで遡るティル岩がある。ティル岩は山中に刻まれた大きな氷食谷の脇に残っている。けれども，長い間この堆積物の年代に関して激しい議論があった。次のように言っておこう。これらの堆積物は植生（特に，南極ブナという矮小木）と関連して発見されているので，気候は現在よりもかなり温和であった。ツンドラ植生群落は氷河の脇に生育していた。

　第四紀は地球の歴史の一番新しい時期である。陸上の記録は，海洋の記録に保存されている何回もの氷期と比べて，四回の氷期しかない。堆積物と地形（特にターミナル・モレイン）によるとこんなに少ない氷期の説となる。世界中の異なった地域を比較する上での主な問題は，堆積物の記録が断片的であり年代測定が難しいことである。唯一確かなことは1万8000年から2万年前に最盛期になった最終氷期のスケールとおおまかな広がりである。この氷期はヨーロッパ大陸北部ではヴァイクゼル，ア

南極には現在よりもはるかに暖かい氷床があったという証拠がある。それはシリアス・グループと呼ばれる氷河堆積物，あるいはこの例のようにその下の擦痕と溝のある基盤岩という形である。この例はシャックルトン氷河にあるロバーツ山塊のもの。

南極の200〜300万年前の氷期の証拠は，南極横断山脈のシャックルトン氷河のベネット・プラトーにある細かい層からなるシリアス・グループの堆積物に保存されている。氷山によって湖に運ばれてきた大きな岩石（ドロップストーン）が含まれている。

ルプスではヴュルム，北アメリカではウィスコンシン，英国ではデベンジア，アイルランドではミッドランドと呼ばれている。けれども，それ以前の氷期はもっと拡大していて，地表には普通，数メートルの厚さで一様に覆っている堆積物，特にティルや砂礫が残っている。これに加えて，氷河は堆積物の大部分を海へ押しやり大陸棚の縁に堆積した。年代測定に関心のある地質学者にとって最大の課題の一つは，陸上の記録と海の記録を照合させることである。

アイス・コアの記録

　地質学者が南極で海洋堆積物を掘削して時代を遡った一方，雪氷学者は氷床そのものを掘削した。これにより期間は短いけれど，ほぼ50万年前に遡る連続的な気候の記録が得られた。この他，グリーンランド氷床から深いアイス・コアが得られているし，温暖な地域にある氷帽（14°S）からは浅いコアが得られている。これらは，ペルー南部のケルカヤ氷帽の5650m，チベット高原のダンド氷帽（38°N），カナダのセント・エライアス山脈のローガン山（60°N）にある高所氷原の5300m，アルプスではモンテ・ローザの頂上付近からである。これらの地形条件での氷河掘削は困難で費用がかさむが，何千メートルにもおよぶコアが回収されており，世界のさまざまな気候条件の地域からのデータとなっている。

　なぜ遠い過去の大気の状態を研究するのか，いくつか現実的な理由がある。今日の気候変化の性格と原因を知り未来の傾向を予測するために，気候の変遷に関して正確な情報を緊急に必要としている。未だに，なぜどのようにして氷期が始まり終わるか確信を持って言うことができないし，急激な海面変化を引き起こす最大の要因である南極氷床が気候温暖化にどのように応答するかを予測することもできない。これは非常に憂えることである。気候の記録は，氷床や氷帽で氷河が涵養され，流動が遅く，融解が無視できるような場所に，表面から底までの間の氷に保存されている。これらの氷体の上に毎年薄い雪の層が降り積もり，ゆっくりと氷化されることを除くと何千年もの間乱されることがない。科学者はアイス・コアを回収し，過去の大気の状態を解明するために閉じ込められている気泡を分析する。例えば，氷中の同位体比，特に重い酸素 ^{18}O と軽い酸素 ^{16}O の比と水素とデューテリウムの比は，雪が堆積した時の大気の温度を示す。これに加えて，気泡中の二酸化炭素とメタンにより，化石燃料燃焼が工業革命が始まって以来どのように大気の組成に影響してきたかが分かる。

　非常に精細な3kmのアイス・コアが，東南極氷床の真中にあるロシアのヴォスト

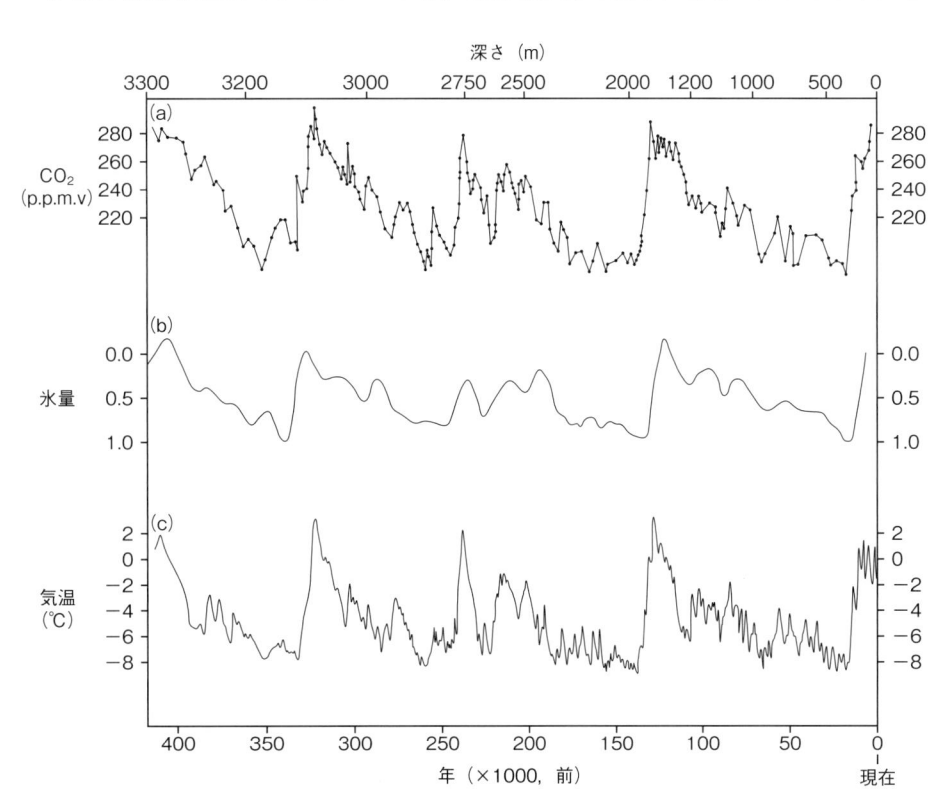

図15.3 ヴォストーク基地で得られた過去42万年間のアイス・コアの記録。(a) 二酸化炭素のレベル。(b) 酸素同位体から求めた氷量の記録。(c) 大気温度。(Petit, J. R. et al., Nature, 39: 429-36, 1999 より抜粋)

ーク基地で得られた。ここでは地球上で最低気温（-89℃）を記録している。このコアは42万年前まで遡り，四回の氷期と間氷期を含んでいる。共同研究，特にフランスとロシアの科学者たちの研究によって，さまざまなデータ，特に海面変動の推定に使われる気泡に含まれている二酸化炭素濃度や酸素同位体比が得られた。二酸化炭素の濃度は氷期の間は低いが，間氷期には比較的高い。産業汚染によって2000年までに，二酸化炭素の濃度は以前のどの間氷期よりもはるかに高くなった。

このようなデータをどのように突き合わせたら，気候変化に関して首尾一貫した説を立てられるのだろうか。図15.3が示すように，二酸化炭素のカーブの形は酸素同位体のカーブの型に非常に似ている。このことは，大気と氷の量に含まれるCO_2の濃度に強い相関があることを示す。このように，人類文明は危険な実験を行なっている。すなわち，大気中のCO_2を増やすことによって，氷量の重大な減少を招く危険をおかしている。

グリーンランド氷床は過去半世紀の間，多くのアイス・コアを得るプロジェクトの舞台であった。アメリカの科学者たちによる最も早い1956年と1957年の試みによって，長さ305mと411mのコアが回収された。掘削の技術がだんだんと進むにつれて，より深いボーリングが可能となり，1960年にはコアによって最終氷期／間氷期のサイクルを含む12万年前以上に遡る詳しい気候変動の記録が得られた。

最も新しいコアは，グリーンランド中央の分氷界の近くの二か所の掘削から得られたもので，互いに30kmしか離れていない場所で掘られた。ヨーロッパ・グリーンランド・アイス・コア・プロジェクト（GRIP）によって1989〜92年で3029mの長さのコアが，アメリカ合衆国のグリーンランド氷床プロジェクト（GIPS2）により1993年までに3053mのコアが得られた。この二本とも基盤岩へ達し，両方で10万年を超える環境の記録が解析された。**酸素同位体分析**（Oxygen isotope analysis）により気候変化の基本的な順序と記録が得られたが，他の物理的および化学的性質も解析された。二つのコアからの記録はほとんど同じだったが，底の200〜300mは変形（特に褶曲）によって氷の層序が乱されていた。興味深いことに，最終氷期の酸素同位体の記録はヴォストーク基地のものと非常に良く合っていて，これが地球規模の現象であったことを示している。

グリーンランドのコアの深い部分は前の間氷期のもので，褶曲のため細かいことは解析できないが，急速な気候変動がこの時期，11万年前に起きたようである。この時から1万5000年前までは最終氷期で，この時期はコアによると気温と降雪の変動がかなり大きく，23回もの短期の温暖期，すなわち亜間氷期があった。その後は解氷期の局面になるが，この間1300年続いたヤンガー・ドライアス期と呼ばれる寒冷期があった。この寒冷期はよく研究されており，英国では最後となる氷河が再び形成され，他所では既存の氷河が前進／拡大した。約1万2000年前のヤンガー・ドライアス期の終わりと私たちが現在生活している間氷期（完新世）への移行は突然であった。グリーンランドでは10年間で気温が7℃上昇し，積雪は倍になった。この突然の変化が，将来の温度変化が同じように突然起こり得るという見方の根拠である。グリーンランドのコアの上の方は，中世の温暖期，小氷期（西暦1450〜1900年），工業革命の影響など多くの興味深い環境変化を記録している。

過去の氷床の復元

現地での，あるいは宇宙からの氷河堆積物の地図化は，過去の氷床の復元にとって

スコットランドのグランピア高地のグレン・ロイ（ロイ谷）は有名な自然保全地区で，19世紀後半に昔の氷河の分布範囲が研究された場所である。特に重要なのは山腹斜面を横切る三本の線で，平行道路として知られている。これは1万2000年前頃の氷河堰止湖の波浪侵食によってできたノッチ（切り込み）である。

必要な原データである。現在の氷床に基づいた氷河パラメーターを加えることにより，過去の氷床の規模と変動を数値モデル化することができる。これらのモデルによって将来氷床がどのように変動するかを予測できる。最終ブリティッシュ氷床の場合のように，あるいは最終フェノスカンディア氷床やローレンタイド氷床での数千年にわたる氷縁の後退のように，氷の厚さを予測することができる。

氷期のパターンと原因

氷期論が唱えられて以来，科学者たちは地球で氷期と非氷期が入れ替わるその原因を探ってきた。ある原因は地球が太陽の周りを回るのに関係しているし，別な原因は純粋に地球上だけのものである。

気候変化の原因を解明しようとした科学者たちの多くは，不充分なデータベースに頼らざるを得なかったので失敗した。第四紀には多くの氷期があったという概念の発展がこの例である。19世紀後半のクロルに次いで，ミランコヴィッチは1924年に，地球の惑星運動が変動することによって地球が受ける太陽放射の量が周期的に変わり，これが氷期がいつ起きるかの予測に使える，と言って科学者たちを驚かせた。ミランコヴィッチが提唱した地球の惑星運動の変動は次のようなものである。

・地軸の傾き，すなわち**黄道傾斜角**（obliquity of the ecliptic）の変動，4万1000年の周期。
・地球の楕円公転軌道の形すなわち**離心率**（eccentricity）の変化，10万年と40万

年周期。
- 地球が太陽の周りを回る時の自転軸のブレ，すなわち歳差（precession of the equinoxes）で，1万9000年から2万3000年の周期。

　ミランコヴィッチの学説はその時は相手にされなかった。というのは，北ドイツにあるかなりはっきりした地形の証拠から，地質学者たちが第四紀には四回の氷期しかなかったという概念に，かたくななまでにとらわれていたからである。他方，ミランコヴィッチの仮説を支持するような観察データはなかった。彼の説が概ね受け入れられるようになったのはここ30年のことである。実際，40万年周期は2300万年前からの深海底酸素同位体変動の中に見つかった。地球上の氷の量を反映している深海底コアの酸素同位体変動も，太陽放射カーブとよく合っている。天文学的原因による長期の気候変化は，昼が長くなったことに起因しているかもしれない。星雲の動きも気候変化の原因の一部かもしれない。例えば，太陽系が星雲の渦巻いている部分を通過した時である。

　気候変化にたいする地球自身の影響はたくさんあるが，全部が重要ではないだろう。それらは，地球の磁場の変動，地熱放出の変動，大気組成の変動（特に二酸化炭

図15.4　約1万8000年前の最終氷期最拡大期における英国の氷床の復元。計算で求めた氷の厚さ（m）を等値線で示している。黒いドットはヌナタック，すなわち氷床の上に突き抜けていた山である。（Boulton, G. S., Geology of Scotland. London, Geological Society of London, 15章, 図15.16, 1991より）

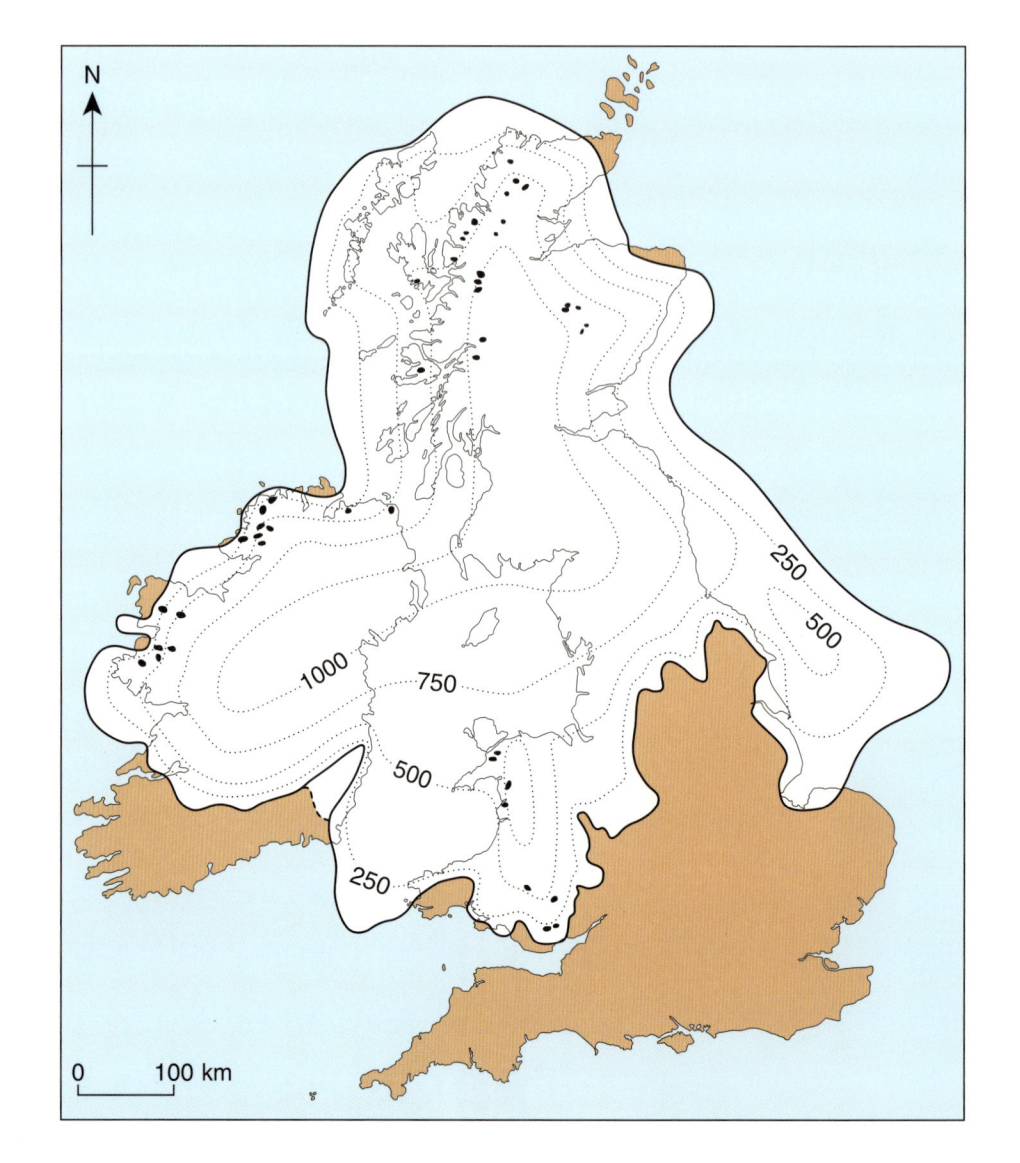

6万年前　　　　　　　　　　　　　　　　1.5万年前

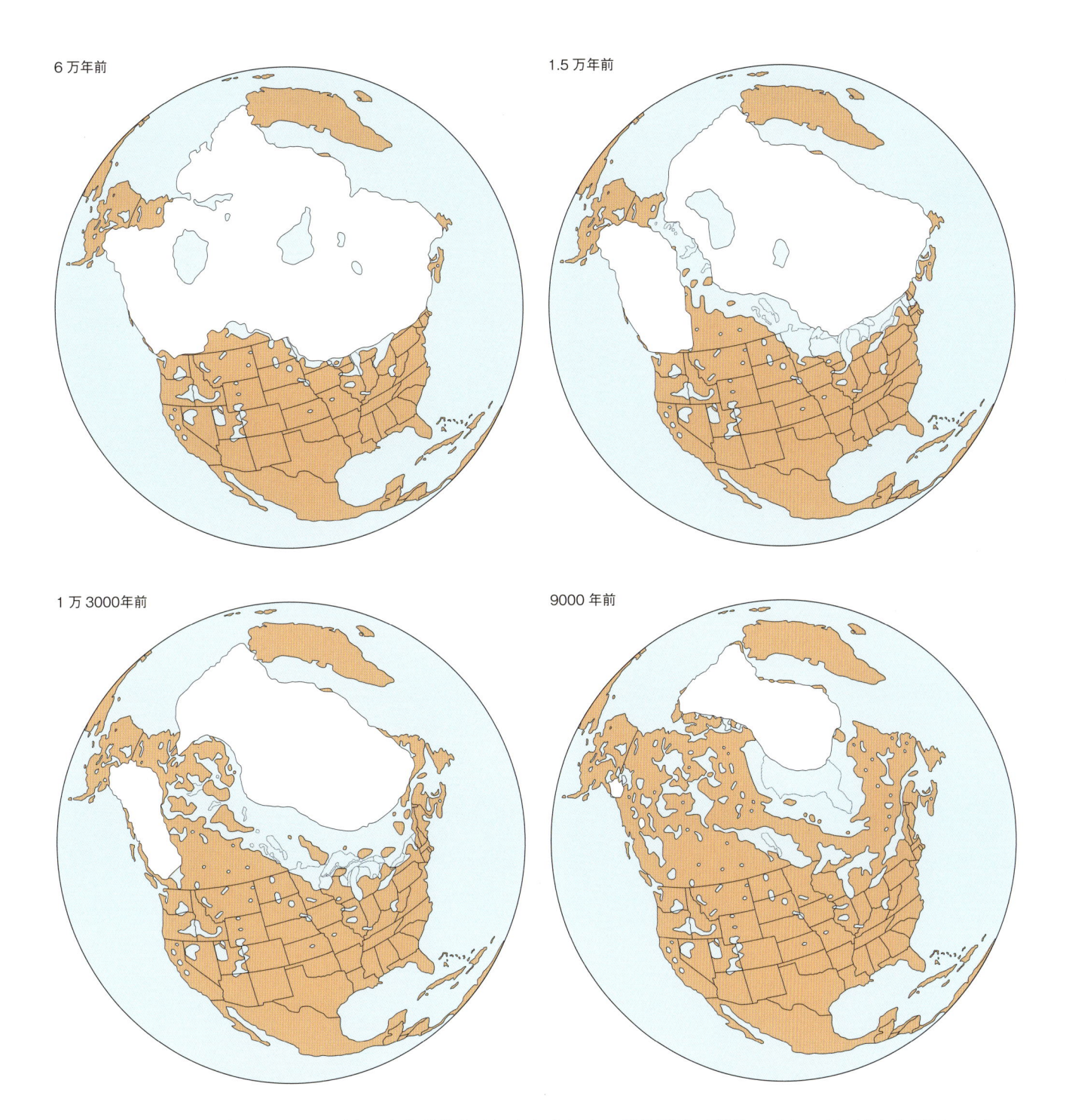

1万3000年前　　　　　　　　　　　　　9000年前

図15.5　北アメリカに発達した最終氷期のローレンタイド氷床の縮小を示す数値モデル。氷床がどのようにして二つに分かれ南縁に五大湖が形成されていくかに注目。上のグリーンランドはモデルから除かれている。(Marshall, S. j. and Clark, G. K. C, Quaternary Research, 52: 300-15, 1999を単純化)

素)，生物進化とそれがおよぼす二酸化炭素／酸素のバランスに対する影響，そして陸地と海の分布などである。陸地と海の分布には，陸と海の割合，起伏の程度，陸地に対する地球の自転軸と極点の相対的位置，海水道のパターンと陸域と海域の集積度などが含まれる。陸域と海域の集積度の影響に関係しているのは，地殻変動による隆起が果たした役割である。200〜300万年の間に隆起によって，気象パターンは劇的に変わってしまう。例を挙げると，仮にプレート（地殻）の動きによって，大陸が北極あるいは南極の方へ動いていくとすると，標高が高い地域に氷床が発達するかもしれない。この結果，反射する太陽光が増大し，地球はさらに冷える。これに加えて，極地の大陸は暖流が極域に流れ込むのを塞ぐだろうということである。

1万8000年頃前の英国最後の大規模な氷期には大量の物質が南方へ運ばれた。この時，スコットランド南西部にあるアラン島は氷床の中心の一つであり，白っぽい花崗岩のエラティックを供給した。これらの岩石は海岸沿いに南方へ短い距離ではあるが運ばれて赤色砂岩の基盤岩の上に堆積した。

ほとんどの地質学的資料では，ある出来事の年代を正確に決定できないので，氷期の原因に関してしっかりとした説が打ち立てられない。けれども，少なくともある氷期の原因に関しては，かなり妥当な判断が下せるようになっている。ここで，今まで議論した地球上の証拠を総合的に考えて，それぞれの氷期の主な原因の結論を出す。

始生代と初期原生代の氷期の時の陸地と海の分布については，ほとんど知られていない。また，氷期の時代や広がりに関しても概容しか分かっていないし，何回あったかも不明である。天文学的周期が原因と考えられているが，推測するしかない。

後期原生代氷期の堆積物に関しては今では比較的よく知られるようになっており，これらから何回かの氷期が分かっている。現在の後期原生代のティル岩の分布は，氷河が——仮に地球規模ではないとしても——大陸規模で拡大／縮小したことを示している。これがスノーボール・アースの仮説として知られるようになった概念である。陸地は全て氷河に覆われ，海は何百メートルもの深さまで凍っている地球，究極の全球凍結を想像しなければならない。'スノーボール・アース'概念が妥当であるかどうかを決めるのは，過去の氷期を研究している地質学者が直面している最も重要な課題の一つである。二つの謎めいた特徴が挙げられる。最初のものは，岩石の磁性研究に基づくと堆積物の多くは低緯度（古緯度と呼ばれる）で堆積されたことである。一部の科学者たちは低古緯度を，公転軌道の傾きが増して54度以上になったということで説明する。これで極ではなく赤道で氷河が発達することになる。二つ目の謎はティル岩が，暖かい水に堆積したとされる石灰岩のような炭酸質の岩としばしば密接に関連していることである。けれども，炭酸塩の堆積は必ずしも温度だけに関連しているとは限らないし，最近では少なくとも一部の炭酸塩は寒冷な水での産物，または古

い地層が再堆積されたものであることが示されている。無視できない後期原生代氷期の特徴の一つは，氷河の発達が地殻変動の活発な地域と関連していることである。例えば，北大西洋地域のティル岩は，側面が隆起しつつあった地溝帯の盆地に堆積していた。似たような状況は，現在のロス海地溝盆地の縁にある南極横断山脈に見られる。もし隆起が2000～3000mだったら，大規模な氷期が始まっていたかもしれない。

古生代の氷期は，短かった後期オルドビス紀—初期シルル紀氷期と，かなり長かった石炭紀—ペルム紀氷期の二回あった。二回とも南極域に氷河が生成したのが大陸氷河として発達した主な要因のようである。けれども，南極域分布仮説では氷期が二回あったこの時期の突然の気候変化が説明できない。このためには，ミランコヴィッチの惑星運動変動を考慮する必要があるかもしれない。これは，低古緯度の石炭紀の石炭層に見られる周期性を説明する参考となるだろう。周期的な堆積は氷の影響による海面変動によってコントロールされた。

広い地域を覆った新生代の氷期は，白亜紀に始まった地球規模の寒冷化の結果，南極大陸で少なくとも3500万年前に始まった。氷期は南極に氷河が発達したことと直接関係しているようには見えない。というのは，南極は少なくとも1億年の間，極点を中心に位置していたからである。けれども，南極大陸がゴンドワナ大陸と分離し終わっていたのがこの時期なので，大陸は冷えやすくなっていた。つまり，南極大陸の周りでの海流循環が妨げられないようになり，他の大洋からの熱の供給が止まった。南極横断山脈の隆起がこの時期に氷期が始まる引き金となったかもしれない。氷期がはるかに遅く始まった北方にある大陸は，極点との相対的位置に影響されなかったようである。寒冷化は地殻運動によって陸地が移動して大洋循環のパターンが変化して

アメリカ合衆国の最終氷期には，侵食によってカリフォルニアのヨセミテ谷にみられるような見事な氷食谷が形成された。急な谷壁の左側はエル・キャピタンで，右下にブライダル・ヴェイル滝（写真では水がない）がかかっている懸垂谷がある。

始まったようである．そして一定の条件が整った後，ミランコヴィッチの変動要因によって氷期—間氷期の周期が始まった．

　結論として，氷期の周期性に根拠はあるのだろうかという疑問がある．多くの科学者が，地球の歴史の中で天文学的要因に関係していそうな氷期の周期性を探してきた．さまざまな周期が提案されたが，全部不充分なデータに基づいている．最近の研究から明らかになった全体像は，氷期はその時その時のものであるということで，地質時代全てを通じての周期性の証拠は欠けている．ある氷期の原因が地球にあることを考えれば，これは驚くにあたらない．これとは対照的に100万年以下の時間スケールの場合，大陸移動が関係ないくらいの短い氷期の周期が分かっている．これは，氷期の周期性が40万年と10万年の時間スケールの天文学的要因に関連しているという証拠がある第四紀には意味のあることである．もっと昔にもそのような周期があったという最初のデータが，上述した南極のケイプ・ロバーツ掘削プロジェクトで最近得られた．多くの科学者がコアを研究しており，年代決定精度は以前のさまざまな方法と比べたらはるかに良い．であるから，古い岩石の記録の中に同じような周期を見つける可能性があるが，大多数の場所で新しい技術による年代測定の精度を上げることが必要である．こうして初めて，古代の何回もの氷期の気候変化を説明するために天文学の要素を使う展望が開ける．

ニューヨークのセントラル・パークに見事な氷床規模の氷期の証拠がある．ここには露出した基盤岩の表面に底面滑りをしていた氷河によってつけられた擦痕がある．

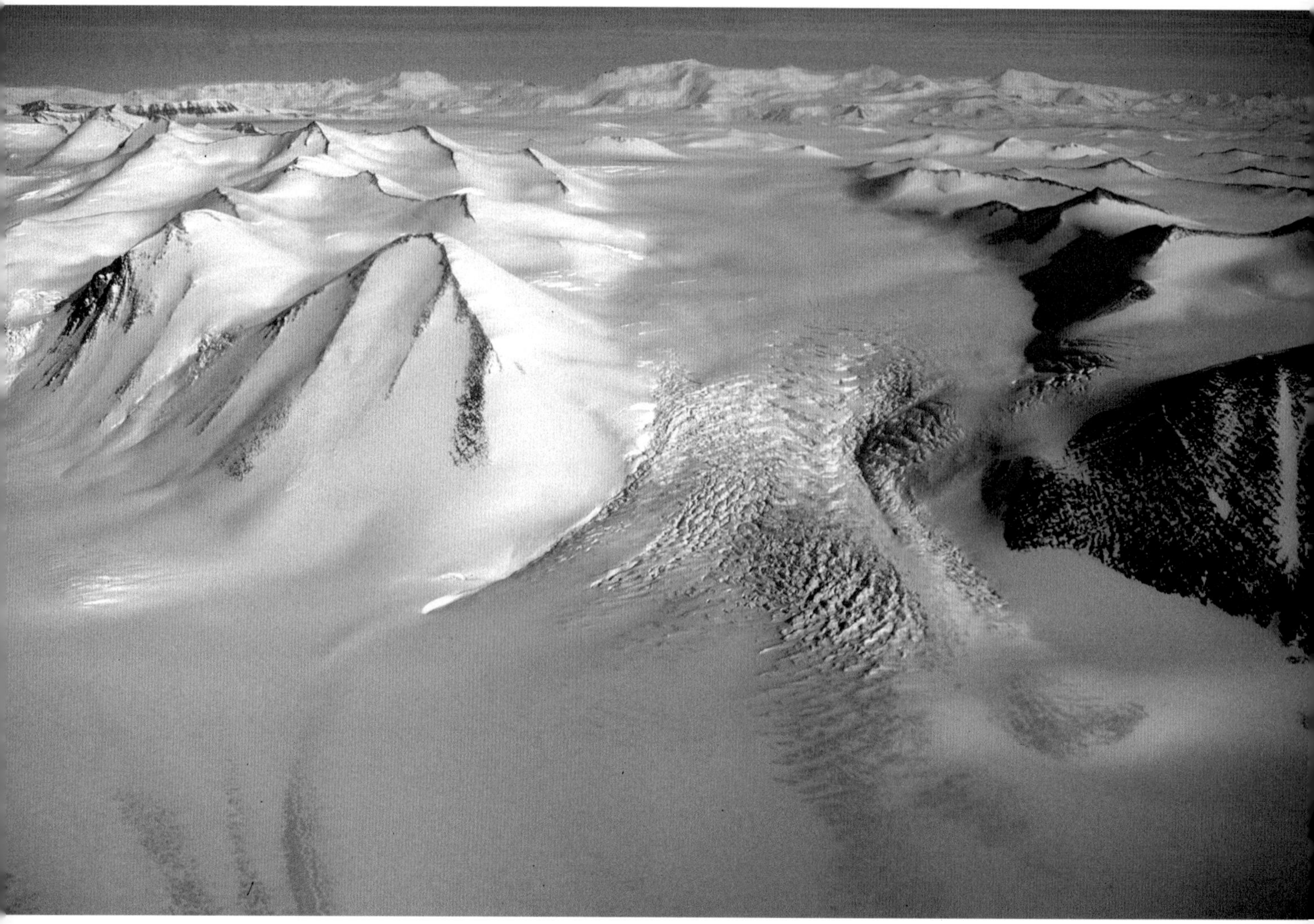

16 あとがき——氷河の未来の展望

　氷河の研究は，氷河が将来私たちの生活に影響を与えるという理由はもちろんのこと，さまざまな理由から重要である。おそらく最も基本的な理由は，氷河と氷床が気候変化に応答するからである。氷河と氷床は地球規模の海水準に影響し，海流を生じさせ，大気の循環に影響をおよぼす。このように，氷河は極地から熱帯に至る人類文明に影響を与える。

　もう少しローカルなレベルでは，危険な氷河は山岳地域に住む人々の生活に直接関係していて，実際いくつかの氷河で多くの人が犠牲になっている。将来の大惨事を避けるためには，氷河をもっと理解する必要がある。このような面はあるけれど，氷河は人間社会にとってかなりの恩恵をもたらしている。特に水や水力発電による電気を供給しているし，素晴らしい景観として登山者，スキーヤー，観光客に喜ばれている。けれども，地球温暖化と氷河後退という意味合いから，水供給の減少と観光地の魅力が消滅するという心配が大きくなっている。

　アイス・コアと氷河堆積物は，ヒトの一生の数十年間でも，あるいは何百万年という時間スケールでも，他に比類のない気候変化の記録を提供する。もし過去の環境の記録をはっきりさせることができれば，気候変化と海面変動の原因がもっと良く分かり，将来何が起きるか予測できるようになる。氷河と氷床の未来の変動を予測するためには，多くの学問分野からの研究が必要である。例えば，物理学者は氷河と氷床のダイナミクスについて，気候学者はその涵養と消耗のバランスについて，化学者は過去何十万年間の大気の組成と氷河変動の関係について，そして地質学者は何百年から何億年にもわたる氷河変動について語ることができる。これらの研究者によって得られたデータは，氷河と氷床が将来気候変化にどのように応答するかを予測する数値モデル研究者にとって欠かすことのできないものである。古い地質学のことわざ'現在は過去の鍵である'を逆にして，'過去は未来の鍵である'といえる。

地球の気候に何が起きているのだろうか？

　最近では，人間活動によって私たちの星の大気と気候が変化しているという認識が増大している。地球は二酸化炭素や他のガスが日射を取り込み，太陽の熱が地表から放射されて宇宙に戻っていくのを防ぐという温室効果の恩恵を自然に受けている。けれども大多数の気候学者は，地球規模で温度は上昇している，そしてこれは少なくとも部分的にはさまざまなガス，特に二酸化炭素が人間活動よって大気中に増加したためだ，という共通認識を持っている。これらの増加は二酸化炭素を放出する化石燃料の燃焼と，二酸化炭素を酸素に変える森林の破壊の組み合わせによって起きている。永久凍土の融解や家畜の増加によるメタンガスの増加は，フロンガス（CFCs）との反応によるオゾン層の減少と共に，大気に対する温室効果があると認識されている。

258ページ：世界最大の氷体，東南極氷床は気候温暖化の影響を周辺地域よりも受けにくい。実際，温暖化は最初，降雪量の増加とプラスの質量収支をもたらす可能性がある。南極横断山脈を横切って氷床から流れ出ている主要な氷河は，気候変化にゆっくりとしか応答しないだろう。

これらの点に照らして，多くの科学者たちは，汚染レベルの上昇が温室効果を増長し世界の氷体が融けやすくなっている，とますます心配している。2001年の「気候変動に関する政府間パネル」（IPCC）の報告書によると，二酸化炭素排出による地球の温度上昇は2100年までに1.4～5.8℃とされている。上昇は一番大きい氷体がある極地ではもっと大きいだろう。実際，規制のない排出という最悪の場合，予測される二酸化炭素と気温は，過去1500万年で地球が経験したことがないようなレベルに達する。そうなれば200年以内に二酸化炭素のレベルは，氷体が全くなかった3500万年前の濃度に達するだろう。そのような温度上昇は最近の地質時代では前代未聞である。氷河氷に閉じ込められている水の量を考えると，次の2～3世代で海岸地域の洪水危険性が非常に大きくなる。もし人類文明がそのような結果から自分を守ろうとするならば，汚染物質の排出を劇的に減らさなければならない。リオデジャネイロと京都で開かれて注目を集めた国際会議では，汚染と地球温暖化の連動が納得できるように示され，多くの政府は化石燃料燃焼による汚染を減らさなければならないということを受け入れて，そのような努力をしている。不幸にもアメリカ合衆国（世界最大の汚染国）を含む一部の国々は証拠を拒否して努力していない。政府が行動しない理由の一つは，一般国民が燃料の税金が上がるのを受け入れたがらないからである。ヨーロッパの'緑'の党は公共輸送機関を援助するためにガソリンとディーゼルの税金を上げることを提案しているが，2001年の英国の例のように高い税金への反対のデモによって，日の目を見ていない。もし化石燃料への依存を減らそうとするならば，安

東南極氷床から西部ロス海へ流れ出ているマッケイ氷河の末端は大きく，海氷を渡っている野外調査パーティが小さく見える。この氷河は20世紀初期に発見されて以来，ゆっくりと後退している。

氷河後退という形での気候温暖化の兆候は世界のいたるところで見られる。南極氷床が海面上昇へ最も寄与する可能性があるが，実際にどうなるかはもっと複雑である。このジェイムズ・ロス島の東岸のように，南極半島北部ではローカルな氷河が薄くなっているだけではなく，氷棚の崩壊もあり多くの氷山が生産されている。しかし，大陸の他の場所では氷床は成長しているようである。

価で効率の良い便利な代替エネルギーの開発が早急に必要である。

　予想されている地球規模の温度上昇のもとで，世界の氷体は劇的なメルトダウン（融崩壊）をするのだろうか，それともゆっくりと反応していくのだろうか？　この疑問に答えるために，世界の氷体のいくつかが地球温暖化にどのように応答するか見てみよう。

氷河の海面上昇へのインパクト

　世界の氷河と氷床にどれくらいの水が閉じ込められているか，そしてこれが融けて海に流れ込んだ時の海面への影響に関して，さまざまな推定値がある。推定値の一つが262ページの表であるが，数値にはかなりの誤りがある。特に南極氷床に関しては最近56〜80mと見積もられている。それにもかかわらずこれらの数値は，たとえわずかな氷河が融けたとしても起こるであろう標高が低い地域への潜在的なインパクトを示している。

氷床

　8章では，局地的な温暖化による南極半島の氷棚への過去10年間のインパクトについて概観した。氷棚のいくつかは完全に崩壊したが，もともと浮いていたので海面上昇への影響はほとんどなかった。けれども，半島での氷棚崩壊は西南極氷床がどうかなってしまうことへの前兆だろうか？　一部の科学者たちは，西南極氷床は大部分が海面下で接地しているので潜在的に不安定だと言っている。周りの氷棚によって氷

世界の氷体の海面上昇への寄与の可能性（アメリカ合衆国地質調査所，2001 年）

氷体	海面上昇（m）
西南極氷床	8
東南極氷床	65
南極半島	0.5
グリーンランド氷床	6.5
山岳氷河と氷帽	0.5

床は押さえつけられているので，半島のように氷棚が劇的に崩壊すると，接地している内陸の厚い氷は急速に海へ流出する。これが起きると，人類が適応するのが難しいくらいの短期間の間に，世界規模で海面が数メートル上昇するだろう。それでは西南極氷床の崩壊が目の前に迫っていることを示唆する証拠はあるのだろうか？ 氷床を押さえつけている二つの最大の氷棚，ロス氷棚とロンヌ＝フィルクナー氷棚（8 章で記述）から大きなカービングが何回かあったが，これらは単に「ゆっくりとした成長の後の大きなカービング」という 100 年以上の時間単位で繰り返す通常のサイクルの一部であったかもしれない。カービングは気候温暖化への応答というよりも，単に氷棚が動力学的に不安定になった結果であろう。

ロス氷棚のような大きな氷棚のもう一つの特徴は，いくつかのアイス・ストリームが流れ込んで涵養されていることである。あるものは年数百メートルの速さで流れる

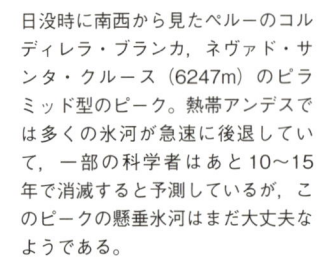

日没時に南西から見たペルーのコルディレラ・ブランカ，ネヴァド・サンタ・クルース（6247m）のピラミッド型のピーク。熱帯アンデスでは多くの氷河が急速に後退していて，一部の科学者はあと 10〜15 年で消滅すると予測しているが，このピークの懸垂氷河はまだ大丈夫なようである。

16 あとがき——氷河の未来の展望 | 263

が，雪氷学者はこれは変形しやすい柔らかな氷河底堆積物に関係していると考えている。別のアイス・ストリームは止まることがあり，これは基盤に凍りついている結果であろう。一方では，西南極の主なアイス・ストリームの一つ，パイン・アイランド氷河は現在急速に後退して薄くなっており，これを涵養している堆積盆も薄くなっている。このように西南極氷床とその周りの氷棚を構成している氷のダイナミクスが何百年かの時間スケールで変化することが，気候変化と同様に重要なのかもしれない。このことは雪氷学者にとって，氷床の未来の動きを予測することが大きな課題であることを意味するが，まだ解決していない。

ほとんどの雪氷学者は，東南極氷床は西南極氷床と比べるとはるかに安定していると考えている。大部分が海面より高い場所で接地していて，海の影響を受けにくいからである。それでも，東南極氷床にはサージ・タイプの堆積盆があり，南氷洋に大量の氷を排出する可能性がある，ということが示唆されている。以前のサージの証拠はないように思えるが，ランバート氷河システムはそのような候補の一つである。

全体として，南極氷床の未来の展望に関しては大きな不確定要素がある。南極半島のような北方の周辺域を除くと，温暖化によって雪としての降水量は増加し，氷床が成長する可能性が大きい。温暖化と氷床成長の結果はお互いに打ち消し合い，いくつかの数値モデル計算によると，5℃以上上がらないと融崩解が始まらないという。

グリーンランド氷床は，南極氷床よりも気候変化に対して敏感である。ここでも，地球温暖化のシナリオの下での未来の展望に関しては不確かである。けれども，これからの数百年間にわたって氷床の周辺は，平衡線高度が上がるにつれて後退する一方，内部は降水量の増加で厚みが増すということは，南極と一致しているようであ

ロッキー山脈では氷河が急速に後退しており，過去100年間で多くの小さな氷河が消滅した。しかし，高峰の雪に涵養されている大きな氷河は，あと数十年は大丈夫である。この例はカナダ，ブリティッシュ・コロンビアにあるロブソン山である。

熱帯では氷河の劇的な後退によって景色の良い場所が消滅している。コルディレラ・ウァイウァシュのネヴァド・イェルパハから流れ下りているこの美しい谷氷河は1980年に撮影された。今は大きな後退によって末端が前縁湖から離れてしまい，'熱帯の氷山'が生産されなくなっている。

る。海面上昇という観点から，二つの効果がお互いに打ち消し合うかどうか自信を持って決めるのはこれからである。

山岳氷河

　地球温暖化の効果は氷床に対しては不確かで，ひょっとすると短時間では関係ないかもしれないが，世界の山岳氷河に対しては確実にある。18〜19世紀の小氷期以来ずっと，世界の山岳氷河の大部分は後退し続けている。けれども後退は一様ではなく，氷河は気温と降水量の数十年の変化へ反応したので，多くの地域での全般的な後退傾向は再前進で中断されている。

　1990年代でも，ノルウェイの多くの氷河は強い低気圧にもたらされた冬の降水量増加に応答して前進した。ニュージーランドの有名な二つの氷河，フォックス氷河とフランツ・ジョーゼフ氷河は1980年代と1990年代を通じて，大きく前進した。アル

アラスカ南部のフィヨルドにあるタイドウォーター氷河のほとんどは20世紀に急速に後退してきた。氷河は後退しているけれど，カレッジ・フィヨルドの支谷のハリマン・フィヨルドにあるサプライズ氷河を始めとして，今でも活発に流れ大量の氷山をフィヨルドに排出している。

プスでは，1970年代は低温だったので，スイスの氷河の半分近くが前進し始めた。アラスカではいくつものタイドウォーター氷河が20世紀後半の全般傾向から突然変わった。フィヨルド底に形成された堆積物の高まりの上を前進したからである。けれども一般的な傾向は大きな後退であり，たくさんの氷河が20世紀の間に氷体の半分を失い，いくつかは完全に消滅した。

21世紀初頭の今は，世界の多くの地域で大きな後退が起きており，明らかに加速している。2002年の世界の山岳氷河全てのデータを集めたアメリカのグループによる計算では，氷の消失速度は1988年の倍である。世界の山岳氷河のうち，アラスカとカナダ北部のものは1990年代の年間海面上昇に0.32mm寄与した。これは世界の氷消滅割合の約半分を占める。

海面上昇の全般的な影響

IPCCによる今世紀に予測されている海面上昇の数字を266ページの表に示す。数値は大きな不確定要素があることを示しているが，全般的な影響は最良のシナリオでもかなりの海面上昇である一方，最悪のものは世界中で恐ろしい結果となる。特に海洋の熱膨張による上昇と組み合わさると，最悪である。

例えば，バングラデッシュでは1mの海面上昇で国の半分が水浸しになり，1億人が住めなくなる。太平洋ハワイの南西にあるキリバス（Kiribati）やインド洋のセイシェル（Seychelles）のような低地の島は水浸しになる。先進国の間では，イングラ

西暦1990〜2100の海面上昇の予測。プラスは上昇，マイナスは低下。気候変動に関する政府間のパネルによる。*

海面上昇の源	海面上昇（m）
南極	−0.17 から +0.02
グリーンランド	−0.02 から +0.09
山岳氷河と氷帽	+0.01 から +0.23
熱膨張	+0.11 から +0.43

* (Houghton, J. T., Ding. Y., Griggs, D. J., Noguer, M., van der Linden, P. J., Dai, X., Maskel, K., Johnson C. A. (eds.) *Climate Change 2001:The Scientific Basis*, Contribution of Working Group I to the Third Assessment Report of the Intergovernmental Panel on Climate Change. Cambridge: Cambridge University Press.)

ンド東部のフェンズ（Fens），オランダのほとんど，ドイツ北部の一部分，フロリダ州の沿岸部，そしてテキサスのヒューストン地域などの低地を守るために，費用のかかる防波堤の強化が必要である。

地球温暖化が何世紀もの長い間続くと，海面上昇はもっと劇的になるだろう。大きな氷床は温暖化に対して遅れて反応するだろうから，いつ消滅するかを予測するのは難しい。けれども，もし南極氷床が全て融けるとすると，3000万 km³ の水が大洋に供給される。これは海面を60〜70m上昇させるのに等しく，ロンドン，ニューヨーク，ブエノスアイレス，カルカッタ，上海，東京など世界の主要都市の多くが水没することになる。最近このような恐ろしい話が広く出まわっている。こんなことは近い将来には起きないだろうが，南極氷床がわずかに変化してもかなりの影響があるだろうということを示している。けれども南極氷床融解のインパクトが実際に感じられるのは2100年以降である。同様にグリーンランド氷床融解による6.5mの海面上昇は2100年以降まで多分起きないだろう。

現在，地球温暖化の結果，地球生態系は取り返すことができないくらい傷つきつつあるように見え，氷河消滅はその一つの具現にしか過ぎない。一部の国々はIPCCのような機関の妥当性を受け入れているが，警告を無視しようとする国もある。人類文明によってもたらされた気候温暖化のペースを緩めるためには，汚染物質を排出している国全てが排出削減に国際的に同意し，先進国の国民は自分たちの贅沢な生活スタイルは維持できないということを受け入れることが必要である。温暖化の傾向を緩和する，あるいは可能なら逆にするためには，環境教育への投資が必要である。なぜならば，現在その結果がどのようになるかほとんど理解せずに，非常に危険な環境リスクを人類はすでにおかし続けているからである。

氷河からの水資源が枯渇することのインパクト

山岳氷河からの水は，一部の地域で急速になくなりつつある貴重な資源である。ボリビアやペルーのような熱帯にある国は，現在高所アンデスの広大な氷河域の恩恵を受けており，首都ラパスやリマの何百万の人々は氷河からの融氷水に依存している。けれども，熱帯にある氷河全てが急速に後退していて，一部の科学者たちはほとんどの氷河が2020年までに消滅すると予測している。この傾向がもたらす結果は，別の水資源がほとんどないので非常に厳しい。農業用地も乾期の灌漑もアンデスの氷

267ページ：チリの南パタゴニア氷原にはたくさんの溢流氷河がある。グレイ氷河のように氷原の東側へ流出しているいくつかの氷河は，最終氷期に氷河によって侵食されてできた深い湖に末端がある。これらの氷河の末端は美しい南（極）ブナに囲まれている。

16 あとがき──氷河の未来の展望

ロンドンから北京へ行く飛行機から見ると，カラコラム山脈の氷河を頂く山々のスケールの大きさが歴然としている。ピラミッド型のピークは世界第二の高峰，K2（8611m）で典型的な'ホルン'である。氷・岩ナダレによって供給されるデブリに覆われている氷河は，下の暗く写っている谷へ流れ下る。

河に依存しているので，水の供給がなければこれらの地域は成り立たない。中央アジアやアルゼンチンなど他の地域では，氷河の後退によって夏の流出がかなり増えるので洪水や山崩れの危険性が増す。

中緯度の先進国では氷河融解水は灌漑だけではなく，水力発電にも使われる。氷体の消失によってタービンを回す貯水池への流入が減り，それと共にノルウェイやアルプスの国々のような国での'緑'のエネルギーを発電する能力が減る。全体として，現在の傾向が続けば2050年までに山岳氷河の量の1／4が，そして2100年までに半分がなくなる，と推定している科学者もいる。

氷河災害の危険性の増大

高所地域，特にヒマラヤや熱帯アンデスでは，氷河後退は氷河災害のリスクを高めるだろう。これらの地域の多くの氷河の末端はデブリに覆われていて，デブリのない氷河のような急速な後退はしなかった。地球温暖化が早まるにつれて，これらの氷河は融解しやすくなってきている。今ではヒマラヤやアンデスの多くの氷河が小氷期のモレインの位置から後退しているが，これから氷の量が増える見込みはほとんどない。モレインと氷河の間には湖ができており，氷河湖決壊の可能性がある。いくつかの大きな災害が20世紀に起きているが，もっと多くの氷河の前面にそのような災害を引き起こす可能性のある湖ができると予測されている。同時に，氷河後退は不安定な岩壁やデブリ斜面を露出させ，斜面崩壊の危険性を増す。もし，崩壊が氷河湖で起きると，過去に数回も発生しているようにモレイン堰止湖が壊滅的に破壊されること

がある。実際，斜面崩壊のリスクは氷河のある山岳地域全てで増大している。これは氷河侵食によって谷の側壁が急になっているので，後退した時に崩壊しやすくなるからである。

氷河消滅の観光産業へのインパクト

世界中いたるところで，氷河は大切な観光資源である。氷河上にリフトが建設され，スキーヤーは冬のシーズン以外にも楽しむことができる。アルプスですでに起きているように，氷河の消滅は一部の高所リゾートに深刻な影響を与える。登山者は氷河を登高ルートに使うが，後退によってアプローチがもっと難しくなる。今は，風景を楽しむ人にとってこの美しい自然現象を楽しむ場所はたくさんある。けれども氷河は後退するにつれてだんだんと汚くなるし，後退した跡には観光客にとってあまり魅力的ではない植生のない岩石屑の山が残る。

氷床は戻ってくるのだろうか

さらに未来を見ると，真の問いは'人類文明の撹乱による短期の気候への影響は取り返しがつかないのだろうか'である。もしダメだったにしても，氷河が最後のメッセージを残すことは可能である。私たちは今，長い間続いてきて，さらに大きなスケールで氷床が増大／減少している氷河期のうちの一間氷期に住んでいる。ほんの2万年前，氷床は地球の陸地の1／3を覆っていた。これは繰り返す氷期と間氷期の一コ

もし氷期のサイクルがこれからも続くとしたら，氷河の痕跡を強く残しているスコットランドの北西ハイランドのトリドン湖のような地域は，数千年後に再び氷河に覆われる。人為に誘発された気候温暖化によって実際そのようになるかどうかは，見るまで分からない。

東南極デイヴィス基地に近い海岸沖で見られた接地している氷山の日没時の蜃気楼。もし一部の科学者が予測しているように主要な氷床が劇的に崩壊するとしたら，このような光景はいつでも見られるようになる。

マであり，自然のなりゆきでは次の氷期が来るだろう。であるから，これから2000～3000年後，氷床は北西ヨーロッパ，北アメリカ，その他の地域で中緯度の方へ拡大を始めるかもしれない。

終わりのノート

　この本を書くにあたって，氷河がどのように作用するか，景観や人類文明に対してどのようなインパクトを持つかを，簡単な言葉で説明するよう努めた。けれども，私たちの経験に基づいて最初にそして最大に伝えようとしたものは，氷河の美しさと魅力である。写真は氷河のこれらの面の一部を伝えているに過ぎない。氷河は実際にそこへ行くことによってのみ全ての美しさが分かる。少なくともこの本によって読者が氷河を訪れ，氷河の景観を見てみたいと思い，この素晴らしいけれど傷つきやすい雪と氷に対して大きな価値を見いだしていただけたならば，幸いである。

本書に登場する氷河の一覧図

　本書で取り上げている氷河を一覧できる図を付したので参考にしていただきたい。なお，以下の図は原書にはなく，訳者が作成した。（訳者）

ヒマラヤ（ネパール）…… 271
アジア中央部 …… 272
ヨーロッパ・アルプス …… 273
ノルウェイ，スウェーデン …… 274
スヴァールバル諸島 …… 275
アイスランド …… 275
北アメリカ …… 276
アラスカ南部 …… 277
南アメリカ（アンデス，パタゴニア）…… 278
ニュージーランド南島 …… 279
南極 …… 279

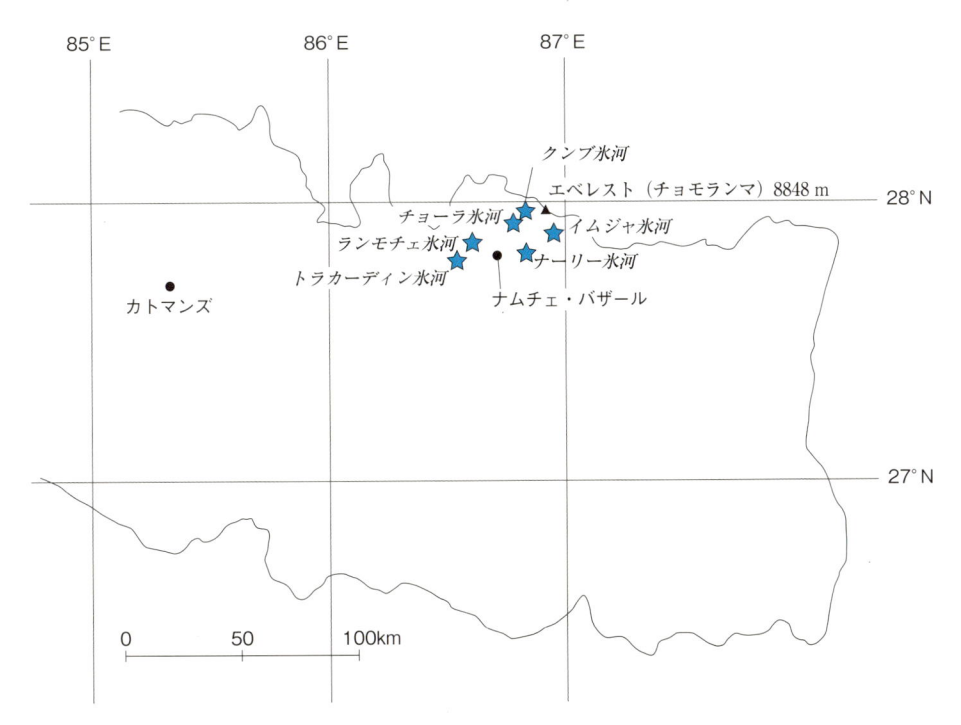

ヒマラヤ（ネパール）

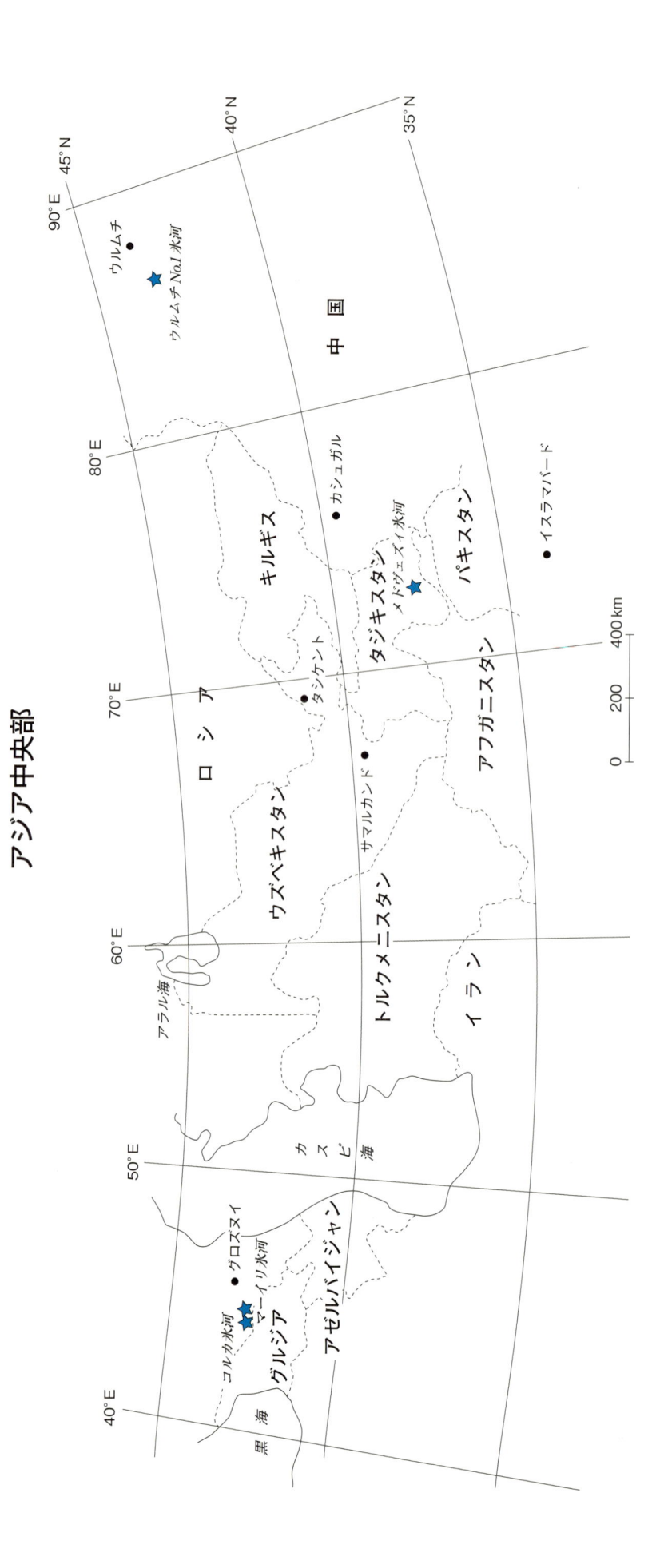

アジア中央部

- 黒海
- コルカ水河
- クロズヌイ
- マームイリ水河
- グルジア
- アゼルバイジャン
- カスピ海
- アラル海
- ロシア
- ウズベキスタン
- トルクメニスタン
- イラン
- タシケント
- サマルカンド
- キルギス
- タジキスタン
- カシュガル
- メドヴェースイ水河
- アフガニスタン
- パキスタン
- イスラマバード
- ウルムチ
- ウルムチNo.1水河
- 中国

0　200　400km

ヨーロッパ・アルプス

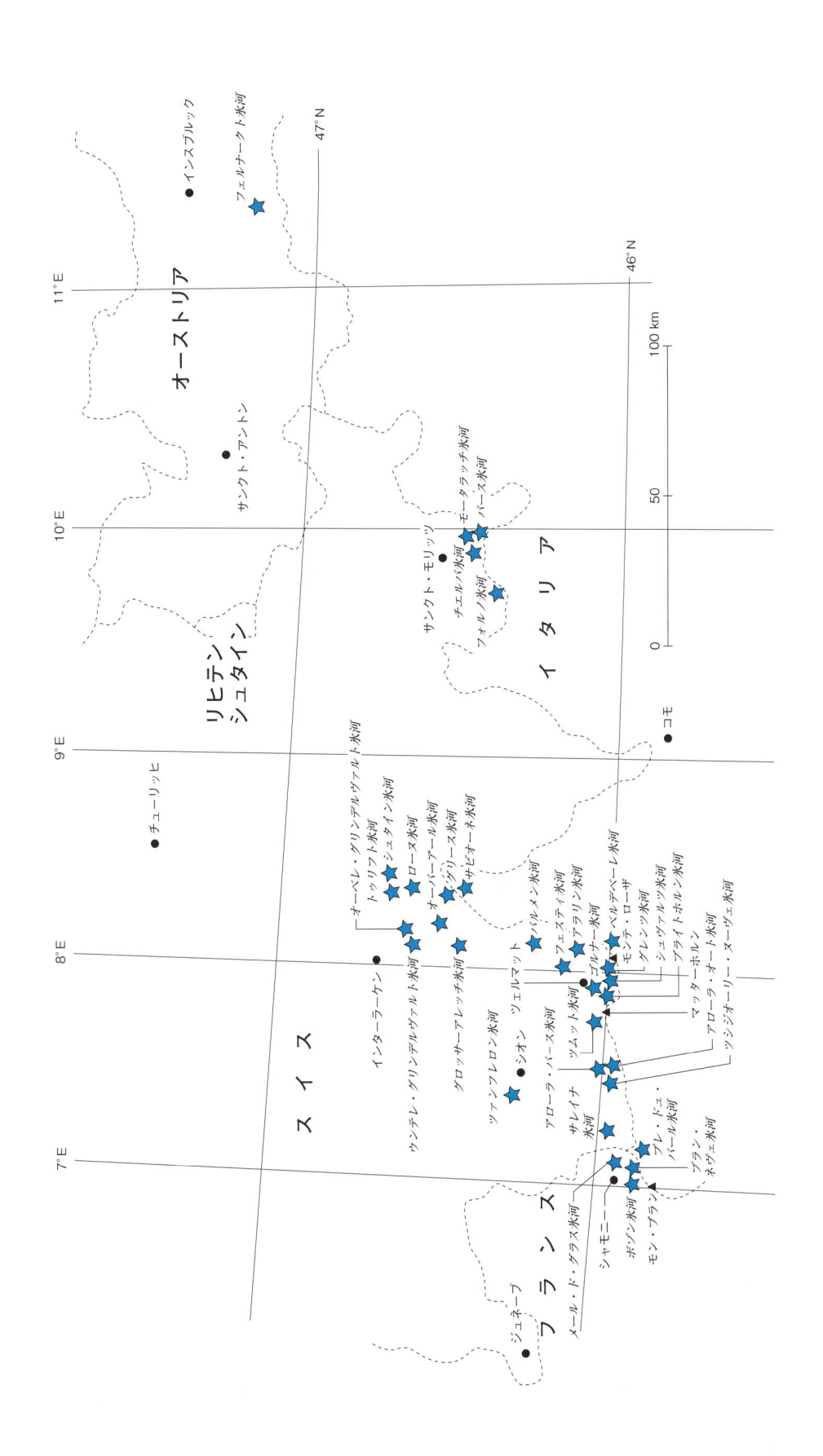

オーストリア
- インスブルック
- フェルナーコクト氷河

リヒテンシュタイン
- サンクト・アントン

イタリア
- サンクト・モリッツ
- チエルパ氷河
- フォルニ氷河
- モーダラッチ氷河
- バース氷河
- コモ

スイス
- チューリッヒ
- インターラーケン
- オーベレ・グリンデルヴァルト氷河
- トゥリフト氷河
- ウンテレ・グリンデルヴァルト氷河
- シュタイン氷河
- ローヌ氷河
- オーバーアール氷河
- グリース氷河
- サビエオーネ氷河
- クロッサーアレッチ氷河
- ツァンフレロン氷河
- シオン
- ツェルマット
- バルメン氷河
- フィエスティ氷河
- アラリン氷河
- ゴルナー氷河
- ベルデベーレ氷河
- モンテ・ローザ
- シュヴァルツ氷河
- ブライトホルン氷河
- サレイナ氷河
- マッターホルン
- ツムット氷河
- アローラ・バース氷河
- フローラ・オートヌーヴェ氷河
- ツジオオートヌーヴェ氷河

フランス
- ジュネーブ
- メール・ド・グラス氷河
- シャモニー
- ボソン氷河
- モン・ブラン
- ブラン・ネヴェ氷河
- プレ・ド・ユ氷河

47°N
46°N
7°E　8°E　9°E　10°E　11°E
0　50　100 km

ノルウェイ，スウェーデン

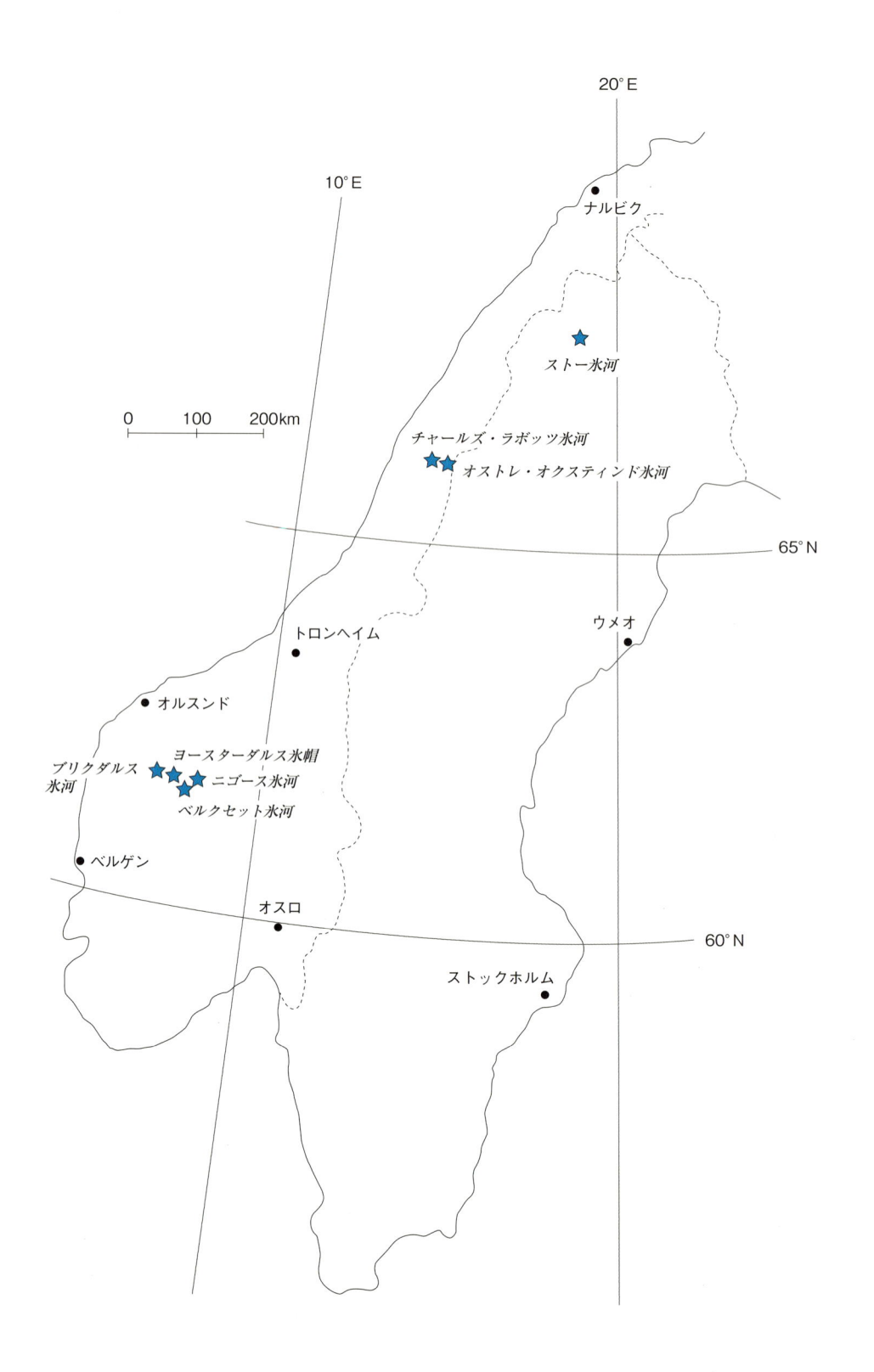

20°E
ナルビク
10°E
ストー氷河
0 100 200km
チャールズ・ラボッツ氷河
オストレ・オクスティンド氷河
65°N
トロンヘイム
ウメオ
オルスンド
ヨースターダルス氷帽
ブリクダルス氷河
ニゴース氷河
ベルクセット氷河
ベルゲン
オスロ
60°N
ストックホルム

本書に登場する氷河の一覧図

スヴァールバル諸島

- ヴェスト氷帽
- オスト氷帽
- ブロスヴェル氷河
- ニーオルスンド（町）
- ローヴェン氷河（オストレミダー）
- クローネ氷河
- ウィルソン氷河
- コンフォートレス氷河
- ロモノソフ氷帽
- ナンセン氷河
- コングスヴェイゲン氷河
- フリチョフ氷河
- バカニン氷河
- バウラ氷河
- フィンスターヴァルダー氷河

アイスランド

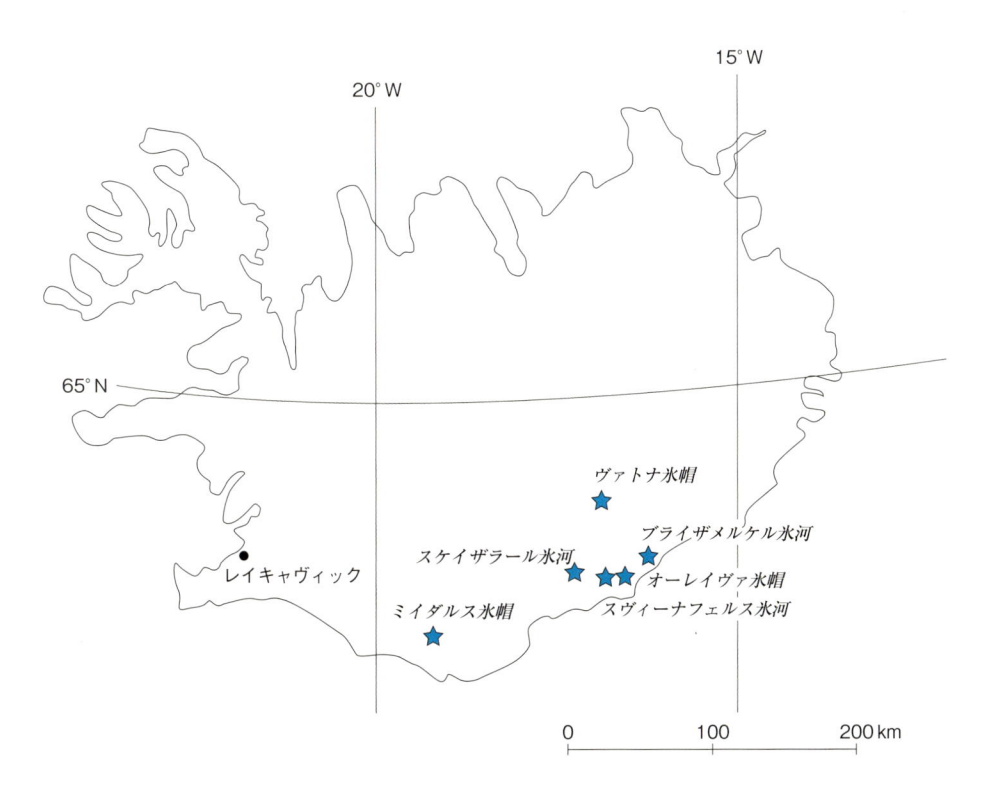

- レイキャヴィック
- ヴァトナ氷帽
- スケイザラール氷河
- ブライザメルケル氷河
- オーレイヴァ氷帽
- ミイダルス氷帽
- スヴィーナフェルス氷河

北アメリカ

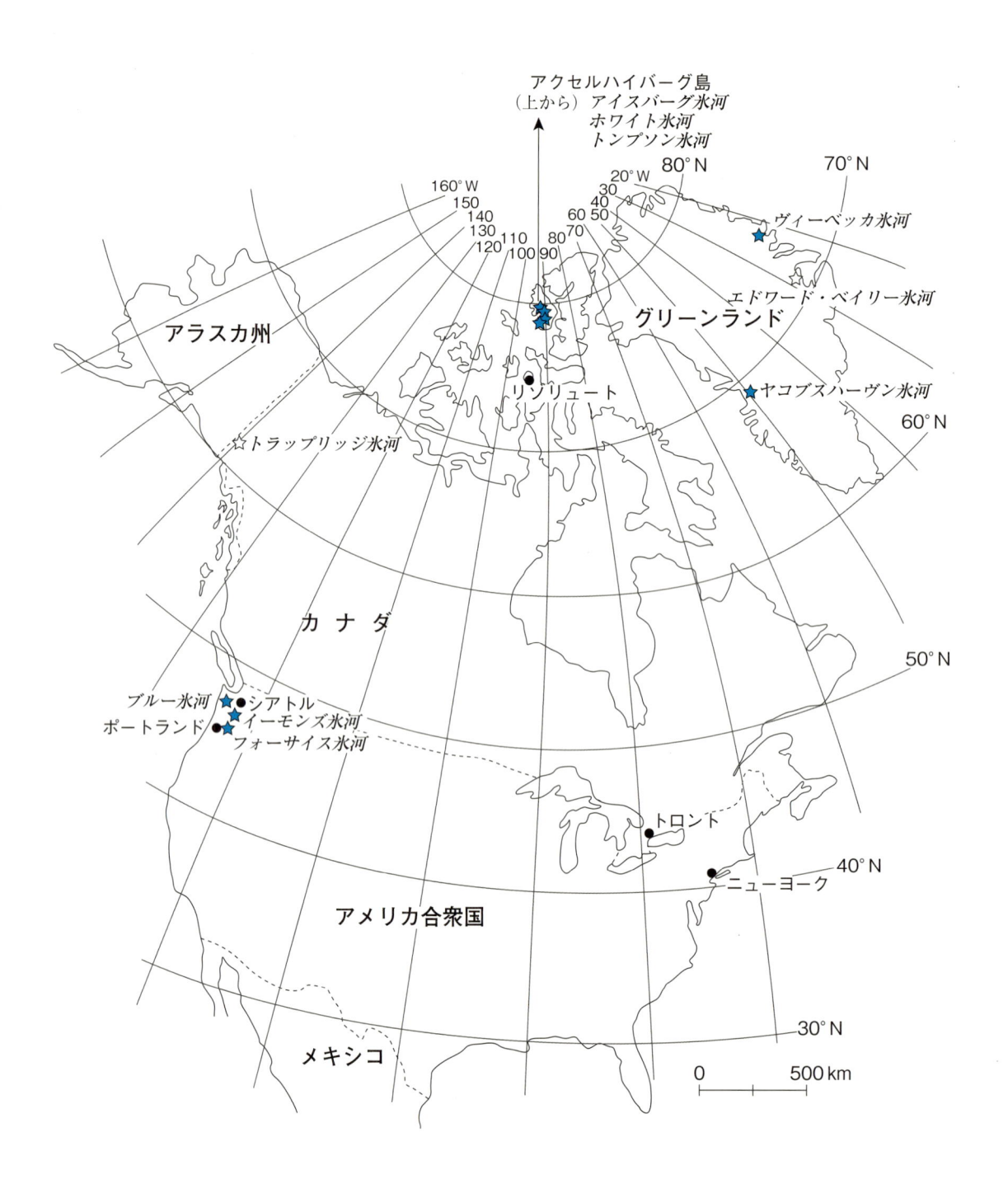

アクセルハイバーグ島
（上から）アイスバーグ氷河
　　　　　ホワイト氷河
　　　　　トンプソン氷河

ヴィーベッカ氷河

エドワード・ベイリー氷河

グリーンランド

ヤコブスハーヴン氷河

アラスカ州

リゾリュート

トラップリッジ氷河

カナダ

ブルー氷河　シアトル
ポートランド　イーモンズ氷河
　　　　　　フォーサイス氷河

トロント

ニューヨーク

アメリカ合衆国

メキシコ

アラスカ南部

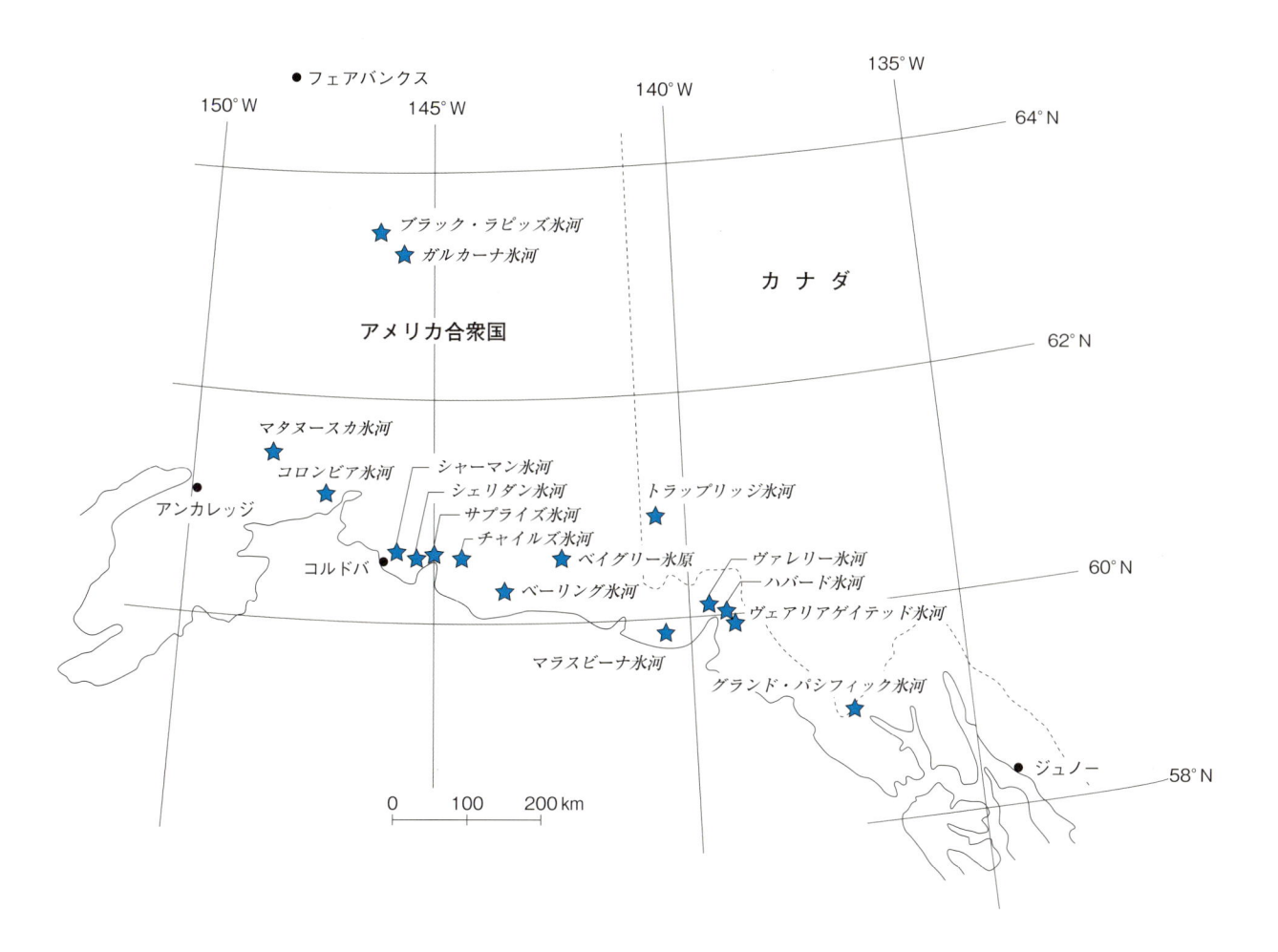

- フェアバンクス
- ブラック・ラピッズ氷河
- ガルカーナ氷河
- アメリカ合衆国
- カナダ
- マタヌースカ氷河
- コロンビア氷河
- シャーマン氷河
- シェリダン氷河
- トラップリッジ氷河
- サプライズ氷河
- アンカレッジ
- チャイルズ氷河
- ベイグリー氷原
- ヴァレリー氷河
- コルドバ
- ハバード氷河
- ベーリング氷河
- ヴェアリアゲイテッド氷河
- マラスピーナ氷河
- グランド・パシフィック氷河
- ジュノー

南アメリカ（アンデス，パタゴニア）

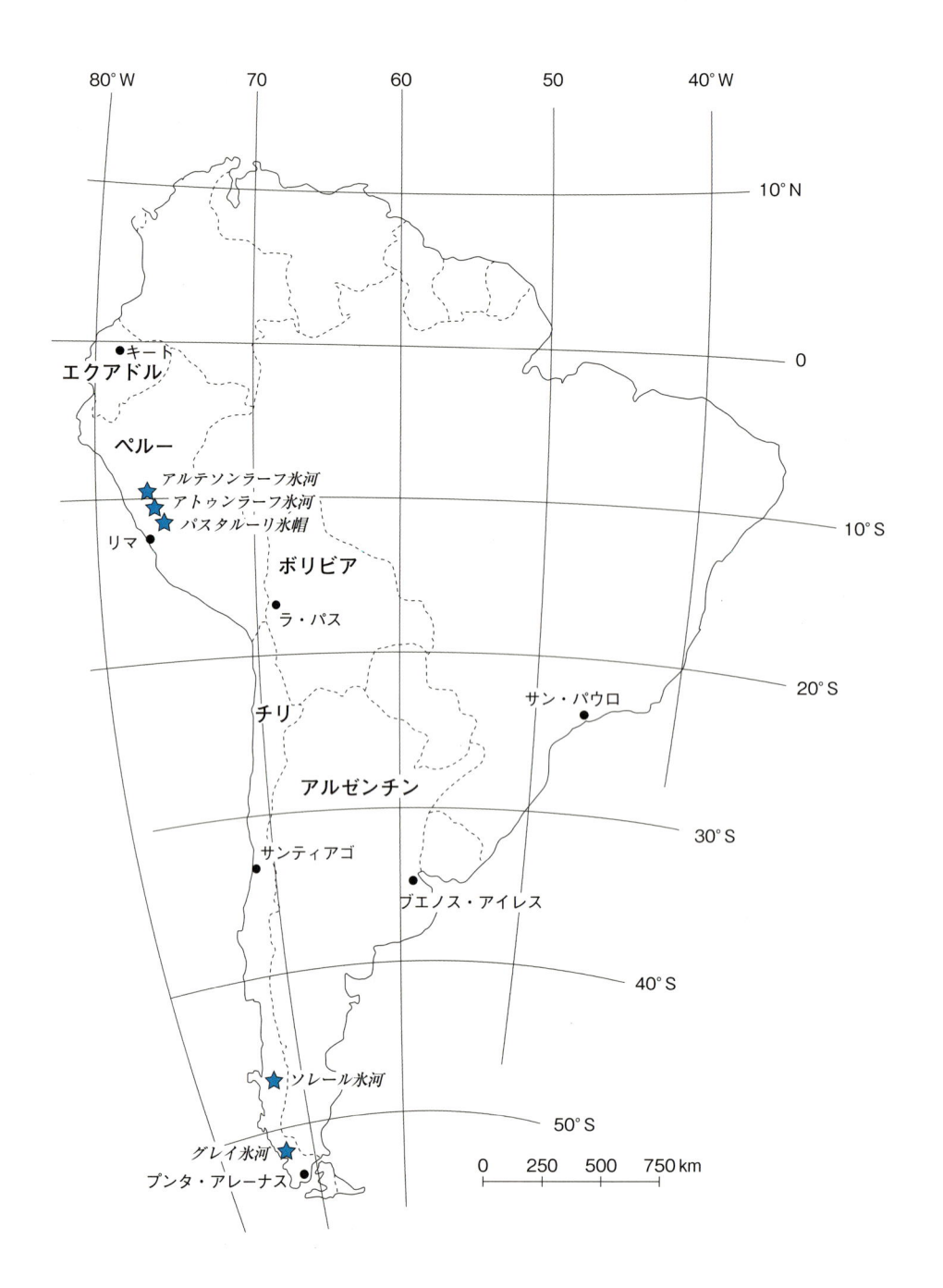

- キート
- エクアドル
- ペルー
- アルテソンラーフ氷河
- アトゥンラーフ氷河
- パスタルーリ氷帽
- リマ
- ボリビア
- ラ・パス
- チリ
- サン・パウロ
- アルゼンチン
- サンティアゴ
- ブエノス・アイレス
- ソレール氷河
- グレイ氷河
- プンタ・アレーナス

本書に登場する氷河の一覧図 | 279

ニュージーランド南島

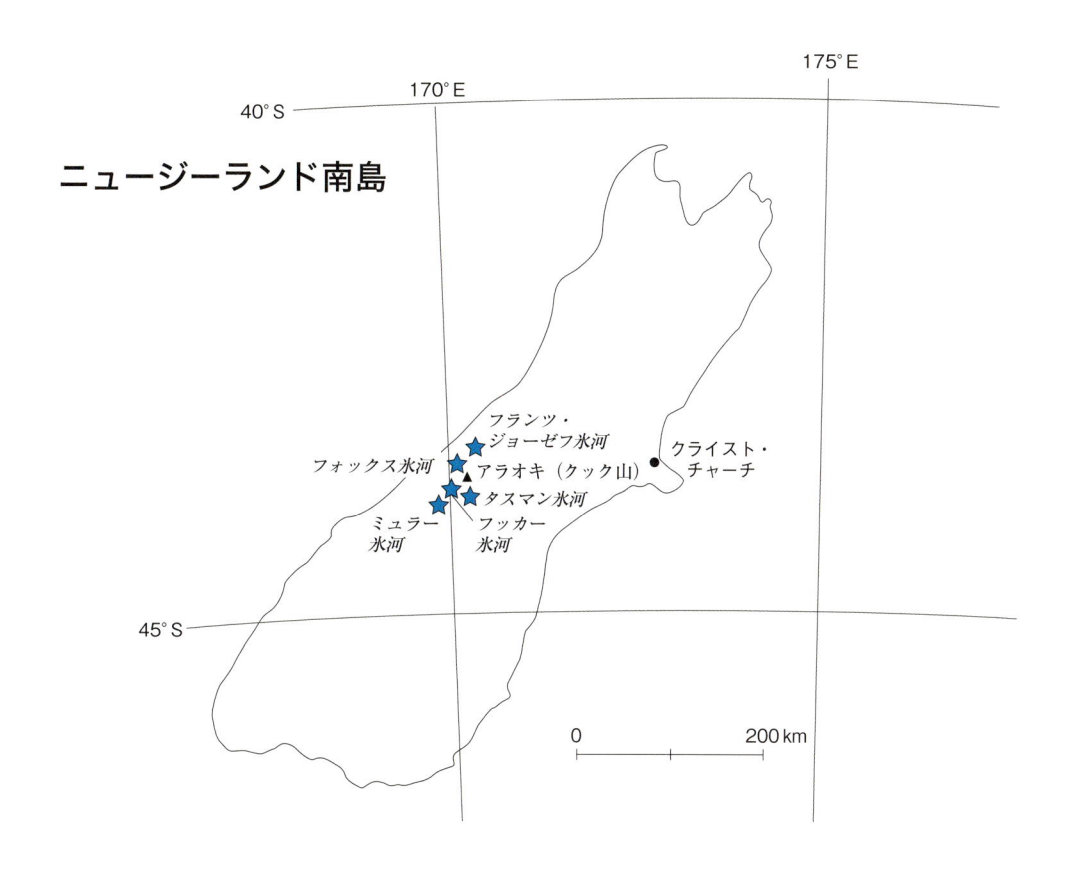

- フランツ・ジョーゼフ氷河
- フォックス氷河
- アラオキ（クック山）
- タスマン氷河
- ミュラー氷河
- フッカー氷河
- クライスト・チャーチ

南極

- エクストロム氷棚
- 昭和基地
- ラーセン氷棚
- フィルクナー氷棚
- シャンブルズ氷河
- ロンヌ氷棚
- パティ氷河
- ランバート氷河
- エイメリー氷棚
- 南極点
- パイン・アイランド氷河
- アムンゼン氷河
- アクセル・ハイバーグ氷河
- シャックルトン氷河
- ミル氷河
- ビアードムアー氷河
- ロス氷棚
- ヒューズ氷河
- テイラー氷河
- ローヌ氷河
- バーンズ氷河
- ジュース氷河
- エレバス氷河
- ヴィクトリア・ロアー氷河
- ライト・ロアー氷河
- マッケイ氷河

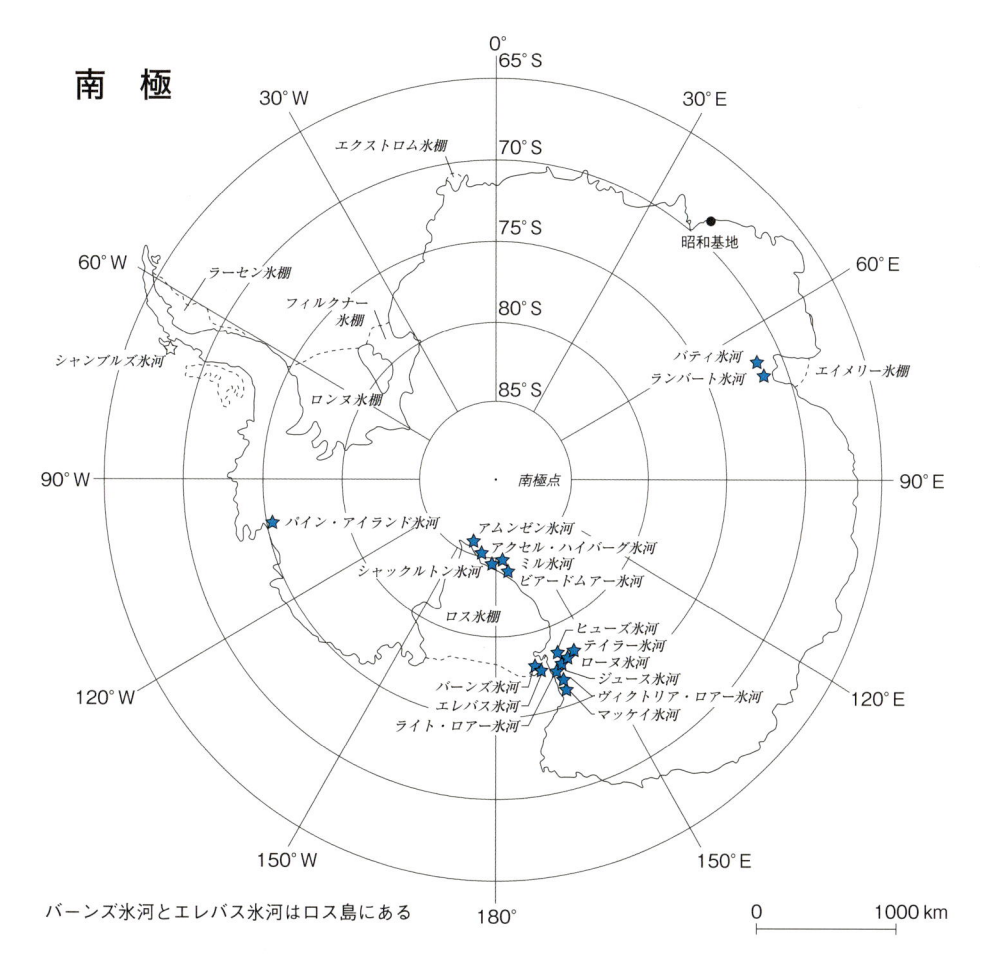

バーンズ氷河とエレバス氷河はロス島にある

用語解説

一部の専門用語の日本語訳は定まっていないため，原語と本書で採用した日本語訳の対応一覧を 290 ページ以降に付記した。太字は他の箇所に見出し語として存在するもの。（訳者）

アイス・エプロン　ice apron　高い山の頂上付近の急斜面に張り付いている急で滑らかな氷体。一般に氷ナダレのもとである。

アイス・シップ　ice ship　三角帆の形をした氷塔。典型的に高さ数メートルで，低緯度地域で強い日射による差別消耗によって形成される。氷船。

アイス・ストリーム　ice stream　氷床や氷帽の氷の流動が速い部分で，流動方向は必ずしも周りの氷と一致しない。縁はしばしば激しく剪断されてクレヴァスだらけの氷のゾーンとなる。氷流。参照：シアー・ゾーン　shear zone

アイスフォール　icefall　氷の流動が加速されクレヴァスがたくさんできる氷河の急な部分で，一般的に基盤岩の段の上に発達する。氷瀑。

アウトウォッシュ平原　outwash plain　氷河から流出している融氷水流によってデブリが広く堆積している平地。

圧縮流　compressive flow　氷河の流れ方の一つで，氷河の流動速度が遅くなり縦断方向に氷が圧縮されて厚くなる。

圧力融解点　pressure melting point　与えられた圧力のもとで氷が融ける温度。圧力によって氷河底での融点は 0℃以下となっている。

アブレイション・ヴァレー　ablation valley　ラテラル・モレイン（lateral moraine）のリッジと谷壁の間にできた二次的な谷の名称。

網状河川　braided stream　谷底で合流したり移動したりする支流がたくさんある比較的浅い河川。網状河川は氷河の下流に典型的に形成される。

アルヴィオン　aluvión　壊滅的な洪水や土石流。一般にモレイン堰止湖が決壊して起きる。大洪水。ペルーのスペイン語由来。

アレート　arête　両側からの氷河侵食によって形成される，鋭く狭いしばしば尖塔のあるリッジ。フランス語由来。グラート。岩稜。

安山岩　andesite　破壊的プレート境界での爆発的な噴火によって出てくる，石英が多く含まれた粘性の高い熔岩。

溢流水路　overspill (overflow) channel　氷河によるダム・アップの結果，溢れた融解水が丘や山を切って作った水路。

溢流氷河　outlet glacier　氷床（ice sheet），氷帽（ice cap），高所氷原（highland icefield）などから流れ出ている氷河舌。すなわち，はっきりした**涵養域**（accumulation area）がない。

運動波　kinematic wave　質量変化が下流へ伝播していく形。波は一定の流量を持ち，氷河自身よりも速く動く。運動波は氷河表面の膨らみとして見え，特にサージ

している氷河で顕著である。波が末端に到達すると氷河は前進する。キネマティック波。

永久凍土　permafrost　永久に凍っている地面。厚さは何百メートルにも達することがある。夏に表面の2〜3mが融けるだけである。

エスカー　esker　砂礫からなる長くて通常うねうねと曲がりくねったリッジ。氷河底トンネルの水流によって堆積された。ケルト語由来。

エラティック　erratic　氷河によってもとの場所から運ばれてきた基盤岩の大きな岩。迷子石。

縁線　trim-line　⇒トリムライン

オージャイヴ　ogives　アイスフォールで形成される弓形のバンド（帯）または波で、頂点が下流側にある。白と黒のバンドが交互にあるのはバンド・オージャイブあるいは'フォーブス'・バンド（forbes band）という。白黒のバンドまたは波の頂点と底の一組はアイスフォールにおける氷河の一年間の流動である。

温暖氷　warm ice　圧力融解の状態にある氷。融解温度は圧力がかかっている氷河底では0℃よりも少し低いだろう。

温暖氷河　temperate glacier（warm glacier）　冬に生じる限られた寒波浸透部分を除き、全体にわたって温度が圧力融解点以上にある氷河。

温度レジーム　thermal regime　温度分布によって決まる氷河の状態。温度体制。

海氷　sea ice　海水が凍ってできる氷（参考：同じように海に浮いている氷棚と氷山は、その起源が陸の氷河にある）。

火砕流堆積物　pyroclastic deposits　爆発的な火山噴火の産物。噴煙や流れの速い灰の濃い雲から落下したり、あるいは特に水と融解氷が混った土石が斜面を流れ下ると形成される。

火山性氷河突発洪水　jökulhlaup　⇒ヨクルフロウプ

カービング　calving　氷河から氷の塊が水の中へ分離するプロセス。氷山分離。氷塊分離。

岩丘＝湖地形　knock-and-lockan topography　凹凸の激しい、氷によって擦削された標高の低い場所の景観。露岩の小丘と湖や湿地となっている岩盤盆からなる。ケルト語由来。

岩盤盆　rock basin　氷河に削られて湖となっているあるいは海水が進入している基盤岩の窪地。

間氷期　interglacial period　今日のように、地表の一部を覆っている氷が極地や高所山岳地域などに限定されていた時期。

岩粉　rock flour　氷河底で基盤岩が粘土／シルトのサイズに粉砕されたもの。一般に氷河融水の浮遊堆積物として運ばれ、ミルク色になる。参照：**グレイシャー・ミルク　glacier milk**

涵養　accumulation　積雪、再凍結したスラッシュ、融氷水やフィルン（firn）などが積もっていくプロセス。年間の正味涵養は融解期の終わりに残っているものである。

涵養域　accumulation area　氷河表面の、通常標高の高いところでフィルンと氷河氷に変化していく雪の正味涵養がある地域。

寒冷氷　cold ice　圧力融解点以下にある氷で、乾燥している。

寒冷氷河　cold glacier　氷体が圧力融解点以下にある氷河で、基盤に凍りついてい

る。

キネマティック波　kinematic wave　⇒ 運動波

クム　cwm　サーク（cirque）のウェールズ語。ウェールズ以外でも一般用語として使われることがある。

クライオコナイト・ホール　cryoconite hole　氷河表面の小さなシリンダー状の穴。小さなデブリの集合体が日射を周りの氷よりも吸収し，下方へ早く融けることで形成される。

クラグ・アンド・テイル　crag-and-tail　氷河によって侵食された岩石丘で，下流側にティル（till）が堆積している。岩丘と尻尾。

グラート　Grat　ドイツ語由来。⇒ アレート

グレイシャー・ミルク　glacier milk　氷河からの融氷水。浮遊細粒物のためミルク色に見える。

クレヴァス　crevasse　伸長している氷河が破砕されて，氷河の上方の硬くてもろい部分に形成されるV字型の深い割れ目。

クレヴァス・トレース　crevasse traces　幅2～3cmの透明氷の細長い筋。テンションの下で両側の壁が離れずに破砕と再結晶化が起きて形成される。

グロウラー　growler　長さが最大2～3mの水面すれすれに浮いている氷河氷のかけら。ほとんどの場合，氷山片（bergy bit）よりも小さい。

ケイム　kame　急な斜面を持つ砂礫の丘。氷河縁沿いの氷河水流によって堆積された。ケルト語由来。

ケイム段丘　kame terrace　平らあるいは緩やかに傾いている平地。氷河縁の方へ，あるいは縁に沿って流れた水流で堆積され，氷河が後退したとき山腹斜面に残った。

結合谷　breached watershed　二つの大きな谷を分氷界をまたいで繋げている短い氷食谷。

ケトル（ケトル・ホール）　kettle (kettle hole)　氷河流出水流堆積物に覆われた地域に分布しているお椀のような形をした窪地で，しばしば池となっている。

圏谷　cirque　⇒ サーク

懸垂谷　hanging valley　合流する地点が主谷の側壁の上方にある支谷。主谷の氷河の下刻侵食がより激しいので形成される。

懸垂氷河　hanging glacier　高い位置にあるサーク（cirque）から流れ落ちている氷河，あるいは急な山腹斜面に張り付いている氷河。

玄武岩　basalt　建設的プレート境界での割れ目噴火で典型的に押し出されてくる流動性の高い熔岩。アイスランドが好例。鉄とマグネシウムが豊富な暗灰色の岩石。

高所氷原　highland icefield　ほぼ連続して広がっている氷河氷。表面は下の地形の凹凸に沿うように不規則で，ヌナタック（nunatak）がところどころ突き出ている。

黄道の傾き　obliquity of the ecliptic　4万1000年周期で起きる地軸の傾きの変化。地表に注ぐ日射量に影響する三つの天文学的要素のうちの一つ。地軸の傾き。

氷棚　ice shelf　海に浮かんでいる大きな板のような氷。陸と繋がっており，主として陸から流れてきた氷によって涵養される。

コーリー　corrie　サーク（cirque）の英国での呼び方。ケルト語の coire 由来。

コル　col　氷河がアレート（aréte）や山体を侵食してできた高い場所にある峠。フ

ランス語由来。

歳差 precession of the equinoxes　太陽を公転する時の1万9000年から2万3000年の周期の地球の自転の変化。地表に注ぐ日射量に影響する三つの天文学的要素のうちの一つ。

再生氷河 rejuvenated (regenerated) glacier　岸壁の下で氷ナダレによって涵養される氷河。

サーク cirque　肘掛け椅子の形をした急な側壁と背壁を持つ窪地。山腹の上方に氷食によって形成され，ばしば**ターン**（tarn）がある岩盤盆を持つ。圏谷。フランス語由来。参考：**コーリー**（corrie），**クム**（cwm）

サーク氷河 cirque glacier　サークにある氷河。

サージ surge　**サージ期**（surge phase）を参照。

サージ期 surge phase　流動が加速された短期の局面で，表面が破断されてクレヴァス網が形成される。サージは周期的であることが多く，その間は長いこと比較的不活発で停滞（参照：**静穏期**　quiescent phase）することもある。

サージ前線 surge front　サージしている氷としていない氷の境の非常に圧縮されたゾーン。このゾーンは一般的に膨らみがありゾーンの上流側はクレヴァスがなく，下流側はクレヴァスだらけである。サージ前線は急速に氷河内を伝わり，末端に達すると氷河は前進する。

擦痕 striae or striations　デブリが多く入っている氷が基盤岩の上を滑動する際の摩擦効果によってできる線状の細い引っ掻き痕。

擦痕のある striated　基盤岩あるいは石に流動した氷河によって擦すられた痕があること。

酸素同位体分析 oxygen isotope analysis　雪，氷，海洋堆積物に含まれている酸素の重い同位体と軽い同位体の比を分析する技術。地球上の氷の量が推定できることに加えて，間接的な気候の記録となる。

サンダー sandar　サンドゥー（sandur）の複数形。⇒ サンドゥー

サンドゥー sandur　複数はsandar，サンダー。砂礫からなる広い平地で氷河融解水が網状流となって流れている。サンドゥーは普通は谷壁に囲まれていなくて，一般に海岸辺りに形成される。アイスランド語由来。

山麓氷河 piedmont glacier　狭い山岳谷から広い谷や平地に出るところに，幅広いロウブとなって広がっている氷河。

シアー・ゾーン shear zone　激しく変形するゾーン。特に，流れの速い**アイス・ストリーム**（ice stream）と比較的ゆっくりと動く氷の境。変形は激しいクレヴァスとなって現れる。剪断ゾーン。

湿雪ゾーン wet snow zone　雪線付近に形成されるスラッシュのゾーン。融解シーズンの間，上流側へ移動していく。

質量収支 mass balance (mass budget)　涵養と消耗のバランスによる年々の氷河の健康状態の指標。ある年が正の質量収支の氷河は，消耗で失うよりも涵養で得た量の方が多かった。負の質量収支はその逆である。

褶曲 fold　氷河の深いところにある流れによって湾曲変形した氷の層。

条溝 groove　氷河の擦削によってできた形態。横壁と底には**擦痕**（striae or striations）があり，氷河流動方向と平行な向きで，一般的に幅，深さともに数メートルである。

衝上断層　thrust　⇒ スラスト

上積氷　superimposed ice　水で飽和した雪が凍結してできる氷。一般に，平衡線とフィルン線の間の氷河表面にでき，氷河の質量増加に寄与する。

小氷期　little ice age　世界規模で谷氷河やサーク氷河の前進があった時代で，最大前進は中緯度地域の多くでは西暦1700〜1850年頃，そして北極では1900年頃であった。

消耗　ablation　雪や氷が融解，昇華，カービングでなくなる過程。

消耗域／ゾーン　ablation area/ zone　消耗が涵養よりも多い氷河表面域で，通常は標高の低い部分。

植生線　trim-line　⇒ トリムライン

シル　sill　フィヨルドの入り口または岩盤盆と岩盤盆の間にある岩またはモレインの海中障害物。

シー・ロッホ　sea loch　フィヨルドのスコットランド語。参照：フィヨルド　fjord。

伸長流　extending flow　氷河の流れ方の一つで，氷河の流動速度が加速され縦断方向に氷が伸ばされて薄くなる。

水管　conduit　氷河内あるいは氷河底にある流水トンネル。樋。

スタピ　stapi　氷河下で噴火した火山。急な斜面と平らあるいはゆるやかなドーム状の頂を持つ。アイスランドの火山に因んでつけられたもので，現在は氷河に覆われていない。アイスランド語由来。トゥーヤ（tuya）と同義。

ストレイン　strain　ストレスが加わった結果，あるものが歪む量。歪み。

ストレス　stress　外力によって物質（例えば氷河）がどれくらい押しつけられたり引っ張られたりするかの尺度。圧力。

スノーボール・アース　snowball earth　後期原始期（10億年から5億6000万年前）に地球がほぼ完全に氷河で覆われたという仮説の名称。全球凍結。

スラスト　thrust　低角度の断層で，通常氷河が圧縮される場所に形成される。スラストは一般に底から延びており，デブリや転倒褶曲と関係している。衝上断層。

スラッシュ流れ　slush flow　slush avalanche，水で飽和した速く流れる雪の塊で，一般に初夏の雪融けがピークの時に起きる。スラッシュ・ナダレ。

スラッシュ・ナダレ　slush flow　⇒ スラッシュ流れ

静穏期　quiescent phase　サージする氷河がゆっくりと流動または停滞している時期。この時期は典型的に何十年で，サージ期が2〜3か月とか2〜3年なのと対照的である。

舌端　tongue　谷氷河のフィルン線より下流の部分。

接地線（接地ゾーン）　grounding line/ zone　氷体が海や湖に流入して浮き始めるところの線またはゾーンで，氷棚（ice shelf）やアイス・ストリーム（ice stream）の陸側である。

雪氷圏　cryosphere　陸と海の氷を含む地球上で氷に覆われている地域を指す一般的な用語。

セラック　sérac　クレヴァスとクレヴァスの間にある不安定な氷塔。アイス・フォールや氷河流動が加速される場所にあることが多い。フランス語由来。

全球凍結　snowball earth　⇒ スノーボール・アース

剪断ゾーン　shear zone　⇒ シアー・ゾーン

底　sole　参照：氷河底面　glacier sole

帯水層　aquifer　地下の貯水層。普通は間隙の大きい岩や氷河堆積物などの堆積層にある。

帯水面　water table　氷河内部の水で飽和している層の上限。基本的に温暖氷河に当てはまる。水は氷の結晶の境に沿って流れ，安定したレベルに達するまでムーランや水管（conduit）のような空洞の中に流れ込む。

堆積層化　sedimentary stratification　雪の堆積によって形成される年々の層で，フィルンには残り，時には氷河にも残る。

タイドウォーター氷河　tidewater glacier　海に末端がある氷河。一部の研究者たちはこの用語を末端が海底に接地している氷河のみに限っている。

多温氷河　polythermal glacier　温暖氷と寒冷氷（cold ice）の両方を持つ温度分布が複雑な氷河。典型的に，温暖氷は地熱の影響で氷河が最も厚い場所に存在する。

ダート・コーン　dirt cone　高さ数メートル程度のデブリに薄く覆われた三角錐（コーン）。デブリが融解を遅らせるので形成される。

谷氷河　valley glacier　谷の壁に限られている氷河で，高山，台地の氷帽，あるいは氷床から流下してくる。

卵が入ったカゴ地形　basket-of-eggs topography　ドラムリン（drumlin）という細長くて小さな丘が分布している広い低地。

ターン　tarn　氷河が削り掘った窪地，あるいはモレインによって堰き止められてできた窪地に溜まった小さな湖。

断層　fault　氷破壊によって壁が離れることなく形成される氷河内のズレ。破断面の両側の層がズレていることで分かる。

タンドラ　tundra　⇒ ツンドラ

地軸の傾き　obliquity of the ecliptic　⇒ 黄道の傾き

地熱　geothermal heat　地球表面から発生する熱。これは氷河底を圧力融解点まで暖めるので特に極地で効果がある。

チャターマーク　chattermark　基盤岩についている三日月型の摩擦クラックで，動いている氷の振動効果で作られる。

チャネル　channel　水路。ナイ水路（Nye channel）参照。

貯氷域　reservoir area　サージ氷河の上流域で，サージが始まるまで氷が下流に流れないでゆっくりと貯る場所。貯溜域。

貯溜域　reservoir area　⇒ 貯氷域

ツンドラ　tundra　主に植生限界より北の北極地域の永久凍土上に成育している灌木や小木がある地域。タンドラ。

底面滑り　basal sliding　基盤岩の上を氷河が滑ることで，普通は融氷水による潤滑効果によって起きるプロセス。

底面氷層　basal ice layer　融解と復氷（regelation）によってできた氷河底の氷層。層化がはっきりしていて激しく剪断されており，さまざまな量のデブリを取り込んでいる。

ティル　till　氷河によって直接堆積された泥，砂，礫が混ったもの。ティルの主なものは氷河下に堆積された氷河下ティル（basal till）と氷河表面から融けだした氷河上融出ティル（supraglacial meltout till）である。氷河下ティルはロッジメント・ティル（lodgement till，基盤に擦りつけられたもの）と融出ティル（meltout till，ゆっくり動いているあるいは停滞している氷から融けだしたもの）からなる。

ティル岩　tillite　ティルが固結した岩石。

デバックル　debâcle　壊滅的な洪水あるいは土石流。一般的に，モレイン堰止湖（moraine-dammed lake）あるいは氷河堰止湖が決壊して起きる。大洪水。フランス語由来。

テフラ　tephra　噴火の時に火山によって放出される灰や粗粒物質。火山灰。氷河のある地域では火山灰の層は氷河に保存され，氷河の流動でゆっくりと変形する。

テーブル状氷山　tabular iceberg　平頂の氷山で，氷棚，氷舌あるいは浮いているタイドウォーター氷河などから分離したもの。典型的に長さ数キロメートルである。

同位元素　isotopes　⇒ 同位体

同位体　isotopes　元素の種類。同じ化学的性質を持つが，物理的性質は厳密に同じではない。同位元素。

トゥーヤ　tuya　参照：スタピ　stapi

独立岩峰　nunatak　⇒ ヌナタック

トラフロ扇状地　trough-mouth fan　氷河が大陸棚の端まで前進していた時，大陸棚の端の傾斜が変換するところに堆積して形成した大規模な弓形の堆積地形。典型的に幅何十キロメートルである。

ドラムリン　drumlin　流線型の小丘。一般に昔の氷河の流動方向と平行に細長くて，氷河デブリからなるが岩盤が芯にあることがある。活発に動いている氷河の下に形成される。ケルト語由来。

ドリフト　drift　今でも使われている19世紀の用語で，氷河・融氷水・氷山によって堆積された未固結の堆積物を意味する。

トリムライン　trim-line　斜面上で植生のついているところとないところをはっきりと分けている線。縁線。植生線。植生のある斜面は長い間氷河に覆われなかったが，植生が貧弱な斜面は最近まで氷河に覆われていた。多くの地域で最も顕著な植生線は**小氷期**（little ice age）のものである。

ナイ水路（ナイ・チャネル）　Nye channel　高圧のもとにある氷河底水流によって基盤岩に掘られた水路。通常は幅1m以下で，幅より深いことが多い。英国の物理学者の名前に由来。

内部変形　internal deformation　氷河流動の一要素。堆積した雪とフィルンおよび重力の影響によって氷河氷が変形することにより流動する。

ヌナタック　nunatak　氷床や高所氷原の上に突き出ている独立した基盤岩あるいは山。イヌイット語由来。独立岩峰。

ハイアロクラスタイト　hyaloclastite　水の中で冷やされて粉々になった熔岩（普通は玄武岩）。氷河との関係では，この砕石化は熔岩が氷河底で噴出した時，氷河が瞬間的に融けるので起きる。

ピー（P）型体　p-forms（plastically moulded forms）　氷，融氷水そして氷河底堆積物が組み合わさった侵食力によって基盤岩に刻み込まれたさまざまな種類の滑らかで丸みを帯た地形。プラスティック成型地形。

氷河　glacier　氷の塊で大きさには関係ない。大部分が雪に涵養され，高い場所から低い場所へ連続的に流れる。

氷崖　ice cliff（ice wall）　氷の垂直の壁。通常氷河の末端が海にある時や水流によって下部が侵食されてできる。これらの用語はさらに特別に，氷床や氷帽の海側の

縁で海面すれすれあるいは海面下の基盤岩に形成され接地している崖を意味するのにも使われる。氷壁。

氷塊分離　calving　⇒ カービング

氷河がある　glacierized　現在氷河に覆われている土地のこと。参考：氷食された glaciated

氷河カルスト（地形）　glacier karst　デブリに覆われた停滞氷で，水が溜まった洞穴やトンネルがたくさんある。後退している氷河の末端によく見られる。

氷河湖決壊洪水　glacial lake outburst flood（GLOF）　氷河がターミナル・モレインから後退すると，不安定なデブリの山と埋もれた氷に堰き止められて，湖が形成されることがある。モレインが劇的に決壊すると壊滅的な洪水となる。一般的にアンデスやヒマラヤなどの高所山岳地域に見られる。

氷河時代　ice age　巨大な氷床が極地から中緯度地域までを覆っていた時代。用語は時によっては氷期（glacial period）と同義に使われることもあるし，あるいはいくつかの氷期を包含して地球の気候の歴史の中での主要な時期を意味することもある。氷床時代。

氷河上水流　supraglacial stream　氷河表面上を流れる水流。ほとんどの氷河表面流はムーラン（moulin）へ流れ込んで氷河の深いところや底へ落ちて行く。

氷河上デブリ　subpraglacial debris　氷河表面上を運搬されるデブリ。通常，落石が由来で角張っているのが特徴である。

氷河性洪水　jökulhlaup　⇒ ヨクルフロウプ

氷河堰止湖　ice-dammed lake　氷河によって堰き止められでできた，あるいは二つの氷河が合流する地点に形成された一時的な湖。

氷河前縁湖　proglacial lake　氷河の前面に発達する湖。普通，氷河末端域に特徴的にある未固結堆積物の丘によって堰き止められている。

氷河底水流　subglacial stream　氷河の底を流れる水流で，通常は氷河を侵食してトンネルを形成する。

氷河底デブリ　subglacial debris　氷河底の氷から解放されたデブリ。氷と基盤岩の間の摩耗で個々の石は通常丸みを帯びている。

氷河底面　glacier sole　基盤から取り込まれたデブリがたくさん入っている氷河底厚さ2～3mの部分。

氷河底融氷水路　subglacial meltwater channel　高圧の下にある氷河底水流によって侵食された，側壁が急あるいは垂直になっている谷。氷河内の水圧が十分高いので上方に流れることが可能で，下流に向かって逆傾斜となっている部分がある場合がある。

氷河テーブル　glacier table　氷の台座に乗っている岩石。夏の間，岩石が消耗を妨げる。

氷河内水流　englacial stream　氷河表面下の融氷水流で，氷河底や氷河側面へ流れる。

氷河内デブリ　englacial debris　氷河内部に散らばっているデブリ。源は涵養域で埋められたかクレヴァスに落ちた表面デブリ，あるいはスラストや褶曲で表面に運ばれた氷河底面デブリ。

氷河氷　glacier ice　氷河の中の氷，氷河に由来する氷など。陸上のものか氷山として海に浮いているかを問わない。

氷河流出河川（アウトウォッシュ）堆積物　glacial outwash deposits　氷河融解水流によって生産され再堆積された堆積物。

氷河流出口　glacier portal　氷河末端にあるトンネルの口。ここを通って氷河底水流が流出する。融氷水流出口。

氷期　glacial period/glaciation　地球の広い地域（現在の中緯度地域を含む）が氷に覆われた時期。過去200〜300万年に何回もの氷期があり，その間に**間氷期**（interglacial period）があった。氷期は地質時代全体を通じても散発的にあった。

氷山　iceberg　海や湖に末端がある氷河から分離した長さ何十メートルから何キロメートルの氷の塊。

氷山分離　calving　⇒ カービング

氷山片　bergy bit　長さがせいぜい数メートルの浮いている氷片で，一般に氷山が崩れてできる。

氷床　ice sheet　かなり厚くて面積が5万 km^2 以上ある氷と雪の塊。

氷床時代　ice age　⇒ 氷河時代

氷食された（氷河があった）　glaciated　過去に氷河によって覆われたことのある土地のこと。参考：**氷河がある**　glacierized

氷食谷　glacial trough/glaciated valley　氷河によって侵食された谷あるいは**フィヨルド**（fjord）。急な谷壁と平坦な谷底を持つことが多く，いくつかの岩盤盆がある。主に非常に狭まった流路を流れた氷により擦削されてできる。

氷舌（氷河舌）　glacier tongue (ice tongue)　海まで流れ出して浮いているアイス・ストリームや谷氷河の先端。両岸には岸壁がない。

氷船　ice ship　⇒ アイス・シップ

氷瀑　icefall　⇒ アイスフォール

氷壁　ice cliff (ice wall)　⇒ 氷崖

氷帽　ice cap　ドームのような形をした氷体。普通，高所に位置していて，面積が5万 km^2 以下である。参考：**氷床**　ice sheet

氷流　ice stream　⇒ アイス・ストリーム

氷礫粘土　boulder clay　⇒ ボウルダー・クレイ

ファーン　firn　⇒ フィルン

フィヨルド　fjord　谷氷河の侵食によってできた長くて狭い海の入り江。ノルウェイ語由来（北アメリカとニュージーランドでは fiord と綴る）。

フィルン　firn　密度の高い古い雪で，結晶が部分的にくっついているが，気泡はまだ繋がっている。ドイツ語由来。ファーン。

フィルン線　firn line　氷河上で消耗シーズンの終わりに裸氷と雪を分けている線。

フォリエイション　foliation　密に並んだ粗い気泡の入った氷でしばしば不連続である。粗い透明氷そして細粒氷の層のグループ。氷河深くで引っ張りあるいは圧縮によって形成される。葉理。

復氷氷　regelation ice　⇒ リジェレイション・アイス

不整合　unconformity　フィルンや氷の年層における不連続。連続して堆積した層が消耗によって切られることで生じる。

プラスチック成型地形　p-forms (plastically moulded forms)　⇒ ピー（P）型体

平衡線／ゾーン　equilibrium line/ zone　氷河表面上の，年間の消耗量と涵養量が同じ線あるいはゾーン（参考：**フィルン線**　firn line）。消耗シーズンの終わりに

決まり，一般的に上積氷（superimposed ice）と氷河氷の境である。

ベルクシュルント bergschrund 不規則なクレヴァスで，通常は**涵養域**（accumulation area）の氷斜面で動いている氷河氷が急な山腹斜面に張り付いている氷から離れるところに横切るようにある。ドイツ語由来。

放出物 ejecta 火山噴火の爆発的産物。

ボウルダー・クレイ boulder clay ティル（till）の英語名。氷礫粘土。今では氷河地質学者は使わなくなった。

ホエイルバック whaleback 氷河が侵食してできた滑らかで擦痕のある高さ数メートルの基盤岩の丘で，縦断面がクジラに似ている。

ホルン horn 急な側面を持つピラミッド型のピーク。三ないし四側面からのサーク氷河による背壁の侵食の結果，形成される。ホーン。

ホーン horn ⇒ ホルン

迷子石 erratic ⇒ エラティック

摩擦熱 frictional heat 氷河が基盤の上を流動する時の擦る効果で発生する熱。特にデブリが含まれていると効果的である。

末端 snout 谷氷河の消耗域の下部で，動物の鼻先のような形をしていることが多い。

三日月型えぐり crescentic gouge 普通長さ数センチの三日月型のえぐり。流動する氷の下で基盤岩が破砕して形成される。

ムーラン moulin 水流侵食によってできたポットホール（甌穴）。表流水が氷の弱い部分を侵食する。多くのムーランは径数メートルのシリンダー状の形をしており，途中に段がいくつかあることがあるが，氷河底まで達している。フランス語由来。

面的擦削 areal scouring 氷床による低地の基盤岩の広域侵食。

モレイン moraine 氷河によって直接に，あるいは押し上げられて積み上げられたデブリの顕著なリッジあるいは小山。物質は主としてティルであるが，流水・湖水・海洋堆積物も混ざることがある。縦に延びているモレイン（谷に平行）には，氷河の脇に沿って形成されるラテラル・モレイン（lateral moraine，側堆石），二つの氷河が合流するところの表面に形成されるメディアル・モレイン（medial moraine，中央堆石），氷河の流れに平行で，氷河の下にいくつかのリッジとして形成されるフルート状モレイン（fluted moraine，溝状モレイン）がある。横断方向のモレインには，氷河の末端に形成されるターミナル（あるいはエンド）・モレイン（terminal (end) moraine），後退傾向にあって一時的に停滞した時に形成される後退モレイン（recessional moraine），そして氷河が後退している時の冬の一時的な前進で形成される年成モレイン（annual moraine）の集合がある。プッシュ（押し上げ）・モレイン（push moraine）は多温氷河が前進している時にその前面にできるもので，形はもっと複雑である。氷河が堆積したデブリの小山が乱雑に分布している場合は，ハンモック状モレイン（hummocky moraine）と呼ぶ。

モレイン堰止湖 moraine-dammed lake 氷河がターミナル・モレインから後退してできる湖。モレインが不安定なダムとなる。参考：**氷河湖決壊洪水** glacial lake outburst flood

融氷水流出口 glacier portal ⇒ 氷河流出口

雪湿原 snow swamp 氷河表面にある水で飽和した雪原。

葉理　foliation　⇒ フォリエイション

ヨクルフロウプ　jökulhlaup　火山噴火の時に氷河から突然，しばしば大惨事を引き起こすような水が噴出してくること。用語は氷河堰止湖の決壊や氷河内部の貯留腔からの流出による洪水を指すのにも使われる。火山性氷河突発洪水。氷河性洪水。

ラハール　lahar　主に火山灰と熔岩岩石からなる土石流。火山噴火の時の豪雨や雪・氷が融けて未固結の堆積物と混ざり，高速度のどろどろした舌状になる。

ラントクルフト　randkluft　岸壁と氷河源頭の急なフィルン／氷との間の狭いギャップ。ドイツ語由来。

リーゲル　riegel　氷食谷を横切るようにある岩盤の障害物。通常，堅い岩からなり，上流側に滑らかな面を，下流側に粗い面を持つ。ドイツ語由来。

リジェレイション・アイス　regelation ice　氷河底で圧力が変化することによって融氷水が再凍結してできる氷。復氷氷。

離心率　eccentricity　地球の楕円軌道の形が10万年と40万年で変わること。地表に注ぐ日射量に影響する三つの天文学的要素のうちの一つ。

流走距離　run-out distance　氷ナダレが発生源から（停止点まで）流れ下る距離。

リル　rill　氷河や堆積物の表面に流水によって形成される小さな水路。普通は幅2～3cmで一時的なものである。

レス　loess　風成シルト。しばしば氷河前面のアウトウォッシュ平野に堆積した細粒物質に由来し，供給源から長距離運ばれて来ている。

ロシュム・トンネー　roche moutonnée　岩石の小丘で，上流側は氷河によって擦削されて緩やかに傾斜した滑らかな斜面で，下流側は氷河によってむしり取られた粗い面となっている。フランス語由来。

●原語と本書で採用した日本語訳の対応一覧

ablation → 消耗, ablation area/ zone → 消耗域／ゾーン, ablation valley → アブレイション・ヴァレー, accumulation → 涵養, accumulation area → 涵養域, aluvión → アルヴィオン, andesite → 安山岩, aquifer → 帯水層, areal scouring → 面的擦削, arête → アレート

basal ice layer → 底面氷層, basal sliding → 底面滑り, basalt → 玄武岩, basket-of-eggs topography → 卵が入ったカゴ地形, bergschrund → ベルクシュルント, bergy bit → 氷山片, boulder clay → ボウルダー・クレイ，氷礫粘土, braided stream → 網状河川, breached watershed → 結合谷

calving → カービング，氷山分離，氷塊分離, channel → チャネル, chattermark → チャターマーク, cirque → サーク，圏谷, cirque glacier → サーク氷河, col → コル, cold glacier → 寒冷氷河, cold ice → 寒冷氷, compressive flow → 圧縮流, conduit → 水管, corrie → コーリー, crag-and-tail → クラグ・アンド・テイル, crescentic gouge → 三日月型えぐり, crevasse → クレヴァス, crevasse traces → クレヴァス・トレース, cryoconite hole → クライオコナイト・ホール, cryosphere → 雪氷圏, cwm → クム

debâckle → デバックル, dirt cone → ダート・コーン, drift → ドリフト, drumlin → ドラムリン

eccentricity → 離心率, ejecta → 放出物, englacial debris → 氷河内デブリ, englacial stream → 氷河内水流，equilibrium line/ zone → 平衡線／ゾーン，erratic → エラティック，迷子石，esker → エスカー，extending flow → 伸長流

fault → 断層，firn → フィルン，ファーン，firn line → フィルン線，fjord → フィヨルド，fold → 褶曲，foliation → フォリエイション，葉理，frictional heat → 摩擦熱

geothermal heat → 地熱，glacial lake outburst flood (GLOF) → 氷河湖決壊洪水，glacial outwash deposits → 氷河流出河川（アウトウォッシュ）堆積物，glacial period/glaciation → 氷期，glacial trough/glaciated valley → 氷食谷，glaciated → 氷食された（氷河があった），glacier → 氷河，glacier ice → 氷河氷，glacier karst → 氷河カルスト（地形），glacier milk → グレイシャー・ミルク，glacier portal → 氷河流出口，融氷水流出口，glacier sole → 氷河底面，glacier table → 氷河テーブル，glacier tongue (ice tongue) → 氷舌（氷河舌），glacierized → 氷河がある，grat → グラート，groove → 条溝，grounding line/ zone → 接地線（接地ゾーン），growler → グロウラー

hanging glacier → 懸垂氷河，hanging valley → 懸垂谷，highland icefield → 高所氷原，horn → ホルン，ホーン，hyaloclastite → ハイアロクラスタイト

ice age → 氷河時代，氷床時代，ice apron → アイス・エプロン，ice cap → 氷帽，ice cliff (ice wall) → 氷崖，氷壁，ice-dammed lake → 氷河堰止湖，ice sheet → 氷床，ice shelf → 氷棚，ice ship → アイス・シップ，氷船，ice stream → アイス・ストリーム，氷流，iceberg → 氷山，icefall → アイスフォール，氷瀑，interglacial period → 間氷期，internal deformation → 内部変形，isotopes → 同位体，同位元素

jökulhlaup → ヨクルフロウプ，火山性氷河突発洪水，氷河性洪水

kame → ケイム，kame terrace → ケイム段丘，kettle (kettle hole) → ケトル（ケトル・ホール），kinematic wave → 運動波，キネマティック波，knock-and-lockan topography → 岩丘＝湖地形

lahar → ラハール，little ice age → 小氷期，loess → レス

mass balance (mass budget) → 質量収支，moraine → モレイン，moraine-dammed lake → モレイン堰止湖，moulin → ムーラン

nunatak → ヌナタック，独立岩峰，Nye channel → ナイ水路（ナイ・チャネル）

obliquity of the ecliptic → 黄道の傾き，地軸の傾き，ogives → オージャイヴ，outlet glacier → 溢流氷河，outwash plain → アウトウォッシュ平原，overspill (overflow) channel → 溢流水路，oxygen isotope analysis → 酸素同位体分析

p-forms (plastically moulded forms) → ピー（P）型体，プラスティック成型地形，permafrost → 永久凍土，piedmont glacier → 山麓氷河，polythermal glacier → 多温氷河，precession of the equinoxes → 歳差，pressure melting point → 圧力融解点，proglacial lake → 氷河前縁湖，pyroclastic deposits → 火砕流堆積物

quiescent phase → 静穏期

randkluft → ラントクルフト，regelation ice → リジェレイション・アイス，復氷氷，rejuvenated (regenerated) glacier → 再生氷河，reservoir area → 貯氷域，貯溜域，riegel → リーゲル，rill → リル，roche moutonnée → ロシュム・トンネー，rock basin → 岩盤盆，rock flour → 岩粉，run-out distance → 流走距離

sandur → サンドゥー，sandar → サンダー，sea ice → 海氷，sea loch → シー・ロ

ッホ，sedimentary stratification → 堆積層化，sérac → セラック，shear zone → シアー・ゾーン，剪断ゾーン，sill → シル，slush flow → スラッシュ流れ，スラッシュ・ナダレ，snout → 末端，snow swamp → 雪湿原，snowball earth → スノーボール・アース，全球凍結，sole → 底，stapi → スタピ，strain → ストレイン，stress → ストレス，striae or striations → 擦痕，striated → 擦痕のある，subglacial debris → 氷河底デブリ，subglacial meltwater channel → 氷河底融氷水路，subglacial stream → 氷河底水流，superimposed ice → 上積氷，subpraglacial debris → 氷河上デブリ，supraglacial stream → 氷河上水流，surge → サージ，surge front → サージ前線，surge phase → サージ期

tabular iceberg → テーブル状氷山，tarn → ターン，temperate glacier（warm glacier）→ 温暖氷河，tephra → テフラ，thermal regime → 温度レジーム，thrust → スラスト，衝上断層，tidewater glacier → タイドウォーター氷河，till → ティル，tillite → ティル岩，tongue → 舌端，trim-line → トリムライン，縁線，植生線，trough-mouth fan → トラフ口扇状地，tundra → ツンドラ，タンドラ，tuya → トゥーヤ

unconformity → 不整合

valley glacier → 谷氷河

warm ice → 温暖氷，water table → 帯水面，wet snow zone → 湿雪ゾーン，whaleback → ホエイルバック

主要文献

　これは氷河と氷河の産物に関する最近の本の選定リストである。高校，大学学部生，大学院生に加えて，より広い一般の読者にも適している本も挙げてある。

◉一般書

Gordon J. *Glaciers*. Grantown-on-Spey. Scotland: Colin Baxter Photography, 2001.
　素晴らしいカラー写真が載っている薄いペーパーバックの本。短い簡単な説明がある。

Hambrey, M. J. & Alean, J. *Glaciers*. Cambridge: Cambridge University Press, 1992.
　この本の第一版で，教養のある素人向けに書かれている。白黒写真とカラー写真（この本のものとはほとんど違う）を強調している。

Post, A. & LaChapelle, E. R. *Glacier Ice*. Seattle: University of Washington Press; Cambridge: The International Glaciological Society, 2000.
　今は収集家のものとなっている1971年に出版された同じタイトルの大判の本を新しくして縮小したもの。特にアラスカと北アメリカ西部の氷河の目を見張るような白黒空中写真が素晴らしい。情報が凝縮されたテキストで氷河の作用を説明している

Sharp, R. P. *Living Ice*. Cambridge: Cambridge University Press, 1988.
　情報に満ちた本で，カラーと白黒写真を使って教養のある素人向けに学術用語を最小限にして書いてある。北アメリカを強調。

◉教科書

Benn. D. J. & Evans, D. J. A. *Glaciers and Glaciation*, London: Arnold, 1999.
　大学レベルの教科書。氷河と氷河地質を幅広くかなり細かくカバーしている。網羅した参考文献と相まって，この本は分野の学問水準を代表するもので学部生にとっては必読である。

Bennett, M. R. & Glasser, N. F. *Glacial Geology: Ice Sheets and Landforms*. Chichester: John Wiley & Sons, 1996.（訳者註：2009年に第2版のペーパーバックが，2010年にハードカバーが出版された）
　学生用の読みやすい教科書。対象を幅広くカバーしている。ユニークなのは'ボックス'があり，興味深い論文について詳しく説明している。

Hambrey, M. J. *Glacial Environments*. Vancouver: University of British Columbia Press; London: UCL Press, 1994.
　たくさんの白黒写真と丁寧な図を多く使った学部生用の教科書。堆積物と地形を強調し，特に海洋環境について詳しい。

Knight, P. J. *Glaciers*. Cheltenham: Stanley Thornes (Publishers) Ltd., 1999.

学部／大学院のレベルの教科書。氷河の挙動について数学の知識があまりない人にも分かるように書いてある。

Menzies, J., ed. Modern *Glacial Environments: Process, Dynamics and Sediments*. Oxford: Butterworth-Heinemann, 1995.
それぞれの分野のエクスパートによる氷河環境のさまざまな面に関する論文集。主として研究者や学部上級生向き。その分野の文献を捜すのに良い。

Nesje, A. & Dahl, S. O. *Glaciers and Environmental Change*. London: Arnold, 2000.
比較的短いが，地球環境変化という視点から，幅広く雪氷学と氷河地質の基本をカバーしている。

Paterson, W. S. B. *Physics of Glaciers*. 3rd edn. Oxford: Pergamon, 1994.
氷河の形成と挙動に関する物理的原理を扱った最高で最新の一冊。高いレベルの数学と物理の知識が必要であるが，なくてもそれなりに興味深いことを見いだせる。（訳者註：2010年6月にCuffy, K. & Paterson, W. S. B. *The Physics of Glaciers*, 4th edn, Elsevierとして改訂版が出ている）

Siegert, M. J. *Ice Sheets and Late Quaternary Environmental Change*. Chichester: Wiley, 2001.
現在と過去の氷床，氷床の形成の仕方，どのようにしてモデルで氷床の大きさが予測できるか，などの幅広いレビュー。学部生に適当であるが，研究者にも有用である。

●氷河モニタリングと安全確保

Kaser, G., Fountain, A. & Jansson, P. A. *A Manual for Monitoring the Mass Balance of Mountain Glaciers*. International Hydrological Programme. IHP-VI Technical Documents in Hydrology No. 59, UNESCO, Paris, 2003.
http://unesdoc.unesco.org/images/0012/001295/129593e.pdf.
この公式技術報告書は，クレヴァス救助を含む山岳氷河の安全な歩き方を詳しく説明している。他の登山マニュアルにも普通氷河の歩き方に関するセクションがある。

●ウェブサイト

2003年8月，グーグルで'氷河'と入力したら45万件出てきた。これから選ぶのは大変である。特に政府や大学のものは役に立つ。情報の宝庫であるから読者は自分自身で捜すことを奨める。筆者らの興味に関する情報は以下にある。

Jürg Alean: http://www.swisseduc.ch/stromboli/
Michael Hambrey: http://www.aber.ac.uk/glaciology/

訳者あとがき

　多くの読者にとって，この本を手に取ってパラパラとページをめくった時の強烈な第一印象は，たくさんの美しい珍しい写真に満ちているということであろう。そして，この写真のほとんどが著者によって撮られているのである。二人の著者のうち，マイクル・ハンブリー教授は個人的に良く知っているので少し経緯を書きたい。

　1999年，マイクの同僚，ニール・グラサーとパタゴニアの共同研究の打ち合わせを行なうためにウェールズ大学アベリストゥイス校（現在はアベリストゥイス大学と名前が変わっている）を訪れた。その時マイクの家に泊めてもらいお世話になった。彼とは1996年にウェールズのバンゴーにあるウェールズ師範学校の宿舎で初めて会った。この時，私は文部省の在外研究でエディンバラ大学に滞在しており，地理学科の3年生対象の野外巡検に参加させてもらい，スノードンの氷河地形を見に来ていた。その時，マイクとニールが当時教えていたリヴァプール・ジョン・ムアー大学の学生を野外巡検に連れて来ていて，同じ師範大学の寮に泊まっていた。当時，マイクはイギリス第四紀学会の会長をしていた。その後，イギリス第四紀学会の巡検でラム島に行った時にも会い，親しく話をした。また，その年の7月にノルウェイで開かれた国際雪氷学会に行った時のことである。ベルゲンで一泊しそこからバスと船を乗り継いで会場まで行くのだが，その夜，私は一人で夕食を食べる場所をブラブラと捜していた。そうしたら，やはり一人でブラブラと食堂を捜していた彼と町の中でばったり出会った。そして一緒に食事をしたが，その時，彼は非常に質素な食事をしたのが印象に残っている。

　その後，彼はウェールズ大学アベリストゥイス校へ移った。彼の家は大学がある町から少し離れた田舎にあり，自分の敷地内に小川が流れ氷河地形があるのを自慢にしていた。そんな彼の家に3泊させてもらい，近くの氷河地形のある山へ案内してもらった。その時の彼の写真の撮り方をみて，この本の素晴らしい写真の理由が分かった。私はいつも記録として写真を撮っているが，彼は記録はもちろんであるが，それに芸術性をつけて撮っているのである。また，謝辞で述べているが，彼は羨ましいくらい世界中の氷河を訪れていろいろな国のいろいろな研究者と交流し，共同研究を行なっている。これは泊めてもらった経験から，一重に彼の人柄によるものであることが分かる。

　氷河と氷河地形の美しさは格別で，有名なスイスのツェルマットやフランスのシャモニーに夏行くと，日本人観光客，特に若い女性と中高年の男性・女性がたくさんいる。これほど，氷河と氷河地形の風景は人気がある。日本でも南・北・中央アルプスや北海道の日高山脈や大雪山などに行けば，小さいながらも氷河地形は見られる。しかし，現在は万年雪，雪渓はあっても氷河はない。

　美しい景色を眺めるのは飽きない。しかも電車，ロープウェイなどで簡単に行けるヨーロッパ・アルプスの3000～3500mでなら，なおさらである。しかし，見ているといろいろな疑問が湧いてくると思う。例えばこの氷河は昔からあったのだろうか，

なぜあの山はあんな格好をしているのだろうか。なぜ谷のところどころにブルドーザーで掻いたような岩屑の山があるのだろうか，などなど。そのような疑問に答えてくれるのが，この本である。ともすれば，専門的になりがちなトピックスを誰にでも分かるように平易に書き，しかも見事な写真がふんだんにある，というのは読みやすい。さらに，氷河や氷河地形に興味を持っている学生の入門書としても非常に優れている。また，氷河と人間との関わり，さらに地球環境，特に温暖化と氷河の関係，そしてそれによる地球の未来について多くの例を挙げて，専門家でなくても理解できるように書いてある。このように氷河に関するさまざまな面を広く扱った本は他にない。氷河に関する知識の少ない人は最初から読んだ方が分かりやすいが，ある程度の知識がある人は章ごとにトピックが分かれているので，必ずしも順序どおりに読む必要はない。自分の興味を引く章から入っていくのも一つの読み方である。

　1992年に出版されたこの本の第一版は，その年，パタゴニアの氷河・氷河地形調査へ初めて連れて行く院生に入門書として読ませた。その時，やはり写真の豊かさと平易な内容が印象的であった。そして1999年にマイクを尋ねた時，彼はこの本の改訂版を作っていると言っていた。それで，私はぜひ訳したいと彼に話をした。これが今回の翻訳に至った経緯である。原文の最後にもあるが，この訳本を読んで少しでも氷河とそれに関連したさまざまな地球科学的現象に興味を覚える人がいれば，訳者としても嬉しい。

　現地名は著者に問い合わせてできるだけ現地発音に近いものにするよう努めた。また，出てくる地域や氷河名に染みが薄いと思われるものを，原本にはないが地図を加えて示した。植物名の和訳については筑波大学大学院生命環境科学研究科の中村徹教授にご教示いただいた。

　この本の翻訳を快諾してくれた原著者ならびに出版を決断された原書房の代表取締役成瀬雅人氏のご好意により，この氷河に関する素晴らしい本を日本の読者に届けることが可能となった。編集の労は第二編集部の中村剛氏にとっていただいた。関係者の皆様に感謝する次第です。

2010年4月

安仁屋政武

地名索引 太字は写真あるいは図版

アイガー Eiger **78**
アイスバーグ氷河 Iceberg Glacier **71**
アイスランド Iceland 10, **54**, 68, 87, 98, **100**, 123, **124**, 125, **129**, 130, 133, 153, **180**
アイルランド Ireland 152, 247
アオラキ（クック山）Aoraki (Mount Cook) ⇒ クック山
アクセル・ハイバーグ島 Axel Heiberg Island xii, **16**, **18**, **31**, **36**, **37**, **52**, **58**, **71**, **93**, **98**, **99**, **160**, **163**, **164**, **166**, **215**
アクセル・ハイバーグ氷河 Axel Heiberg Glacier 108
アシニボイン山 Mount Assiniboine 142
アストロ湖 Astro Lake **98**
アストロレイブ氷河底盆地 Astrolabe Subglacial Basin 108
アスパイアリング山 Mount Aspiring 142
アデレイド島 Adelaide Island **222**
アトゥンコーチャ Hatuncocha 194
アトゥンラーフ Hatunraju 198, **199**, 200, **201**
アドミラルティ入江 Admiralty Sound **6**
アナック・イーガック Aonach Eagach 142
アフリカ Africa 4, 47, 139, 181, 235, 239, 241-243, **241**
アベリストゥイス Aberystwyth 186
アマ・ダブラム Ama Dablam **137**, 142
アムンゼン氷河 Amundsen Glacier 106
アメリカ（合衆国）USA 46, 64, 116, **122**, 127-128, **128**, 135, 152, **170**, 182, 195, **210**, 226, **227-229**, 232, **233**, 246, 250, **255**, 260
アラスカ Alaska 12, 15, **22**, 41, 43-45, 66, 68, 78, 79, 87, 127, 145, 163, 170, 177, 183, 226, 265
アラビア半島 Arabian Peninsula 242
アラリン氷河 Allalingletscher 38, 193
アラン島 Isle of Arran 142, **254**
アリューシャン列島 Aleutian Islands 123, 127
アルウェイコーチャ谷 Arhueycocha valley 194
アルゼンチン Argentina 89, 178, 208, 268
アルテソンコーチャ Artesoncocha 200, **201**
アルテソンラーフ Artesonraju **32**, **48**, 200
アルテルス Altels 193
アルパマーヨ Alpamayo 194
アルプス Alps 3, 30, 33, 37, 38, 40, 49, 62, 68, 75, 87, 94, 139, 142, 173, 178, 180, 191, 206, 215, 218, 233, 264
アルメロ Armero 125

アローラ Arolla 186
アローラ・オート氷河 Haut Glacier d'Arolla 28, 94, **179**
アローラ山（ピーニャ・ダロラ）Pigne d'Arolla 82
アローラ・バース氷河 Bas Glacier d'Arolla 60
アンデス Andes 11, **11**, 28, **51**, 60, 83, 96, 123-125, 193, 227, **262**, 266-278
アントファガスタ Antofagasta 126
イ・ガーン Y Garn 139
イースト・アングリア East Anglia 182
イタリア Italy 49, 68, 75, 142, 183, 206-207, 246
イタリア・アルプス Italian Alps 184, **206**, 206
イーデン谷 Eden Valley 152
イムジャ・ツォ（イムジャ湖）Imja Tsho 202
イムジャ氷河 Imja Glacier 95, **149**, 205
イーモンズ氷河 Emmons Glacier 128
イングランド England 139, 142, 147, 152, 182-184, 265
インド India 178, 235
インド洋 Indian Ocean 265
ヴァイスホルン Weisshorn **136**, 142, 196
ヴァイスミエス Weissmies **22**
ヴァイタス湖 Vitus Lake 64-65, **67**
ヴァイナ・ポトシ Huayna Potosi **177**
ヴァトナ氷帽 Vatnajökull 98, 101, **129**, 130, 153
ヴァライス Valais 28, 38, **60**, **63**, **136**, **146**, 180, **185**, **189**, 191, **212**
ウァラース Huaráz **51**, 182, 193-194, **196**, 198, 201á
ウァルカン Hualcán 200
ヴァルディヴィア Valdivia 126
ヴァルデス Valdez 45, 65
ヴァレリー氷河 Valerie Glacier 46, **50**
ヴィクトリア・ランド Victoria Land 107-108, **113**
ヴィクトリア・ロワー氷河 Victoria Lower Glacier 113
ヴィジャリカ Villarrica 126
ウィスキー湾 Whisky Bay **49**, 125
ヴィーベッカ氷河 Vibeke Gletscher 92
ウィルクス＝ペンサコーラ盆地 Wilkes-Pensacola Basin 110
ウィルクス・ランド Wilkes Land 108
ウィルソン氷河 Wilsonbreen **218**, **231**
ヴィンソン山 Vinson Massif 105
ヴェアリアゲイテッド氷河 Variegated Glacier 59, 66, 68, 71-73, 79
ウェイド山 Mount Wade 106
ウェスターン・クム Western Cwm **7**, 142

ヴェスト氷帽 Vestfonna 10
ヴェストフォールド・ヒルズ Vestfold Hills 144
ウェッデル海 Weddell Sea **6**, 11, 113, 118
ヴェネズエラ Venezuela 47
ウェリントン Wellington 78, 127
ウェールズ Wales **3**, 10, 139, **139**, 142, 147, 148, 183-184, 186
ヴォストーク基地 Vostok Station 115-116, 226, 249-250, **249**
ヴォストーク湖 Lake Vostok 115-116, 118
ウォーディー氷棚 Wordie Ice Shelf 118
ウォード・ハント氷棚 Ward Hunt Ice Shelf 11
ウォルコット・サーク Walcott Cirque 139
ウルフ山 Wolf Mountain **162**
ウルムチ1号氷河 Urmqui No. 1 Glacier 72
ウンターアール氷河 Unteraargletscher 49, 53, 79
ウンテレ・グリンデルヴァルト氷河 Untere Grindelwaldgletscher 38
英国 Great Britain 2, 135, **140**, 142, **145**, 146, **150**, 183, 184, 186, 211, 221, **222**, 233, **234**, 250, **252**, 254
エイメリー・オアシス Amery Oasis 13
エイメリー氷棚 Amery Ice Shelf 13, 70, **107**
エヴァンズ岬 Cape Evans 115
エヴェレスト山 Mount Everest **7**, 29, 142, 202, 217, 230
エウローパ（木星の衛星）Europa, moon of Jupiter 116
エクアドル Ecuador 125-126
エクストレーム氷棚 Ekstroem Ice Shelf 111, **232**, 232
エッゲン Eggen 191
エツタール，エツ谷 Oetztal 208
エドワード・ベイリー氷河 Edward Bailey Gletscher 56
エラ・エ Ella Ø 239
エル・カピタン El Capitan **141**, **255**
エルズミア島 Ellesmere Island 11
エルズワース山脈 Ellsworth Mountains 105, 110
エレバス山 Mount Erebus 109, **131**, **132**, 227
エレバス氷河舌端 Erebus Glacier Tongue 109
エンガディン Engadin 26, 38, **174**, 180
エンゲルスクブクタ Engelskbukta **57**
エンゲルベルク Engelberg 180

オクススコルテン　Oksskolten　13
オクスティンダン　Okstindan　70
オスト氷帽　Austfonna　10
オーストラリア　Australia　3-4, 9, 139, 181, 226, 235, 243, 246
オーストリア　Austria　68, 73, 179, 184, 208
オーストリア・アルプス　Austrian Alps　208
オストレ・オクスティンド氷河　Austre Okstindbre　13, 94
オストレ・ローヴェン氷河　Austre Lovénbreen　88
オソルノ　Osorno　123, 126
オニックス川　Onyx River　96
オーバーアール氷河　Oberaargletscher　2, 172
オーベレー・グリンデルヴァルト氷河　Oberer Grindelwaldgletscher　38
オムティラポ　Omutirapo　242
オランダ　Holland, Netherlands　70, 204, 246, 266
オーレイヴァ氷帽　Oraefajökull ice cap　54
オンタリオ　Ontario　238, 241
オンビーゲイチャン　Ombigaichan　17
カイザー・フランツ・ヨーゼフ・フィヨルド　Kejser Franz Josef Fjord　142
カオコヴェルト　Kaokoveld　240, 242
カークパトリック山　Mount Kirkpatrick　108
カシャパンパ　Cashapampa　194
カスケード山脈　Cascade Range　41, 124
カスケード氷河　Cascade Glacier　40
カズベック　Kasbek　195
火星　Mars　123
カッパー川　Copper River　97
カーディガン　Cardigan　148
カドアイール・イドゥリス　Cadair Idris　186
カトラ　Katla　98, 101
カナダ　Canada　11, 12, 16, 70, 72, 146, 153, 163, 238, 241, 249, 263, 265
カナダ盾状地　Canadian Shield　146
カナダ北極圏　Canadian Arctic　xii, 12, 15, 16, 18, 31, 36, 37, 52, 58, 93, 98, 160, 215
河南省, 中国　Henan Province, China　240
カペル・キューリッグ　Capel Curig　3
カーマドン　Karmadon　195
カムチャッカ　Kamchatka　123, 127
カラコラム山脈　Karakorum Mountains　68, 142, 268
カラー湖　Colour Lake　162
カーラス　Caraz　194, 200
カリフォルニア　California　128, 137, 138, 141, 144, 177, 255
カルウーアス　Carhuaz　194, 201

ガルカーナ氷河　Gulkana Glacier　34
ガールダ湖　Lago di Garda　184
カルー盆地　Karoo Basin　243
カレッジ・フィヨルド　College Fjord　40, 265
カンダーシュテック　Kandersteg　193
ガンバーツェフ氷河下山脈　Gamburtsev Subglacial Mountains　108
キーア・ヴーア　Cir Mhor　142
北アイルランド　Northern Ireland　152
北パタゴニア氷原　North Patagonian Icefield　200
キフィン山　Mount Kyffin　116
喜望峰　Cape of Good Hope　113, 181
キャロル氷河　Carroll Glacier　73
キリバス　Kiribati　265
キリマンジャロ氷帽　Kilimanjaro Ice Cap　47
クイーン・エリザベス諸島　Elizabeth Islands　12, 68
クック山（アオラキ）　Mount Cook (Aoraki)　27, 28, 30, 78, 153
グヤールプ　Gjálp　129, 130
グラニット・ハーバー　Granite Harbour　23, 159
クラモック湖　Crummock Waters　234
グランド・ティートン国立公園　Grand Tetons National Park　12
グランド・パシフィック氷河　Grand Pacific Glacier　44
グランド・プラトー　Grand Plateau　78
グランピア高地　Grampian Highlands　140, 144, 251
グリース氷河　Griesgletscher　49, 57, 70, 185, 212
グリソンズ　Grisons　174
グリダーアイ山地　Glyderau range　139
クリブ・ゴッホ　Crib Goch　142
グリームスヴォトゥン　Grímsvötn　101, 130
グリーンランド　Greenland　2, 3-5, 14, 35, 43, 56, 92, 142, 145, 162-164, 236, 239, 250, 266
グリーンランド氷床　Greenland Ice Sheet　3, 9, 11, 33, 53, 70, 146, 245, 249-250, 262, 263, 266
クーリン・リッジ　Cuillin Ridge　142
グレイシャー（氷河）国立公園　Glacier National Park　184
グレイシャー湾　Glacier Bay　43-45
グレイト・カルー地方　Great Karoo region　241
グレイ氷河　Glaciar Grey　267
グレン・コー（コー谷）　Glencoe　140, 144
グレンツ氷河　Grenzgletscher　17, 96
グレン・トリドン（トリドン谷）　Glen Torridon　150
グレン・ロイ（ロイ谷）　Glen Roy　251
クロズィアー岬　Cape Crozier　160

グロッサー・アレッチ氷河　Grosser Aletschgletscher　8, 15, 31, 38, 41, 70, 78, 89, 179, 188
クローネ氷河　Kronebreen　15, 55, 87
クンブ・アイスフォール　Khumbu Icefall　64, 217
クンブ谷　Khumbu Valley　137
クンブ・ヒマール　Khumbu Himal　17, 83, 95, 149, 202, 203, 205
クンブ氷河　Khumbu Glacier　7, 29, 83, 84, 219
ケイシー基地　Casey Station　157
ゲオルク・フォン・ノイマイヤー基地　Georg von Neumayer Station　232, 233
K2　K2　142, 268
ケニア山氷河群　Mount Kenya glaciers　47
ケーブナカイセ　Kebnekaise　168
ゲンミ峠　Gemmi Pass　193
ケルカヤ氷帽　Quelccaya Ice Cap　47, 249
コウブ湖　Laguna Cohup　196
コーカサス　Caucasus　195
湖水地方　Lake District　139, 142, 183, 184, 234
五大湖　Great Lakes　148, 182, 183, 253
コーツ・ランド　Coats Land　118
コモ湖　Lago di Como　184
コーリー・アコイド・クノイク　Coire a'Cheud Cnoic　150
コルカ氷河　Kolka Glacier　73, 195
コルディレラ・ウァイウァシュ（ウァイウァシュ山脈）　Cordillera Huayhuash　138, 264
コルディレラ・ブランカ（ブランカ山脈）　Cordillera Blanca　5, 24, 25, 48, 48, 89, 90, 178, 181, 189, 193, 195, 196, 198, 200, 201, 262
コルディレラ・レアル（レアル山脈）　Cordillera Real　47, 177
ゴルナーグラート（ゴルナー山陵）　Gornergrat　177, 183
ゴルナー湖　Gornersee　96
ゴルナー氷河　Gornergletscher　40, 76, 80, 94, 96, 177, 183
コロンビア　Colombia　125
コロンビア氷河　Columbia Glacier　22, 45, 70
コング・オスカー・フィヨルド　Kong Oscar Fjord　167
コングスヴェイゲン　Kongsvegen　55, 148, 167
コングスフィヨルデン　Kongsfjorden　15, 87
コンフォートレス氷河　Comfortlessbreen　57, 152
サウス・シェットランド諸島　South Shetland islands　132
サウス・ジョージア　South Georgia　15,

145
サスカチュアン氷河 Saskatchewan Glacier 70
ザース谷 Saas Valley 191
ザース・フェー Saas Fee 179
サッビオーネ氷河 Ghiacciao de Sabbione 49
サハラ沙漠 Sahara Desert 22, 87, 237, 243
サフーナ湖 Laguna Safuna 193, 195
サプライズ氷河 Surprise Glacier 265
サプライズ・フィヨルド Surprise Fiord 16
サルツカマーグート Salzkammergut 184
サレイナ氷河 Glacier de Saleina 40, 63
サンクト・モリッツ Sankt Moritz 38, 179
サンタ・クルース谷 Santa Cruz Valley 194
サンダム Sandham 136
サンティアゴ Santiago de Chile 126, 227
ザンボニ避難小屋 Rifugio Zamboni 206
ジェイムズ・ロス島 James Ross Island 6, 10, 49, 118, 125, 132, 133, 225, 230, 261
シェリダン氷河 Sheridan Glacier 100
シガーズリストニング Sigurdsristning 135
シトラルテーペトル Citlaltépetl 128
ジャカ Llaca 196, 197, 201
シャクシャ川 Shachsha River 194
シャスタ山 Mount Shasta 128
シャックルトン氷河 Shackleton Glacier 10, 103, 106, 210, 228, 229, 233, 247, 248
シャーマン氷河 Sherman Glacier 79
シャモニー Chamonix 61-62, 179
ジャンガヌーコ湖 Laguna Llanganuco 195
シャンブルズ氷河 Shambles Glacier 222
シュヴァルツ氷河 Schwarzgletscher 76
ジュース氷河 Suess Glacier 161
シュタイン氷河 Steingletscher 39, 41
シュタウニング・アルパー Stauning Alper 14
シュタウブバッハ滝 Staubbachfall 140
シール川 Seal River 65
シンプロン峠 Simplon Pass 191
スイス Switzerland 2, 17, 22, 26, 28, 35, 38-40, 39, 41, 49, 57, 60, 61, 63, 78, 81, 82, 89, 96, 136, 140, 144, 146, 148, 171, 172, 176, 179, 179, 181, 183-184, 184, 188, 189, 191, 196, 265
スイス・プラトー Swiss Plateau 146, 182
ズイマライホッホ Dzimaraikhokh 195
スヴァールバル Svalbard 4, 10, 15, 17, 41, 68, 69, 72, 118, 162, 163, 167, 183, 186, 223-224
スヴィーナフェルス氷河 Svinafellsjökull 54
スカイ島 Isle of Skye 135
スカンディナヴィア Scandinavia 2, 3, 30, 33, 68, 135, 139, 147, 170, 226
スケイザラール氷河 Skeidarárjökull 101, 130
スコアーズビー入江 Scoresby Sund 145
スコシア海 Scocia Sea 114
スコット基地 Scott Base 131, 222, 226
スコットランド Scotland 135, 139, 140, 144, 146, 147, 150, 235, 251, 254, 269
スコットランド高地 Scottish Highlands 139, 147, 177, 183, 184
スコルト氷河 Skoltbre 13
ススデン峠 Susten Pass 39
ストックホルム Stockholm 32, 33, 136, 235
ストー氷河 Storglaciären 32, 33, 168
ストライディング・エッジ Striding Edge 142
スノードニア Snowdonia 139, 139
スノー・ヒル島 Snow Hill Island 6, 117, 230
スピッツベルゲン Spitsbergen 11, 12, 15, 15, 42, 55, 57, 69, 87-88, 152, 157, 163, 218, 220, 231
スリー・シスターズ，グレンコー Three Sisters, Glencoe 140
スリナイェ・ミンバー Llynau Mymbyr 3
スリン・イドゥウォール Llyn Idwal 139
スントビーホルム Sundbyholm 135
セイシェル Seychelles 265
西部オーストラリア Western Australia 241
セヴェルナーヤ・ゼムリャ Severnaya Zemlya 11
セント・エライアス山脈 St. Elias Mountains 44, 249
セント・ヘレンズ山 Mount St. Helens 127-128, 128
セントラル・パーク，ニューヨーク Central Park, New York 256
セントラル・フェルス（丘），湖水地方 Central Fells, Lake District 234
ソーネフィヨルド Sognefjord 145
ソレール湖 Laguna Soler 200
大西洋 Atlantic Ocean 123
大西洋中央海嶺 Mid-Atlantic Ridge 123, 130
太平洋 Pacific Ocean 15, 123, 126
タコマ Tacoma 128
ター沙漠 Thar Desert 178
タスマン氷河 Tasman Glacier 30, 78, 97, 153
ターファラ調査基地 Tarfala Research Station 32
ダンスカティンド（デンマーク峰） Dansketind 14
ダンド氷帽 Dunde Ice Cap 249
チエルヴァ氷河 Vadret da Tchierva 41
チベット Tibet 202
チベット高原 Tibetan Plateau 202, 249
チャイルズ氷河 Childs Glacier 97
チャールズ・ラボッツ氷河 Charles Rabots Bre 22
中国 China 70, 89, 240
チューガッチ山地 Chugach Mountains 68, 86
チューリッヒ湖 Zürichsee 148, 155
チョーラ氷河 Chola Glacier 83
チリ Chile 41, 123, 125, 126, 126, 267
ツァンフレロン氷河 Glacier de Tsanfleuron 40, 61, 136, 172
ツェルマット Zermatt 17, 76, 96, 177, 179, 183
ツォ・ロルパ（ロルパ湖） Tsho Rolpa 204
ツガー湖 Zugersee 155
ツーク Zug 146
ツシジオーリー・ヌーヴェ氷河 Glacier de Tsijiore Nouve 82
ツムット氷河 Z'Muttgletscher 38
ディアヴォレッツァ Diavolezza 180
デイヴィス基地 Davis Station 158, 270
ディグ・ツォ（ディグ湖） Dig Tsho 202
ディスエンチャントメント湾 Disenchantment Bay 45
ディセプション島 Deception Island 132
ティトリス Titlis 180
ティートン氷河 Teton Glacier 12
ティーフェンマッテン Tiefenmatten 38
テイラー氷河 Taylor Glacier 85, 229
ティリット・ヌナタック Tillit Nunatak 236
テキサス Texas 266
デナリ断層 Denali Fault 79
デモイン・ロウブ Des Moines Lobe 151
テラー山 Mount Terror 219
デンマーク Denmark 147
ドイツ Germany 2, 182, 183, 243, 252, 266
トゥパンガート Tupangato 227
トゥリファン Tryfan 139
トードス・ロス・サントス湖 Lago Todos los Santos 126
ドーム・アーガス Dome Argus 105
ドライ・ヴァレー Dry Valleys 29, 85, 96, 107, 113, 114, 121
トラカーディン氷河 Trakarding Glacier 204
トラップリッジ氷河 Trapridge Glacier 73
トリドン湖 Loch Torridon 147, 269
トリフト氷河 Triftgletscher 35, 171
トーレス・デル・パイネ（パイネの岩峰） Torres del Paine 134
トロナドール Tronador 126
ドロニング・モード・ランド Dronning

Maud Land 110, 158
トンプソン氷河 Thompson Glacier 36, 37, **52**, **58**, **93**, **98**, **99**, **160**, **164**
ナミビア Namibia 240, 242, 243
ナムチェ・バザール Namche Bazar 202
ナーラチョムスポス Narachaamspos **240**
ナーリー氷河 Nare Glacier 203
南極 Antarctica 3-5, **6**, 9-11, **9-10**, 16-17, 第8章, 125, **125**, 132-133, **132**, 157-158, **157-159**, 161-162, 181, 211-214, 221-226, **222**, **226-233**, 232-233, 245-247, **245-248**, 249, 255
南極横断山脈 Transantarctic Mountains 9, 103, **103**, **104**, **106**, 110, **116**, 132, 211-213, **228**, **233**, 247, 248, 255, **258**
南極点 South Pole 105, 108, **116**, 118, 158, 160, 211, 214, 221, 223, 226, 232
南極半島 Antarctic Peninsula **6**, 10, 11, 49, 103, 105, 107, 110, **120**, **125**, **132**, **133**, 261-263, **261**
南極半島氷床 Antarctic Peninsula Ice Sheet **104**, 105
南極氷床 Antarctic Ice Sheet 9, 33, **104**, 105, 107-108, 115, 118-119, 146, 211, 225, 245, **246**, 247, 249, 261, **261**, 263, 266
南極（極地）プラトー Polar Plateau 10, 25, 70, 211-214, 221, 232
ナンセン氷河 Nansenbreen **4**
南氷洋 Southern Ocean 6, 119, 125, 263
ニー＝オルスンド Ny-Ålesund 163, **165**
ニゴーズ氷河 Nigårdsbreen 208
西南極氷床 West Antarctic ice sheet 9, 70, **104**, 105, 107, 110, 125, 261-263
ニー・フリースランド Ny Friesland 224
ニューイングランド New England 152
ニュージーランド New Zealand 3, **27**, 78, 123, **127**, **127**, 145, 153, 170, **173**, 194, 226, 227, 246, 264
ニュージーランド・アルプス New Zealand Alps 238
ニュートンデイル Newtondale 145
ニューヨーク New York 3, 235, **256**, 266
ニューヨーク州 New York State 183
ヌプツェ Nuptse 7
ネヴァド・イェルパハ（イェルパハ峰） Nevado Yerupaja **264**
ネヴァド・ウァスカラン（ウァスカラン峰） Nevado Huascarán 24, **191**, 193
ネヴァド・サンタ・クルス（サンタ・クルース峰） Nevado Santa Cruz **262**
ネヴァド・チャクララフ（チャクララフ峰） Nevado Chacraraju 25
ネヴァド・デル・ルイース（ルイース峰） Nevado del Ruiz 125
ネヴァド・パロン（パロン峰） Nevado Parón **20**
ネヴァド・ピラーミデ（ピラーミデ峰） Nevado Pirámide **5**, 48

ネヴァド・ヒリシャンカ（ヒリシャンカ峰） Nevado Jirishanca **138**
ネヴァド・プロモ氷河 Nevado Plomo Glacier 73
ネパール Nepal 17, 83-84, **83-84**, 95, 149, 201-204, **203**, 219
ノルウェイ Norway 4, 13, 22, 37, 39, 94, 145, 154, 181, 184, **218**, 235, 264
ノルデンショルト氷河 Nordenskiöldbreen 42
ノルドヴェストフィヨルド Nordvestfjord 43, 145
ノルドオストランデット Nordaustlandet 10
バイエルン Bayern 183
パイン・アイランド氷河 Pine Island Glacier 263
パウラ氷河 Paulabreen 69
バカニン氷河 Bakaninbreen 69
パキスタン Pakistan 142, 178
パスタルーリ Pastaruri 51, **90**, 182
パース氷河 Vadret Pers 26, **81**, 171
バーゼル Basel 38
パタゴニア Patagonia 11, 12, 15, **68**, 200, 267
パタゴニア氷帽 Patagonian ice cap 11
バックルンドトッペン Backlundtoppen **231**
バティ氷河 Battye Glacier 13
ハディントン山 Mount Haddington **132**
バーデン＝ヴュルテンベルク Baden-Würthemburg 183
パト・キャニオン（パト峡谷）Cañon del Pato 201
バード氷河 Byrd Glacier 70
バートレット・コウブ Bartlett Cove 44-45
ハバード氷河 Hubbard Glacier 15, 30, 45-46, **50**, 79, 86
ハミルトン岬 Hamilton Point **225**
バーミンハム Birmingham 183, 235
バリー・アーム（バリー支谷）Barry Arm 40
ハリー基地 Halley Station 233
ハリマン・フィヨルド Harriman Fiord **265**
バルメン氷河 Balmenglestcher 191
バレンツ棚 Barents Shelf 71, 154
パロン湖 Laguna Parón 198-200, **199**, 201
ハワイ Hawaii **265**
バンク＝イ＝ウォーレン Banc-y-Warren 148
バングラデシュ Bangladesh 70, **265**
バーンズ氷河 Barnes Glacier 115, **226**
パンボチェ Pangboche **203**
ビアードムアー氷河 Beardmore Glacier 102, 108, **116**, 212, 215
東グリーンランド East Greenland 14, 43,

56, 92, 142, 165, **167**, **236**, **239**
東南極氷床 East Antarctic Ice Sheet 9, 32, **104**, 105, **106**, 108, **108**, 110, 113, 115, **118**, 211, 245, **249**, **258**, **260**, 262, 263
ピッカリング湖 Lake Pickering 145, 146
ビトゥイーン湖 Between Lake **99**
火の環 Ring of Fire 123, 125, 127
ヒマラヤ Himalaya 4, 28, **29**, 78, 83, **83**, 96, 139, 173, 178, 189, 198, 201-204, **202**, **205**, 268
ヒューストン Houston 266
ヒューズ氷河 Hughes Glacier **114**
ビューラッハ Bülach 184
ヒューロン湖 Lake Huron 241
ビリーフィヨルデン Billefjorden 42
ファントム湖 Phantom Lake 1
フィッシャー山塊 Fisher Massif **107**
フィヨルドランド国立公園 Fiordland National Park **143**
フィルクナー氷棚 Filchner Ice Shelf 107, **114**, 262
フィンガー湖群 Finger Lakes 183
フィンスターヴァルダー氷河 Finsterwalderbreen 168
フィンランド Finland 153-154, 182
フェアウェザー山脈 Fairweather Range 44
フェスティ氷河 Festigletscher **189**
フェノスカンディア氷床 Fennoscandian ice sheet **251**
プエルト・モント Puerto Montt 126
フェルナークト氷河 Vernagtferner 68, 73, 208
フェンズ Fens 266
フォーサイス氷河 Forsyth Glacier **128**
フォックス氷河 Fox Glacier **28**, 30, 62, 70, **95**, **169**, 264
フォルノ氷河 Vadret del Forno 91
プカイルカ Pucahirca 193-194
ブータン Bhutan 201, **202**, 204
フッカー氷河 Hooker Glacier **153**
ブライザメルケル氷河 Breidamerkerjökull 100, **180**
ブライ礁 Bligh Reef 45
ブライトホルン氷河 Breithorngletscher **76**
ブラック・ラピッズ氷河 Black Rapids Glacier 74, 79
フランス France 53, 61, 62, **65**, 77, 96, 179, 183, **229**, 250
フランツ・ジョーゼフ氷河 Franz Joseph Glacier 28, 30, 70, **173**, 264
ブラント氷棚 Brunt Ice Shelf **233**
ブラン・ネヴェ氷河 Glacier de Plan Neve 41
ブリクダルス氷河 Brikdalsbreen 38
プリズ湾 Prydz Bay 105, 154, 246
フリチョフ氷河 Fridtjofbreen 69

ブリック　Brig　179
ブリティッシュ・コロンビア　British Columbia　125, 145, 184, 263
ブリティッシュ氷床　British Ice Sheet　251
ブリューアール氷河　Bruarjökull　73
プリンス・ウィリアム入江　Prince William Sound　45
プリンス・グスタフ氷棚　Prince Gustav Ice Shelf　118-119
プリンス・チャールズ山脈　Prince Charles Mountains　110, 247
プリンセス・エリザベス・ランド　Princess Elizabeth Land　110
フルカ峠　Furka Pass　180
プレ・ドゥ・バール氷河　Glacier Pré du Bar　77
ブロスヴェル氷河　Bråsvellbreen　72
ブロッガーハルヴォーヤ　Brøggerhalvøya　163
フロリダ　Florida　266
ヘアードゥブライズ　Herdubreid　124
ベイグリー氷原　Bagley Icefield　64
平行道路（グレン・ロイにある）　Parallel Roads of Glen Roy　251
ベネット・プラトー　Bennett Plateau　248
ベーリング氷河　Bering Glacier　15, 64, 66, 67, 86
ペルー　Peru　5, 24-25, 48, 51, 60, 84, 89, 125-126, 138, 181, 182, 189, 193, 195, 196, 198, 201, 201, 262
ベル入江　Bellsund　69
ベルグセット氷河　Bergsetbreen　97
ベルニーナ山地　Bernina mountains　180
ベルベデーレ氷河　Ghiacciao del Belvedere　206
ヘーレンズ谷　Val d'Herrens　146
ベントリー氷河下トラフ　Bentley Subglacial Trough　108
ボゾン氷河　Glacier des Bossons　62, 65
北極　Arctic　23, 130, 161-163, 167, 169, 217, 221
北極海　Arctic Ocean　167
北極点　North Pole　162
ホッホシュテッター・アイスフォール　Hochstetter Icefall　78
ボーデン湖　Bodensee　183
ボーニー湖　Lake Bonney　114
ポポカテペトル　Popocatépetl　128
ポーランド　Poland　3, 182
ボリヴィア　Bolivia　47, 125, 177, 266
ホワイト氷河　White Glacier　18, 31, 36, 37, 52, 70, 59, 215
ホワイトフィッシュ・フォールズ　Whitefish Falls　238
ポントレシーナ　Pontresina　190, 184
ホーン岬　Cape Horn　113, 181
マイター・ピーク　Mitre Peak　143
マイリ氷河　Maili Glacier　195

マクニャーガ　Macugnaga　206-207, 206
マクマード入江　McMurdo Sound　66, 109, 115, 156, 222, 229, 245, 246
マクマード基地　McMurdo Station　118, 226, 232, 246
マクマード氷棚　McMurdo Ice Shelf　219, 227
マタヌースカ氷河　Matanuska Glacier　67, 151
マック・ロバートソン・ランド　Mac. Robertson Land　117
マッケイ氷河　Mackay Glacier　46, 109, 260
マッサ　Massa　179
マッターホルン　Matterhorn　38, 80, 94, 142, 177, 183
マットマーク　Mattmark　191
マラスピーナ氷河　Malaspina Glacier　15, 74, 86
マンチェスター　Manchester　183
ミイダルス氷帽　Myrdalsjökull　98
ミッドランズ　Midlands　182
南アフリカ　South Africa　113, 235, 239, 241, 241
南アルプス　Southern Alps　27, 28, 68, 78, 95, 97, 139, 142, 226
南パタゴニア氷原　South Patagonian Icefield　267
ミュラー氷河　Mueller Glacier　27, 153
ミールヌイ基地　Mirnyy Station　159, 226, 233
ミル氷河　Mill Glacier　102
ミルフォード入江　Milford Sound　143
ミルンランド　Milne Land　56
メキシコ　Mexico　123, 128
メドヴェジィー氷河　Medvezhiy Glacier　71, 73
メラレン湖　Lake Mälaren　135
メール・ド・グラス　Mer de Glace　53, 61, 96
メンドーサ　Mendoza　178, 208
メンヒ　Mönch　78, 188, 190
メンヒスヨッホヒュッテ　Mönchsjochhütte　190
モーソン基地　Mawson Station　117
モータラッチ　Morteratsch　38
モータラッチ氷河　Vadret da Morteratsch　38, 41, 171, 174, 184-185, 184, 216
モーリタニア　Mauritania　237, 238
モンタンヴェール　Montenvert　61
モンテ・ローザ　Monte Rosa, ローザ山　75, 96, 183, 206, 249
モン・ブラン（ブラン山）　Mont Blanc　62, 65, 77, 183
ヤクタート　Yakutat　46, 50
ヤクタート湾　Yakutat Bay　45, 86
ヤコブスハーヴン・イスブレ　Jacobshavn Isbrae　70
ヤン・マイエン　Jan Mayen　123, 130

ユーコン　Yukon　12, 15, 44, 68, 72, 73, 226
ユーセイン　Euseigne　146
ユンガイ　Yungay　191, 192, 193-195
ユングフラウ　Jungfrau　78
ユングフラウヨッホ（峠）　Jungfraujoch　190, 223
ヨークシャー　Yorkshire　146
ヨクルサーロン（氷河湖）　Jökulsaarlon　100, 180
ヨスターダルス氷帽　Josterdalsbreen ice cap　38, 208
ヨセミテ国立公園　Yosemite National Park　137, 138, 177, 184
ヨセミテ谷　Yosemite Valley　141, 144, 255
ライト・ロワー氷河　Wright Lower Glacier　96, 121
ライン氷河　Rhine Glacier　183
ラウターブルネン　Lauterbrunnen　140, 144
ラジャスタン　Rajasthan　178
ラーセン氷棚　Larsen Ice Shelf　6, 112, 114, 118
ラッセル湖　Russell Lake　46
ラッセル・フィヨルド　Russell Fiord　45-46, 50, 86
ラドク湖　Radok Lake　13
ラパス　La Paz　47, 89, 177, 266
ランゲル山地　Wrangel mountains　68
ランダ　Randa　96, 189, 196
ランバート氷河　Lambert Glacier　70, 105, 107, 263
ランモチェ氷河　Langmoche Glacier　202
ランライールカ　Ranrahirca　194
リヴァプール　Liverpool　182, 183, 186
リオ・サンタ（サンタ川）　Río Santa　193
リマ　Lima　89, 193, 266
ルアペフ　Ruapehu　127, 127
ルーウェンゾーリ氷河群　Ruwenzori glaciers　47
ルクラ　Lukla　219
ルッゲ・ツォ（ルッゲ湖）　Luggye Tsho　201
レイニアー山　Mount Rainier　122, 128, 128, 170
レイニアー山国立公園　Mount Rainier National Park　170
レムバート・ドーム　Lembert Dome　138, 139
レ・ムーラン　Les Moulins　96
ロイス氷河　Reussgletscher　146
ローヴェン氷河　Lovénbreen　164
ローガン山　Mount Logan　249
ロシア　Russia　11, 71, 115, 123, 127, 195, 226, 227, 233, 249-250
ロス海　Ross Sea　11, 23, 46, 107, 109, 118, 125, 132, 159, 243, 246, 255, 260
ロス海地溝盆地　Ross Sea rift basin　255
ロス島　Ross Island　156, 219, 226, 227

ロス氷棚　Ross Ice Shelf　10, 11, **106**, 107, 113, **116**, 119, 160, 211, 213, 215, 262
ロッキー山脈　Rocky Mountains　5, **13**, 55, 68, 70, 135, 139, 142, 226, **263**
ロッチェ湖　Lago delle Locce　206
ローヌ谷　Rhone Valley　178
ローヌ氷河（スイス）　Rhonegletscher　38, **176**, 180, **181**
ロバーツ山塊　Roberts Massif　**25**, 247
ロブソン山　Mount Robson　**263**
ロモノソフ氷河　Lomonosovfonna　220
ロールワリン谷　Rolwaling Valley　204
ローレンタイド氷床　Laurentide Ice Sheet　70, 151, 251, **253**
ロンヌ氷棚　Ronne Ice Shelf　114
ワシントン　Washington　41, 72, **122**, 127, **128**

項目索引　太字は写真あるいは図版

アイス・グランド（氷腺）　23
アイス・コア　105, 116, 226, 235, 245, 249-250, **249**, 259
アイス・シップ　28
アイスフォール　11, 59, **60**, 64, 216, 217
アイス・レンズ　23
アイゼン　61, 68, 215, 216, 220, 221
アイベックス　Ibex ibex　**168**, 170
アウトウォッシュ平原　153-154
アザラシ　158, **158**, **159**, 161, 223
アジサシ　115, 169
圧密　22
アデリー・ペンギン　115, **157**, 158
アブレイション・ヴァレー　149
アホウドリ　115, 158
網状河川　153
アラスカ・マーモット　162
アレート　**137**, **138**, 142
安山岩　124
イェティ　173
石の形　55
石の長軸の向き　55
溢流水路　146, 198
溢流氷河　10-11, 15, 107, 110, **267**
犬ゾリ　221-224, **222**
岩（石）ナダレ　83, 193, 195, 198
ウェッデルアザラシ　Leptonchotes weddelli　**109**, **159**
ウミツバメ　105, 161
上積氷　23
運動波　73
永久凍土　161, 196, 259
衛星　33, 37
衛星画像　11, 35, **86**, **104**, **112**, 113-114, 195, **196**, **202**
エスカー　153, 154
エゾイタチ　162
エゾギク　170
エラティック（迷子石）　**146**, 147
エルク　170
オージャイヴ　54, 58-61, **60**
汚染　116, 260
オルドビス紀　243
温室効果　1, 49, 120, 242, 259-260
温暖期　250
温暖氷河　16-17, **21-22**, 39, 41-42, 53-54, 57, 62, 86, 91-92, 94, **95**, 96
海氷　**42**, **46**, 105, **109**, 112, 167, **226**, 233, **243**
海面変動　250, 255, 259
火砕流堆積物　132
火山　47, 87, 96, 98, 101, 第9章, 189
火山弾　**128**, 132
火山灰（テフラ）　132
火山噴出物　132
可塑性のベッド　54
カニクイアザラシ　161
カービング　11, 15, 22, 23, 30, 32, 41, 49, 50, **98**, 110, 112, 114, **118**, 119, 169, **180**, 184, **197**, 204, 205, 262
カモメ　105, 115, 158, **159**
カラビナ　221
カリブー　**162**, 163
灌漑　89, 178-179, **178**
岩丘=湖地形　146
岩石崩壊　79, 194
幹線氷河　trunk glacier　213
カンバ林　38
間氷期　241, 245, 250
岩粉　85
涵養　3, **5**, **7**, 11, 22, 23, 28, 55, 65, 107, **107**, 110, 128, 178, 204, 213, 259, 262, 263, **263**
涵養域　23, **24**, **25**, **26**, 32, 43, 48, 49, 55, **62**, **77**, 110, 128, 211, 217, 221, 227, **231**, 233
寒冷氷河　16, 17, **17**, 54, 86, 89, 91, 94, 96, **96**, 107, 114
気候変化　32, **32**, 33, 34, 38, **110**, 120, 152, 184, 204, 232, 245, 249-252, 255-256, 259, 263
キツネ　157, 162, 163, **164**
基盤岩　16, 53, 73, 85, 108, 135, 136, **136**, 144, **144**, 146, 190, 216, 235, **241**, **247**, 256
気泡　22, **24**, 57, **57**, 249-250
キール　114, **230**
菌類　161
杭（ステイク）　32, 54
クジラ　**136**, 158, 161
クズリ　wolverine　162
掘削　226, **228**, **243**, **245**, 246, **246**, 249, 250
クマ　162, 167-168, 170, 173
クム　**7**, 139, 142
クライオコナイト・ホール　**24**, 93-94
クライオボット　116, 118
クラグ・アンド・テイル　139
グラート　142
グリズリー　162
クリープ　53
グリーンランド・アイス・コア・プロジェクト　GRIP　250
グリーンランド・ハスキー犬　221, **222**
グリーンランド氷床プロジェクト　GIPS2　250
グレイシャー・ミルク　54
クレヴァス　4, 11, 15, **22**, 38, **39**, 41, 53, 55, **55**, 57, **59**, 61-68, **62-69**, 75, 92, 93, **108**, 186, 191, 196, 212, **212**, 213, 215-216, 217-218, **219**, 221, 223, 227
クレヴァス・トレース　57-58
グロウラー　113
珪藻　114
ケイム　154
ケイム段丘　154
結合谷　145
げっ歯類　167, 170
ケトル・ホール　**151**, 153
懸垂谷　143, 144, 146, 255
懸垂氷河　15, **17**, **188**, **190**, 262
玄武岩　124, 132
コア　116, **243**, 244-250, **245**, **246**, 249, 252, 256
後期原生代　**236**, 239, **240**, 241-242, 254-255
工業化　4
工業革命　249, 250
高山忘れな草　171
高所氷原　11, 12, 15, 105, 107, **218**, 249
洪水　46, 73, 89, 96, 98, 101, **129**, 130, 148, 197-204, **199**, **202**, **203**, 206-208
洪積　diluvium　148
皇帝ペンギン　Aplendytes forsteri　**156**, 158-160
黄道傾斜角　251
高度順化　218-220
氷棚　11, **13**, 70, **104**, 106, 107, 110, **110**, 111-112, 113-114, 116, 119, 261-263, **261**
氷ナダレ　4, **25**, 128, 189, **189**, 190-197, **190-191**, 200
コーリー　139, **150**
ゴンドワナ　243, 255
再結晶　22, 57

歳差 252
再生氷河 regenerated glacier 15
サイドスキャン・ソーナー 154
砕氷船 230
サイフォン 200, 204
サーク 12, **13**, 139, **139**, 142, 243
サーク氷河 12, **13**, 15, 41, 107, **126**, 142
サージ 50, 53, 59, 64-75, **67-68**, **71**, **73-74**, 152, 195, 208, 263
サージ期 71
サージ前線 **69**, 72, 73
サージ氷河 **69**, 72, 152
擦痕 54, 61, 85, 86, 135, **135**, 137, 235, 238, **238**, **240**, **241**, 256
サハラ沙漠 87, 243
山脚 **140**, 144
三畳紀 244
サンドゥー 98
山麓氷河 15, **16**, 86
シカ（鹿） 162, 170
地震 44, 72, 78, 79, 98, 130, 189, **191**, 193, 195
始生代 254
湿雪ゾーン 23
質量収支 mass balance 22-23, **27**, 30-33, **31-33**, 38, 258
シトカモミ 45
ジャコウウシ 163, **164**, 165
写真測量 196
シャモア 170
褶曲 56-57, **56-59**, 59, 74, 86, **239**, 250
ジュラ紀 244
昇華 110
条溝 136, 137, 237, **240**, 241
小氷期 35, 38, 45, 149, 198
消耗 22-24, **24**, 28, 81, 83, 86, 110, 112, 113, 119, 121, 216
消耗域 23, 24, **24**, 28, 30, 32, 64, 67, 77, 79, 83, 85, 211, 215, 217, 227, 228
初期原生代 241, 254
白髪マーモット Marmota caligata 170
シル 45
シー・ロッホ（海湖） 145
人工地震断面探査 154
新生代 235, 244, 245, **245**, 247, 255
人力輸送 223-224
水素 249
水力発電 4, **8**, 47, 49, 89, 96, 101, 179, 183, **185**, 189, 191, 202, 259, 268
スヴァールバル・トナカイ Rangifer tarundus platyrhynchus 163
スキー 127, 179-180, **220**, 221, 225-226
スキヨリング skijoring 225
筋（ヴェイン） 57
スタピ 125
スターリフター（航空機） 226
スノーキャット 225
スノー・ブリッジ 4, 61-62, 217
スノーボール・アース（全球凍結） **239**,

240, 242, 253
スノーモービル 62
スラスト（衝上断層）57, 59, **59**, 86, 149, 152
スラッシュ・ゾーン 217
スラッシュ流れ 91
静穏期 71-73, **71**
セイヨウベイツガ 45
積雪 15, 21-23, **232**
石炭 243, 244
石炭紀 **241**, **242**, 243, 255
石灰岩 **61**, 243-244
接地線 42
接地ゾーン 42
雪片 21
セラック 63-64, **65**, 216-217
先カンブリア紀 146, 235
せん断 11, 57
ゾウアザラシ Mirounga leonine 158
層化 55, **240**
藻類 105, 161
帯水層 **155**, 182
帯水面 92
堆積層化 55
タイドウォーター氷河 15, **30**, 40, 41-45, **42**, 49, 55, 152, 167, 265, **265**
第四紀 235, **236**, 244, 247, 251
苔類 105, 161, 163
多温氷河 17, **18**, 36, 57, 86, 92, **92**, 94, **94**, 96
ダート・コーン 81, **82**
谷氷河 12, **13-14**, 15, 31, 37, 40, 43, 45, 53, 54, 64, 76, 81, 88, 107, 144-145, 179, 184, 264
ターミナル・モレイン 46, 84, 96, **97**, 148-149, **149**, 153, 184, 198, 244
ダールヒツジ（羊）170
ターン tarn 142
淡水 9, 105, 183
断層 57, 59, 78, 132, 148
地衣類 105, 161, 168
地球温暖化 4, 5, 47, 247, 259-261, 263-264, 266, 268
地溝盆地 132, 255
地質時代 1, 120, **236**, 239, 256, 260
地熱 17, 54, 89
チャターマーク **135**, 136, 237, 238
中生代 244
チョウノスケソウ Dryas 45
貯水池 179, **179**, 183, 268
貯氷域 reservoir area 73
ツララ **60**, 109
停滞氷（河）49, 69, 71, 84, 92
底面氷 16, 57, 77, **85**
底面滑り 16, 54, **54**, 57, 60, 61, 85, 190, **256**
底面デブリ 59, 77, 84, 85, **87**
泥流 123, 195-196, 215
ティル 54, 83, 85-86, **85**, 125, 146-148, 148-149, 152, 235, **236**, 237-238, **238**,

240, 241-242, 247-248, 254, 255
デューテリアム 249
同位体（アイソトープ）**244**, 245, 249-251, **249**
トゥイン・オッター（航空機）108, 223, 226, **233**
洞穴 40, 117
凍結破砕 78
トゥーヤ 125
トガリネズミ 161
トラクター 225, 226
トラフ口扇状地 154
ドラムリン 152, **155**
ドロップストーン **87**, 238, **240**, 248
ナイ・チャネル（ナイ水路）136, **136**
内部変形 22, 26, 53, **54**, 94
ナダレ 4, 5, **7**, 15, 25, 83, 128, 189, **189**, 190-197, **190**, **191**, **192**, 198, 200, 227
南極大カモメ Catharacta antarctica 159
二酸化炭素 **241**, 242, 249-250, **249**, 259-260
ヌナタック 9, **107**, 110
熱水ドリル 32, **32**, 116
熱帯氷河 48
年成プッシュ・モレイン 40, 151
ノウサギ 165, 167
脳水腫 219
ノック・アンド・ロッカン地形 146
ハイアロクラスタイト 125, **125**
ハイイロオオカミ 162, 163
廃棄物処理 186
肺水腫 219
ハイドロボット 116, 118
ハーキュリーズ（航空機）108, 226, **228**
白亜紀 244, 255
ハゲワシ 45
バーナクルガチョウ 163
ハンノキ 45, 170
ハンモック状モレイン 149
ピー（P）型体 136
ピッケル 61, 81, 215, 221
ヒメリンドウ Gentiana nana wulfen **172**
氷崖 37, **69**, **97**, 205, 233
氷河カルスト 81
氷河湖 96
氷河湖決壊洪水 GLOF 189, 198, **200**, 201, 203
氷河時代 3
氷河上融出ティル 83
氷河堰止湖 46, 96, 98, 197-198, **251**
氷河前縁域 96, **100**, 180
氷河堆積 132, 133, 135, 136, 147-148, **148-149**, 155, 182, 186, 235, 238, 242
氷河底ティル 86
氷河テーブル 81, **81**, 186, 228
氷河内デブリ 34, 77, 86
氷河ノミ 173
氷河融解水 4, 47, 89, 101, **216**, 268
氷河（融氷水）流出口（氷河入口）

glacier portal 16, 40, 94, **95**
氷河流動 32, 53, 54, **60**, 72, 73, 110
氷河流動速度 32
氷期 1-4, 154, 182, 235, **236**, 237, **238**, 239, 240, 241-248, **242-245**, **247**, 249-256, **252-256**, 269, **269**
氷結晶 **21**
氷原 11, 12, **51**, 86, **183**, **191**, 267
氷山 9, 11, **15**, 42, **43**, 45, **49**, 107, 110, 112-115, **117-119**, 181
氷山片 42, 113
氷床 1-3, **1**, 9, **9**, 11, **11**, 14, 32, 70-71, 109, 120, 214, 235, 242-245, **244**, 249-251, **251**, 261-263, **261**, 266, 269
氷舌 11, 107, **109**, 112
氷層 57, **85**, 116
氷壁 **29-30**, 107
氷帽 9-12, **10**, **11**, **13**, 32, 47, 98, 107, 130, **182**, 249
表面低下 **27**, **28**, **29**, 49
氷流 11
ファイアーウィード Epilobium fleischeri **171**
フィヨルド 16, 42-46, **43**, **50**, 86, **142**, 145-146, **163**, 184, **265**
フィルン（ファーン） 22, 53, 55, 217
フィルン線 **23**, 91
フォーブス・バンド 59
フォリエイション（葉理） 56, 57, **58-59**, **78**, **91**, **92-93**, 218
復氷（リジェレイション） 85
不整合 **23**, 56
プッシュ・モレイン 40, **151**
ブルークジラ 158
フルート（縦溝） 151
フルート状モレイン **151**
フルマカモメ 157

フロンガス 259
噴火 87, 98, 101, 123-128, **123-129**, 130, 132-133, **132**
平衡線 **23**, **26**, **29**, **31**, 49
米国ポプラ 45
ヘラシカ 170
ヘリコプター 103, **226-227**, **229**, 233
ベルクシュルント 64, 217
ペルム紀 235, **241**, **242**, 243
ペンギン 158, 161
放射線年代測定 133
北極オオカミ Canis lupus **162**, 163
北極ガンコウラン Cassiope tetragona **167**
北極キツネ Alopex lagopus **162**, 164
北極グマ 148, **162**, 167
北極ノウサギ Lepus atcticus **160**, 162, 165
北極リス 162
北極レミング 162
ホルン 142, **143**, **268**
摩擦熱 91
末端 15, **27-30**, **28-31**, **34**, 36, **37-38**, 40-45, **40-41**, **47**, **48-49**, 49, 53-55, 59, 66, 69, 77, 79, 86, 94, **94-95**, 149, 151, 174, **183**, **184-185**, 215, 267
三日月型えぐり 136, **237**
水資源 3-4, 182-183, 266-267
ミランコヴィッチ **251-252**, 255-256
紫ユキノシタ Saxifrage oppositifolia 166
ムーラン **71**, **93**, **96**, 186, 217
メタン 49, 249, 259
メディアル・モレイン 40, **56**, 67, 72, **76**, **78**, **79**, **93**, 115
メルトアウト（溶出）・ティル 85
面的擦削 144
モレイン 12, **34**, 35, 46, **56**, 72, **76**, **78**, 79-80, **79**, **82-83**, 84, 96, **134**, 148-153, **149-150**, **169**, 198-206, **199-206**, 213-214, 244, 268
モレイン堰止湖 96, **134**, **201**, 204, **205**, 206, 268
山バラ 170
山ヤギ Oreamnos americanus 170, **170**
ヤンガー・ドライアス期 250
融解水 47, 89, 101, 125, 130, 132, **216**, 268
有孔虫 245
融氷水路 130
雪湿原 91
雪ナダレ 196
雪の結晶 **21**, 227
熔岩 124-126, 130, **131**, 132
熔岩デルタ 124
ヨクルフロウプ 98, 101, 130
ライチョウ Lagopus mutus hyperboreus **165**, 169
落石 **78-79**, **80**, 196
ラジオ・エコー・サウンディング 108, 110
ラテラル・モレイン 56, **76**, 79, 149, **149**
ラハール 123-128, **123**, **127**
ラントクルフト 64
リーゲル 144
離心率 251
リッジと溝地形 ridge-and-furrow topography 93
リル 92
レス 238
レミング 167, 170
ロシュ・ムトンネー 135, **136**, **137**, **138**, **237**, 237
ロッジメント・ティル 85
ワタスゲ **172**

●著者

マイクル・ハンブリー　Michael Hambrey

アベリストゥイス大学（ウェールズ）雪氷学センター／センター長，雪氷学教授。研究生活をノルウェイ，スイス・アルプス，カナダ北極圏の氷河調査で始める。その後，南極を含む世界中の氷河地域を調査し，現在は雪氷学，特に氷河地形学／地質学の分野で著名な一人となっている。

ユルク・アレアン　Jürg Alean

スイス・ツルヒャー＝ウンターラント州立高等学校ビューラッハ校で地理を教え，学生を定期的に氷河の研究のためのフィールドキャンプに連れて行っている。彼の初期の研究は氷ナダレの危険性に関するもので，氷河の研究をするために定期的に世界を旅行している。

●訳者

安仁屋政武　あにや・まさむ

1944年東京都出身。京都大学文学部地理学専攻卒業。ジョージア大学大学院地理学専攻博士課程修了。ジョージア大学地理学科客員助教授を歴任して筑波大学教授（生命環境科学研究科生命共存科学専攻）。主な研究内容テーマは南米パタゴニア氷原の氷河・氷河地形と完新世の環境変動，リモートセンシング，GIS（地理情報システム）の環境研究への応用である。第29次南極観測夏隊地学隊員，スコットランド・エディンバラ大学在外研究員。現在は筑波大学名誉教授。著書に『主題図作成の基礎』，『地理的情報の分析手法』（共著），『パタゴニア──氷河・氷河地形・旅・町・人』，『極圏・雪氷圏と地球環境』（分担執筆），共訳書に『地理情報システムの原理』などがある。

Glaciers: second edition
by Michael Hambrey and Jürg Alean
© Cambridge University Press 2004
© Photographs Michael Hambrey and Jürg Alean 2004
First Published by the Press Syndicate of the University of Cambridge in 2004

ビジュアル大百科
氷　河

●

2010年7月12日　第1刷

著者………マイクル・ハンブリー，ユルク・アレアン

訳者………安仁屋政武

装幀………山田信也（Studio Pot)
印刷………株式会社シナノ
製本………東京美術紙工協業組合

発行者………成瀬雅人
発行所………株式会社原書房
〒160-0022 東京都新宿区新宿 1-25-13
電話・代表 03（3354）0685
http://www.harashobo.co.jp
振替・00150-6-151594
ISBN978-4-562-04568-6
©2010 Masamu Aniya, Printed in Japan